손영운의 우리 땅
과학 답사기 2

손영운 지음

살림Friends

| 발로 꾹꾹 밟아서 쓴 우리 땅 이야기 |

여행을 싫어하는 사람은 별로 없을 것이다. 기차나 버스 안에서 여행을 떠나는 사람들을 만나면 하나같이 눈가에 잔잔한 미소를 띠고 있다. 여행을 떠나는 이들은 설레는 마음에 평소보다 말을 많이 하고 몸짓도 조금 과장된다. 이처럼 여행은 우리의 기분을 들뜨게 하고 삶을 활기 있게 하는 묘한 힘을 가지고 있다.

나도 같은 이유로 여행을 무척 좋아한다. 여행을 떠나기 전에는 낯선 곳을 향하는 그리움과 낯선 사람들을 만날 기대감에 며칠 전부터 마음이 설렌다. 여행을 가서는 그곳에 흠뻑 취하고, 돌아올 때는 신선한 에너지로 가슴이 충만하다. 나는 이런 여행을 2006년 10월부터 지금까지 거의 6년 동안 매달 한 번씩 했다. 아니 해야 했다(아! 얼마나 행복한 강요인가?). 「뉴턴」 잡지에 한 달에 한 편씩 우리 땅의 지질과 그 땅 위에 있는 우리 문화를 소개하는 사진과 글을 〈한반도 과학 여행〉이라는 제목으로 연재했기 때문이다.

여행지 한 곳을 소개하려면 한 달에 일주일은 꼬박 이 일에 시간을 들여야 한다. 떠나기 전에 여행 지역의 지질과 문화에 대한 자료를 조사하는 데 대략 2~3일이 걸린다. 관련 지질 논문을 봐야 하고 도서도 구입해서 읽어야 한다. (요새는 인터넷으로 논문 열람을 할 수 있어서 시간이 많이 단축되었다. 처음에는 국회도서관에 가서 논문을 열람했다.) 그리고 중요한 정보와 여행 일정은 요약을 하고 출력을 해서 해당 지역의 지도와 함께 휴대한다. 그래야 여행을 가서 중요한 지역을 빠뜨리지 않고 모두 사진에 담아올 수 있기 때문이다. 여행 일정이 늘 빠듯하므로 꼼꼼하게 일정을 정리하고 일정대로 움직이지 않으면 나중에 해당 지역의 사진을 구하지 못해 다시 사진을 찍으러 가야 할 일이 생긴다. 이렇게 해당 지역의 지질 및 문화를 사진으로 촬영하고 관련 자료를 취재하는 데에 2~3일이 걸린다. 다녀와서 글을 쓰고 사진을 넣어 편집을 하는 데 또 2~3일이 걸린다. 평균 한 편의 글을 완성하는 데 꼬박 일주일은 걸리는 셈이다. 이런 식으로 날짜를 계산하면 1년에 3달은 글을 준비하고 여행하고 쓰는 일로 보낸 셈이다. 이렇게 지난 6년을 보냈다. 이 일을 하는 동안에 한 번도 즐겁지 않은 때가 없었다. 우리 땅을 돌아보는 일은 나에게 큰 설렘이고 호기심이고 보람이었다. 더욱이 글과 사진을 연재하며 적지 않은 원고료도 받았으므로 수지맞는 일이기도 했다.

「뉴턴」에 연재한 글 중에서 1회에서 21회까지의 글을 모아서 2009년 4월에 『손영운의 우리 땅 과학 답사기1』라는 제목으로 책을 출간했다. 그리고 이번에 출간되는 『손영운의 우리 땅 과학답사기2』는 22회에서 40회까지의 글을 모아서 만든 책이다. 이 글을 처음 연재할 때 100회까지 연재할 것이라고 마음먹었다. 60회까지 6년이 걸렸으므로 앞으로 4년을 더 이 일을 해야 할 것이다. 그래서 우리나라 사람이라면 꼭 한 번은 가야할 우리 땅 100곳을 소개할 생각이다. 이 일을 다 한 후에는 우리나라 밖으로 나가 같은 여행을 할 것이다. 대한민국 사람으로 태어나 우리 땅을 돌아다녔다면 지구인으로서 세계 곳곳의 땅을 돌아봐야 하지 않겠는가?

이 책은 과학 중에서 지질을 테마로 한 답사기다. 지구과학을 공부한 사람으로 우리 땅을 이루고 있는 다양한 지질과 지형의 형성 과정을 과학적으로 설명하기 위해 노력했다. 백령도의 현무암을 연구하면 왜 맨틀의 정보를 얻을 수 있는지, 소청도에 있는 스트로마톨라이트는 원래부터 그 자리에 있었던 화석인지, 강원도 양구의 해안분지는 운석이 충돌한 흔적인지 아닌지, 왜 경상북도 의성에서는 공룡 발자국 화석이 많이 발견되는지, 철원 한탄강은 왜 양쪽 계곡의 모양이 다른지 등등을 정확한 사진을 곁들여 자세하게 설명했다. 이 책을 읽으면 우리 땅이 얼마나 다양한 형성 과정을 거쳐 오늘에 이르렀는지를 알 수 있다. 내가 태어난 땅에 대한 정보를 알고 다시 그 땅을 쳐다보면 좀 더 친근하게 느껴질 것이다.

6년이라는 긴 세월 동안 부족한 글을 연재하도록 해 준 「뉴턴」과 이를 단행본으로 묶어서 출간해 준 살림출판사, 그리고 한 달에 한 번은 여행을 하도록 허락해 준 가족들에게도 고마운 마음을 전한다. 이런 고마움에 보답하기 위해서 더욱 열심히 우리 땅에 대해 공부하고 현장을 찾아다니며 사진을 찍고 좋은 글을 붙여 답사기를 쓸 생각이다. 원고 교정을 하면서 보니 정말 부족함이 많은 글이고 사진이라는 생각이 들었다. 그래도 용기를 내어 이 책을 출간한다. 독자들의 따뜻한 질책을 기대한다.

2013년 2월 손영운

■ 이 책의 과학 답사 여행지 40

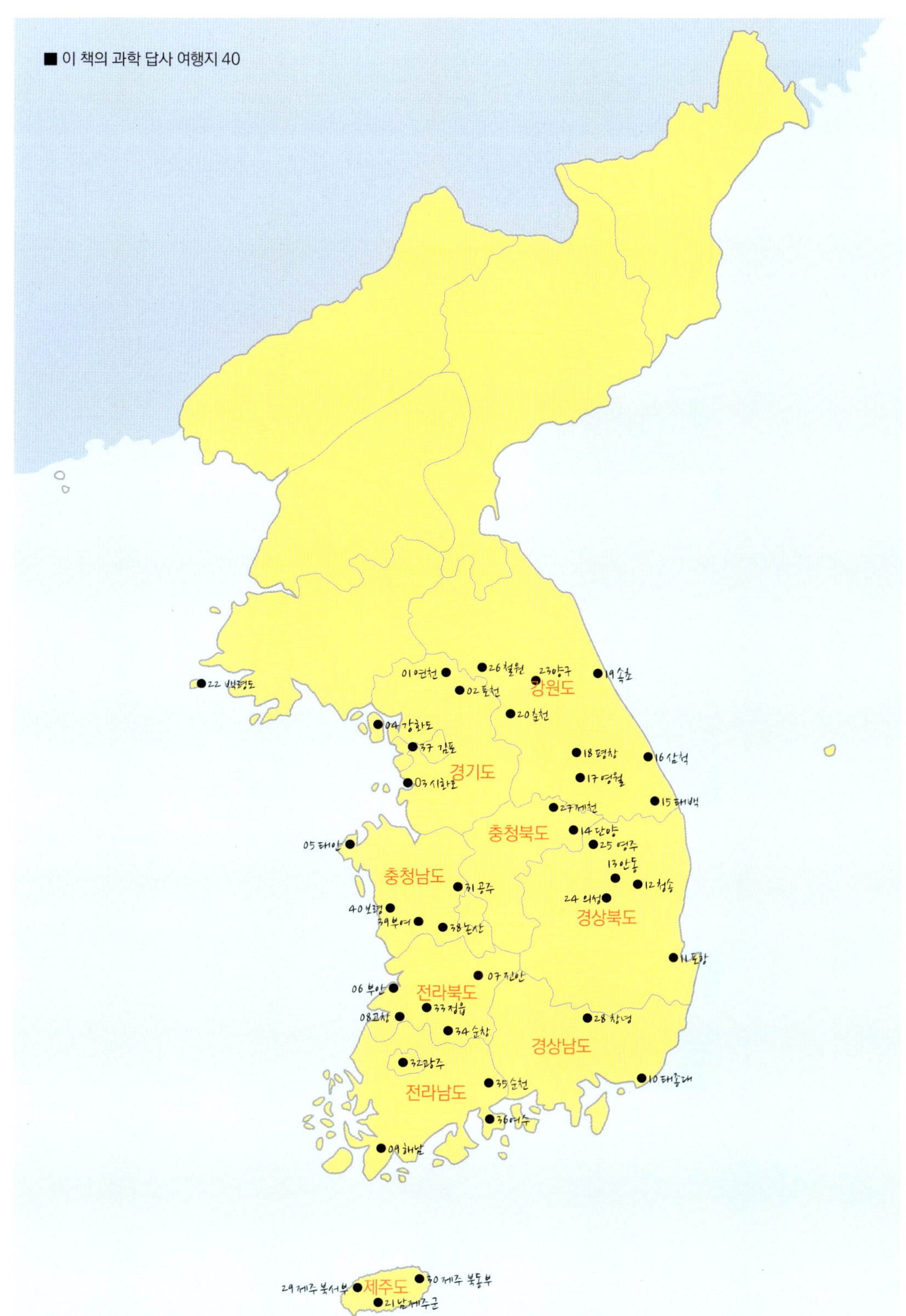
22 백령도
01 연천
26 철원
23 양구
19 속초
강원도
02 포천
20 춘천
04 강화도
37 김포
18 평창
16 삼척
경기도
17 영월
03 시화호
15 태백
27 제천
충청북도
14 단양
25 영주
05 태안
충청남도
13 안동
12 청송
31 공주
24 의성
40 보령
경상북도
39 부여
38 논산
11 포항
07 진안
06 부안
전라북도
33 정읍
08 고창
28 창녕
34 순창
경상남도
32 광주
35 순천
10 태종대
전라남도
36 여수
09 해남
29 제주 북서부
제주도
30 제주 북동부
21 남제주군

차 례

"
심청전의 배경이 된
서해의 끝 섬
22
인천 백령도
"

석양을 받아 붉게 타오르는 두무진. 두무진은 인천광역시 옹진군 백령면 연화리에 있으며, 1997년에 명승 제8호로 지정되었다. 규암과 사암으로 된 퇴적 지층이 바다를 향해 병풍처럼 펼쳐져 있다. 다양한 모양을 한 바위들이 마치 장군 머리처럼 보인다고 하여 두무진(頭武津)이라는 이름을 얻었다. 금강산의 만물상과 비교할 정도로 빼어난 자연미를 갖추고 있어, 해금강(海金剛), 즉 '바다의 금강산'이라고 불린다.

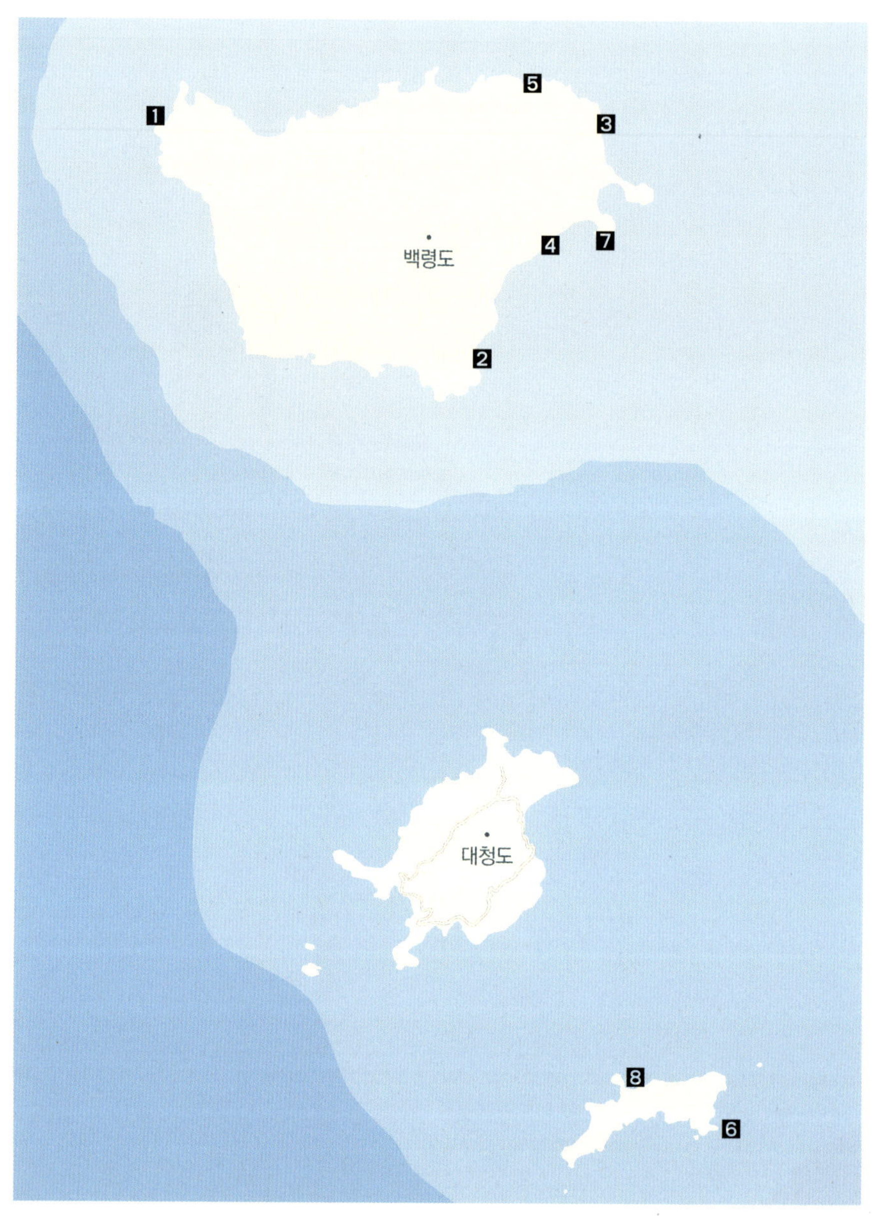

1 두무진　**2** 남포리 콩돌 해안　**3** 진촌리 현무암 분포지　**4** 사곶 해변　**5** 심청각
6 소청도 분바위　**7** 용기포 선착장　**8** 탑동 선착장

인천 백령도

백령도는 황해도 장산곶의 새벽 닭 울음소리가 들릴 정도로 북한과 가까운 섬이지만, 남한에서는 뱃길로 4시간 30분을 가야 닿을 수 있는 서해의 끝 섬이다. 삼국 시대 때 백제가 중국과 해상 교역을 할 때 중간 기착지 역할을 했으며, 심청이 공양미 삼백 석에 몸을 던졌다는 옛이야기가 전해져 오는 곳이기도 하다. 또 백령도는 선캄브리아 시대에 형성된 규암으로 이루어진 기암괴석이 가득한 '두무진'과, 규암이 해파에 시달려 동글동글한 자갈로 변한 '콩돌 해안'이 있는 곳이며, 한반도 땅 밑 지질의 비밀을 말해주는 '감람암 포획 현무암'이 발견된 곳이기도 하다. 때문에 백령도는 우리나라 땅의 역사를 살필 수 있는 훌륭한 지질 학교라 부를만 하다.

해침(海浸)으로 육지와 분리되어 섬이 된 백령도

백령도는 행정 구역상 인천광역시 옹진군 백령면에 속하는 섬이다. 동경 124° 53′, 북위 37° 52′에 위치하므로 북위 38도 보다 남쪽에 있어 한국전쟁 후 대한민국의 영토가 되었다. 백령도는 인천에서 북서쪽으로 약 200킬로미터 이상 떨어져 있어 쾌속선으로 약 4시간 30분을 가야 할 정도로 먼 거리에 있다. 따라서 큰마음을 먹지 않고는 쉽게 가기 힘든 곳이다. 반면에 북한의 황해도 장산곶까지는 뱃길로 약 15킬로미터 정도 떨어져 있어, 날씨 좋은 날에는 노를 저어서 갈 수도 있을 정도로 북한과 가까이 있는 섬이다.

백령도는 지금으로부터 약 1만 8000년에서 6000년 전까지만 해도 황해도 옹진반도와 육지로 연결되어 있었다. 그때는 신생대 제4기 마지막 빙하기로, 바닷물이 얼어 있는 곳이 많아서 해수면이 지금보다 약 140미터 정도 낮았다. 그래서 한

○ 두무진 포구. 백령도의 북서쪽 끝에 있는 포구로 한때 중국과의 해상 교통의 요충지로 많은 배가 드나들던 곳이다. 원래 이곳은 낮은 구릉 사이의 별로 깊지 않은 계곡이었을 것이다. 빙하기가 끝나고 낮은 구릉을 중심으로 해침이 일어났고, 지금은 포구가 되어 배가 정박해 있다.

반도는 남쪽 끝에 있는 제주도까지 모두 육지로 연결되어 있었으며, 중국 대륙과 육로로 마음껏 이동할 수 있었다.

하지만 지구의 기온이 상승하면서 빙하기가 끝났고, 많은 양의 빙하가 녹으면서 전 세계적으로 해수면이 상승했다. 해수면이 상승하자 늘어난 바닷물이 육지 안으로 침범해 들어왔고 옹진반도도 예외가 아니었다. 옹진반도의 끄트머리에서 홀로 돌출되어 있던 지금의 백령도 지역은 고도가 높은 부분만 해수면 위로 남고, 나머지는 바닷물에 잠겨 섬이 되었다. 백령도는 해침으로 인해 육지와 분리된 섬이 된 것이다.

1486년 조선 성종 때 편찬된 『동국여지승람』을 보면, 백령도는 4세기 초 고구려가 낙랑군과 대방군을 멸망시키고 이 지역을 자신들의 땅으로 복속시킨 후 곡도^{鵠島}라는 명칭으로 불렀다고 기록되어 있다. 그리고 조선 시대에 편찬되었던 『고려사 지리지』의 '백령진조'편을 보면, '고려는 곡도를 백령^{白翎}이라 개명하여 진^鎭을 설치했고, 현종 때는 이곳에 진장^{鎭長}을 두었다.'라고 기록되어 있다. 따라서 백령도라는 이름이 처음 등장한때는 고려 시대였으며, 당시에 백령도는 나라에서 진을 두어 관리했을 정도로 군사상 중요한 곳이었음을 알 수 있다. '백령'이라는 지명은 '흰 새의 깃털'이라는 뜻을 가지고 있는데, 섬의 모양이 흰 새가 날개를 펴고 공중을 나는 모습을 닮았다 하여 붙여진 이름이다. 그러나 주민들 사이에는 백령도라는 이름을 갖게 된 배경으로 다음과 같은 전설이 전해지고 있다.

옛날 황해도 어느 마을에 젊은 선비가 살고 있었다. 그는 사또의 아름다운 딸을 사랑했고, 사또의 딸 역시 선비를 마음에 두고 있었다. 어느 날 이 둘은 백년가약을 맺기로 약속하고, 사또에게 자신들의 사랑을 고백한 후 혼인을 시켜 주기를 간청했다. 하지만 무능력한 선비를 못마땅하게 여겼던 사또는 절대로 딸을 줄 수 없다고 거절했다. 그럼에도 둘은 뜨거운 사랑으로 밤마다 몰래 만났고, 이를 눈치 챈 사또는 딸을 외딴 섬으로 숨겨 버렸다.
사랑하는 여인을 잃은 선비는 날마다 눈물로 지내다가 끝내 시름시름 앓아 눕고 말았다. 그러던 어느 날, 꿈에 백학이 나타나 흰 종이를 주며, '여기에 쓰여 있는 대로 찾아가라'고 말하고 사라졌다. 선비가 꿈에서 깨어나 보니 정말 여인이 있는 곳을 적은 종이가 있었다. 선비는 글에 적힌 대로 장산곶에서 배를 타고 여인이 있는 섬을 찾아가 여인과 재회할 수 있었고, 그 섬에서 누구의 방해도 받지 않고 오래도록 행복하게 살았다. 훗날 사람들은 이 섬을 '백학이 알려주었다'고 하여 백학도라 불렀으며, 나중에는 흰 백^白과 날개 령^翎자를 써서 백령도라 부르게 되었다고 한다. (출처: 『효의 고장, 신비의 섬 백령도』)

바다의 금강산, 두무진(頭武津)

『손영운의 우리 땅 과학 답사기』를 쓰느라 우리나라에서 웬만큼 멋있다고 이름난 곳은 대부분 돌아다녀 보았지만, 백령도의 두무진만큼 가슴에 긴 여운을 남긴 곳은 없었다. 왕복 아홉 시간이 넘는 뱃길을 생각하면 '언제 또 백령도에 올 수 있을까?'라는 걱정이 들지만, 석양을 받아 붉게 물든 두무진에 가 보면 그런 생각은 깨끗이 지워질 것이다.

두무진은 백령도 북서쪽에 있는 포구로, 이곳에는 선대암에서 시작해 해안선을 따라 남쪽으로 약 4킬로미터에 걸쳐 다양한 모습의 기암괴석들이 늘어서 있다. 형제 바위, 사자 바위, 병풍 바위, 송곳 바위, 잠수함 바위 등 이름도 다양한 바위들이 다채로움을 뽐내고 있다. 특히 선대암은 두무진의 백미라고 할 수 있는 곳이다. 1612년 조선 광해군 때 이곳으로 유배당한 이대기[李大期]가 지은 『백령도지』에서 '늙은 신[神]의 마지막 작품'이라고 칭찬했을 정도로 선대암은 빼어난 자연미를 자랑한다.

이대기는 이곳을 늙은 신이 만든 곳으로 보았으나, 그것이 과학적인 이야기는 아니다. 두무진은 신의 작품이 아니라 자연의 작품이기 때문이다. 오랜 세월 바닷물이 달과 태양의 힘으로 하루도 거르지 않고, 매일 두 번씩 다녀가면서 조금씩 다듬어 완성한 위대한 예술품이다. 또한 이렇게 아름다운 조각상을 만들기 위해서는 좋은 재료가 필요했을 것이다. 바닷물이 아무리 재주 좋은 예술가라고 해도 아무 암석이나 다듬어서 이처럼 기묘한 형상을 연출할 수는 없기 때문이다. 그러면 선대암을 이루고 있는 암석은 무엇일까?

선대암을 이루고 있는 암석은 지구에서 가장 오래된 지질 시대에 해당하는 선[先]캄브리아 시대에 형성된 규암이다. 규암은 원래 입자가 매우 고운 모래가 퇴적 작용을 받아 형성된 사암이었다. 그러다 지각 변동에 의해 사암이 지하 깊은 곳으

○ 두무진 선대암. 백령도 북서쪽 끄트머리에 있는 해식 절벽이다. 선캄브리아 시대의 규암층이 해수면과 나란하게 쌓여 있는데, 중학교 과학 교과서에서 배우는 정합(整合, 퇴적 지층이 연속적으로 쌓인 것으로, 퇴적되는 동안 큰 지각 변동이 없어 지층 사이에 시간적인 공백이 없는 퇴적층)의 표본이 될 만한 곳이다. 사진의 오른쪽 아랫부분에 해식(海蝕) 작용에 의해 형성된 해식 동굴을 볼 수 있다.

로 들어간 후, 높은 열과 압력으로 변성 작용을 받으면서 규암으로 바뀐 것이다. 이런 규암이 해수면과 나란하게 층을 이루며 쌓여 있는 곳에, 빙하기가 끝나고 높아진 바닷물이 들락거리면서 침식을 일으켜 만든 것이 바로 두무진의 기암괴석이다. 지질학자들은 이 규암층을 백령도에 있는 것이라 하여 '백령층군'이라고 부른다. 백령층군의 두께는 생각보다 두껍다. 약 1700미터에 이른다고 하니 선대암 밑으로 상당한 깊이의 규암층이 묻혀 있음을 짐작할 수 있다.

한편, 두무진 해안에는 다양한 두께로 퇴적된 판상 규암층도 분포하고 있다. 판상 규암층 사이에는 변성 작용을 받다가 만 '입자가 고운 사암^{微砂巖, siltstone}'이 얇은

■1 두무진 포구에서 두무진 선대암 사이에 있는 규암과 사암으로 된 퇴적 지층. 가운데 해식 동굴 사이로 멀리 두무진의 뒷모습이 보인다.

■2 지층이 풍화되는 모습을 자세히 보면 사암이 먼저 풍화되는 것을 알 수 있다. 회색 빛 사암 사이로 얇은 층으로 드러나 보이는 규암은 퇴적암인 사암보다 훨씬 단단해 침식과 풍화에 잘 견딘다.

■3 표면부터 풍화가 진행되고 있는 사암. 바위를 이루고 있는 작은 모래 알갱이가 보인다(사진제공: 정창훈).

1 두무진 해안에는 연흔 구조가 잘 발달한 판 모양의 규암이 층층이 쌓여 있다. 붉은색 화살표로 표시한 것에서 볼 수 있듯이, 연흔의 결 방향이 층에 따라 각각 다르다. 이것은 이 지역의 해안선 방향이 시대에 따라 여러 차례 달라졌음을 의미한다.

2 붉은색 동그라미로 표시한 것은 연흔 구조에 생긴 흠이다. 이 지층이 형성될 당시에는 조류나 어패류가 생존하지 않았으므로, 이 흠은 바람에 날린 자갈 등이 떨어져 생긴 것으로 추정된다.

3 연흔 구조의 결이 선명하게 보이고, 그 사이에는 최근까지 해양 생물들이 살았던 흔적이 보인다.

층을 이루며 끼여 있다. 규암 퇴적층은 원래 땅 속 깊은 곳에 묻혀 있어야 하지만, 오랜 세월 이 지역의 지반이 융기하고, 바닷물과 바람 등에 의한 침식 작용이 반복되면서 판상으로 벗겨진 형태를 하고 있다. 이곳에는 파랑에 의해 형성된 연흔 구조*가 아주 잘 발달해 있다. 이 연흔 구조는 두무진의 규암층이 조석의 영향을 심하게 받는 조간대**에서 형성된 퇴적층이라는 것을 말해 준다.

또한 두무진의 퇴적층은 4~5미터 간격으로 진하고 옅은 색이 반복되어 나타나는데, 이것은 시대에 따라 해침과 해퇴가 반복되면서 해수면의 높이가 변했음을

---

* 연흔 구조(wave ripple mark) : 퇴적물이 얕은 물 밑에서 파도의 영향으로 물결무늬를 띤 구조

** 조간대(潮間帶, intertidal zone) : 만조 때의 해안선과 간조 때의 해안선 사이의 해빈(해변) 지역을 말한다. 밀물 때는 바닷물에 잠기고, 썰물 때는 공기에 노출되는 곳으로 바다와 육지의 경계에 해당한다. 조간대는 일반적으로 생물이 살기에는 변화가 심한 곳이긴 하지만, 다양한 종류의 해조류나 어패류, 갑각류가 서식하고 있다.

의미한다. 상대적으로 밝은 색의 지층은 물이 빠진 건조한 환경에서 퇴적된 사암이고, 짙은 색의 지층은 바닷물이 차올라 습한 환경에서 퇴적된 사암이 변성 작용을 받아 규암이 된 것으로 추정할 수 있기 때문이다.

남포리 콩돌 해안

인천 연안여객터미널에서 출발한 쾌속선이 도착하는 곳인 용기포 선착장에서 남쪽 방향으로 자동차로 10분 남짓 가면, 우리나라 해안 어디에서도 보기 힘든 아름다운 해변을 만날 수 있다. 해안선의 길이는 약 1킬로미터가 넘고, 폭은 200미터 내외로 꽤 넓은 해안에 크기에 따라 자갈들이 가지런하게 펼쳐져 있다. 지역 주민들은 이 자갈들이 콩을 닮았다고 해서 '콩돌'이라 부른다. 그래서 해변의 이름도 콩돌 해안이다.

콩돌 해안의 남서쪽 끝에서 북동쪽 끝을 바라보면 활모양으로 굽은 해안선의 형태를 볼 수 있다. 해변은 전체적으로 가파른 경사를 보이지만, 해변 중간중간에 해안선과 나란히 늘어서 있는 서너 개의 마루^{ridge}가 보인다. 자갈의 크기는 1센티미터 미만부터 10센티미터까지 있는데, 띠 모양의 마루와 그 사이의 골^{trough}의 위치에 따라 자갈의 크기는 조금씩 다르다. 이를 통해 콩돌이 어느 정도 분급 작용*을 거쳤음을 알 수 있다. 자갈의 크기는 해안선에서 육지 쪽으로 올라갈수록 점점 커진다. 이러한 자갈들은 주변에 있는 규암에서 공급된 것으로, 하얀색, 회색, 갈색 등이 주를 이루나 가끔 적갈색이나 밝은 홍색을 띠는 것도 볼 수 있다.

---

* 분급 작용 : 퇴적물이 물이나 바람에 의하여 운반될 때, 입자의 크기에 따라 둘 이상의 입자로 나뉘는 작용을 말한다.

1 남포리 콩돌 해안. 천연기념물 제392호로 지정되었다. 우리나라에서 백령도 외에 이처럼 콩돌로 이루어진 해안을 볼 수 있는 곳으로 충청남도 태안의 파도리 해안이 있다. 남포리와 파도리 해안의 콩돌을 만든 기반암은 모두 선캄브리아 시대에 형성된 규암이다. 하지만 백령도의 규암은 선캄브리아 시대 중에서 조금 나중에 해당하는 원생대 때의 것이고, 파도리의 규암은 좀 더 이른 시기에 해당하는 시생대 때 형성된 것이다.

2 **3** 콩돌은 다음과 같은 과정으로 형성된다. 규암이 기온의 차이로 생긴 절리에 의해 부서진 후, 끊임없이 밀려오는 파도에 의해 서로 부딪치면서 겉이 마모되어 점점 둥근 자갈로 변해 간다. 밝은 갈색으로 보이는 암석 덩어리가 콩돌의 모체인 규암이다.

 | 용기포 선착장에서 백령도의 중심 시가지에 해당하는 진
촌리를 지나 해안으로 가다 보면, 신생대 제3기가 끝나 가던 때인 약 600만 년
전에 분출한 용암이 굳어서 형성된 현무암이 약 10미터 두께로 분포하고 있는 것
을 볼 수 있다. 진촌리 성당과 백령 길병원 부근이 고도가 높은 것으로 보아, 그곳
이 용암이 분출했던 곳으로 보이지만, 정확한 분출구를 찾기는 어려웠다. 따라서
오늘날 진촌리의 용암이 어떤 형태로 분출하여 현무암을 형성했는지는 판단하기
어렵다. 백령도를 이루고 있는 주된 암석은 지금으로부터 약 10억 년 전에 형성된
규암인데 반해서, 진촌리 일대는 규암이 아니라 비교적 최근에 형성된 현무암으
로 덮여 있다. 진촌리 해안은 10억 년 전의 암석과 600만 년 전의 암석이 긴 세월
의 간격을 두고 바로 이웃에서 등을 맞대고 있는 곳이다.

그런데 진촌리의 현무암은 제주도 등 우리나라 다른 지역에서 볼 수 있는 현무
암과는 조금 다른 특징을 가지고 있다. 진촌리 현무암을 자세히 살펴보면, 현무암
여기저기에 독특한 색을 띤 다른 암석이 박혀 있다. 이 암석은 사장석, 감람석, 휘
석 등의 광물로 이루어진 감람암이다. 또한 드물게 아노더클레이스^{anorthoclase}라고
불리는 알칼리 장석이 하얀색의 결정으로 박혀 있기도 하다. 현무암 속에 있는
감람암은 맨틀*에서 비롯된 마그마가 상승해 현무암을 형성할 때, 땅 밑 약 30킬
로미터 지점에 있던 감람암을 포획하여 함께 끌고 나온 것이다. 감람암은 맨틀을
구성하는 물질들로 이루어진 암석인데, 섭씨1500도 이상의 높은 온도에도 잘 녹
지 않아 마그마에 둘러 싸인 상태에서도 제 모습을 지킬 수 있다. 그러므로 이 감
람암을 연구하면 맨틀에 대한 정보를 얻을 수 있어, 한반도 땅 밑의 지질을 연구

---

* 맨틀 : 지구 내부의 핵과 지각 사이에 있는 부분으로 지구 부피의 80퍼센트, 질량의 68퍼센트를 차지한다.

◎ 진촌리 현무암 분포 지역은 천연기념물 제393호로 지정되었다. 바닥에 깔린 자갈은 규암이 침식을 받아 형된 자갈이고, 오른쪽의 현무암 덩어리는 아랫부분이 집중적으로 침식되어 버섯 모양을 이루고 있다. 아래 사진에서 오른쪽 위에 있는 것은 아노더클레이스라고 불리는 알칼리 장석이며, 오른쪽 아래에 있는 것은 현무암에 포획되어 있는 감람암(사진제공: 정창훈)을 접사 렌즈를 이용해 확대해서 찍은 것이다. 이 사진에서 초록색과 연한 노란색을 띤 광물은 감람석이고, 짙은 갈색을 띤 광물이 휘석이다. 나머지 하얀색 또는 회색을 띤 광물은 사장석이다.

하는 데 매우 중요한 자료가 된다.

비행장으로 이용되었던
사곶 해변 | 용기포 선착장에서 남동쪽을 바라보면 바다 건너편에 매우

넓은 백사장이 보인다. 천연기념물 제391호로 지정된 사곶 해변이다. 길이가 약
4킬로미터에 이르며, 썰물 때는 폭이 300미터나 되는 매우 넓은 백사장으로, 우
리나라에서 가장 서쪽 끝에 위치한 해수욕장이다. 해변 뒤쪽으로 검푸른 해송이
30~40미터 정도 늘어서 있고, 곳곳에 해당화 군락이 있다. 사곶 해변의 모래펄

○ 사곶 해변의 전경. 중형차가 달려도 바퀴 자국이 얇게 날 정도로 단단한 모래펄이다. 원래 곶(串)은 땅이 바다로 삐죽 나
온 형태의 지형을 말하는데, 이곳은 오히려 육지 쪽으로 쑥 들어간 곳으로 어떤 연유에서 사곶이라는 이름을 얻게 되었는지
의문이 생긴다. 오히려 '모래가 많은 장소'라는 의미에서 '사곶'이라고 불리는 것이 옳을지도 모른다는 생각이 든다.

○ 사암 사이의 흔적 화석. 사곶 해변의 남서쪽으로 간척지를 개발하기 위해 만든 제방이 있다. 제방 주변에는 간척지를 개발하면서 부순 것으로 보이는 퇴적암 덩어리들이 널려 있는데, 그중에는 오래전 바다에 살았던 생물의 흔적을 볼 수 사암이 있다. 작은 인삼 뿌리가 말라비틀어진 것처럼 보이는 것들은 일종의 흔적 화석으로 추정된다. 갯지렁이와 같은 환형동물이 모래펄을 파고 다녔던 빈 공간에 모래가 들어간 후 퇴적 작용을 받아 단단하게 굳은 것이다.

은 예전에 군용 비행기가 뜨고 내릴 정도로 단단했다고 한다. 지금도 일부 지역에서는 오토바이나 자동차가 달려도 쉽게 바퀴가 빠지지 않는다.

이처럼 사곶 해변의 모래펄이 단단하게 다져진 것은 모래의 원료가 된 암석의 특징에 있다. 사곶 해변의 모래는 규암이 오랜 세월 바닷물에 침식되어 만들어진 것으로, 다른 모래에 비해 강도가 높고, 밀착력이 뛰어나다. 게다가 주변 바다에 흐르고 있는 연안류가 다른 지역보다 유속이 빨라 다른 성분의 점토질 퇴적물을 쌓아 두지 않고 그대로 운반하고 있어 규암 모래의 밀착력을 훼손하지 않는다. 하지만 10여 년 전 인근에 간척지와 담수호가 개발되면서부터는 연안류의 흐름이 변해, 담수호로부터 점토질 물질이 공급되면서 사곶 해변은 예전과 같이 바닥이 단단하지 않다. 혹시라도 옛이야기만 믿고 사곶 해변에서 자동차로 달리다 보면 백령대교 부근에서 백사장에 바퀴가 빠져 큰 낭패를 당할 수 있다.

심청전의 무대 백령도

진촌리에서 백령 초등학교 뒤쪽으로 가면 1999년에 옹진군에서 세운 '심청각'이 있다. 20여 년의 고증 작업을 거쳐 우리나라 전통 건축 양식으로 약 30억의 예산을 들여서 세운 2층 건물이다. 건물 내부로 들어가면 심청전에 관련된 판소리가 항상 울려 퍼지는 가운데, 심청전에 관련된 옛 서적 등을 구경할 수 있다.

심청각 뒤 잔디밭에는, 바다에 빠지기 전 뱃전에서 치마를 들고 홀로 두고 온 아버지를 차마 잊지 못해 육지로 눈길을 돌리고 있는 심청의 조각상이 있다. 그 뒤로는 심봉사의 눈을 뜨게 하기 위해 심청이 공양미 삼백 석에 몸을 던진 인당수로 가는 바다 물길이 내려다보인다. 바다 너머에는 어렴풋이 장산곶이 보이는

○ 심청전은 작자 미상의 고전 소설이다. 판소리와 어우러진 우리 고전 문학의 백미라 할 수 있다. 심청전은 전국적으로 회자되어 많은 구전 집단에 의해 변형이 이루어졌으나, 백령도에는 심청과 관련된 지명이 여러 곳 있어, 현재 심청전의 배경이 되는 고장으로 알려져 있다.

왼쪽은 심청상이고 오른쪽은 인당수로 향하는 바다 물길이 있는 곳
이다.

데, 심청각에서 장산곶까지는 불과 17킬로미터 정도밖에 떨어져 있지 않다. 망원
경이 설치되어 있어, 먼발치로나마 북한 땅을 보고 싶어 하는 실향민들이 종종 들
르는 곳이기도 한다.

소청도(小靑島)의 스트로마톨라이트

이 우주에 지구가 탄생한 것은 약 46억 년 전의
일이었다. 그 후 지구에 바다가 형성되었으며, 이 바다에서 지구 최초의 생명체가
활동을 시작했다. 지금까지 밝혀진 가장 오래된 생명체는 원시적인 단세포로 이
루어진 미생물인 '시아노박테리아'라는 남조류이다. 이들은 얕은 바다에서 햇빛을
받아 광합성을 하여 스스로 영양 물질을 생산해 생명을 유지했다. 전 세계 바다
에서 수많은 시아노박테리아들이 오랜 세월 광합성을 함으로써 바다와 대기권에
산소가 공급되었고, 오늘날 동물과 인간들이 그 산소를 호흡하며 살아갈 수 있게
되었다. 이처럼 지구 최초의 생명체로 알려진 시아노박테리아의 화석이 백령도 근

○ 청도 탑동 선착장. 백령도에서 쾌속선을 타고 약 30분 남짓 가면 소청도에 도착한다. 소청도는 동서 길이가 약 9킬로미터, 남북 길이가 약 2킬로미터 밖에 되지 않는 작은 섬으로 여관도 식당도 없는 곳이다. 하늘에서 내려다보면 토끼가 고개를 들고 서 있는 모습의 형태를 띠고 있는데, 주민들은 어업과 낚싯배를 운영하며 생계를 유지한다. 사진의 가운데에 보이는 길을 따라 1시간 정도 걸어서 섬의 반대쪽으로 가면 스트로마톨라이트가 발견된 분바위가 있다.

처의 소청도에서 발견되어 지질학계의 큰 관심을 받고 있다.

시아노박테리아의 흔적이 화석화되어 단단한 돌의 형태로 변한 것을 스트로마톨라이트^{stromatolite}라고 부른다. 그러므로 스트로마톨라이트는 지구에서 가장 오래된 화석이라고 할 수 있다. 스트로마톨라이트는 일종의 석회암으로 볼 수 있는데, 얇은 층이 겹겹으로 쌓인 모양을 하고 있다. 스트로마톨라이트는 시아노박테리아의 표면에 바닷물에 녹아 있던 탄산칼슘 결정이 달라붙거나, 시아노박테리아의 점성 물질에 바닷물 속을 떠다니던 모래나 진흙과 같은 부유물이 달라붙어 형성되었다. 오늘날 우리가 볼 수 있는 스트로마톨라이트는 이러한 과정이 계속 반복되어 생긴 것이다. 스트로마톨라이트의 성장 속도는 매우 더뎌서 연간 1밀리미터

◎ 위부터 차례로 전망대에서 내려다본 분바위, 가까이에 다가가 본 분바위, 분바위에서 볼 수 있는 스트로마톨라이트. 소청도의 스트로마톨라이트는 선캄브리아 시대의 것으로 우리나라에서 가장 오래된 화석이다. 하지만 이 스트로마톨라이트 화석은 지금 우리나라가 있는 지역에서 형성된 것은 아닐 것이다. 왜냐하면 현재 소청도가 있는 장소는 스트로마톨라이트가 형성되기에는 적합하지 않은 자연 환경을 가지고 있기 때문이다.

도 되지 않는다. 그러므로 두께가 몇 미터 이상 되는 스트로마톨라이트가 만들어지려면 적어도 수천만 년이 지나야 한다. 스트로마톨라이트는 10~20억 년 이상 된 선캄브리아 시대의 지층에서 주로 발견되지만, 오스트레일리아의 샤크 만 같은 곳에서는 지금도 계속 성장하고 있는 스트로마톨라이트를 볼 수 있다. 우리나라에서도 스트로마톨라이트가 발견된 곳이 몇 군데 더 있다. 강원도 태백과 영월, 경상남도 사천과 하동 등이 대표적인 곳이다. 강원도 영월의 문곡리 절벽에 있는 윗부분이 도톰하게 발달한 스트로마톨라이트는『손영운의 우리 땅 과학 답사기1』를 통해서도 소개한 적이 있다.

그런데 이러한 스트로마톨라이트가 백령도 옆 소청도에서 대규모로 발견되었다. 영월의 스트로마톨라이트가 4~5억 년 전의 고생대 오르도비스기 때의 것이라면, 소청도의 스트로마톨라이트는 그보다 훨씬 오래된 선캄브리아 시대의 것으로 약 10억 년 전의 것으로 추정된다. 그러므로 소청도의 스트로마톨라이트 화석은 우리나라에서 가장 오래된 생명체의 흔적인 셈이다.

소청도에서 스트로마톨라이트를 볼 수 있는 곳은 남동쪽 해안의 '분바위'라 불리는 곳이다. 쾌속선이 드나드는 탑동 선착장에서 아스팔트로 된 고갯길을 지나가면 예동 선착장이 나오는데, 예동 선착장에서 왼쪽으로 한 번 더 고갯길을 지나 해안으로 가면 찾을 수 있다. 선착장에서 해안으로 가는 길 중에서 가장 잘 닦인 길만 찾아서 내려가면 되는데, 이는 분바위의 자연사적 가치 덕분에 백령도에 오는 많은 사람들이 이곳을 찾아서 그런 것으로 보인다. 해안으로 향하는 내리막길을 터벅터벅 걷다 보면 오른쪽에 정자가 있고, 정자 앞에서 바다를 보면 왼편으로 하얀 바위들을 볼 수 있는데, 그곳이 바로 분바위이다. 소청도의 분바위는 원래 석회암이었던 암석이 열과 압력에 의해 심하게 변성 작용을 받아 대리암이 된 것이다. 따라서 암석의 대부분은 대리암으로 되어 있지만 사이사이에 석회암이

들어 있다. 대리암 속에 달걀보다 조금 큰 타원형의 층상 구조가 발견되는데, 이것이 바로 스트로마톨라이트이다. 하지만 변성 작용을 많이 받아서인지 스트로마톨라이트 특유의 엽리 구조는 찾아보기 어렵다. 분바위는 여인이 분을 칠한 것처럼 하얗다 하여 붙여진 이름이라고 한다. 전등이 발명되지 않았던 오래전에는 캄캄한 밤바다에서 달빛을 받아 하얗게 빛나는 분바위가 이곳을 찾은 배들에게 등대와 같은 역할을 했을 것이다.

23

"
국토의 정중앙,
한반도의 배꼽 강원도 양구
"

강원도 양구군 북동쪽에 위치한 해안분지(亥安盆地)의 아침 정경이다. 주위가 모두 해발 1000미터 이상의 높은 산으로 빙 둘러싸여 있고, 가운데가 오목하게 들어간 것이 마치 거대한 그릇처럼 보인다. 한국 전쟁 당시 유엔군 종군 기자들이 이 모양을 보고 마치 과일과 야채를 담아 섞는 그릇인 펀치 볼을 닮았다고 하여 펀치 볼(punch bowl)이라고 불렀다. 그래서 지금도 해안분지보다는 펀치 볼로 더욱 유명한 곳이다. (사진 제공·양구 군청)

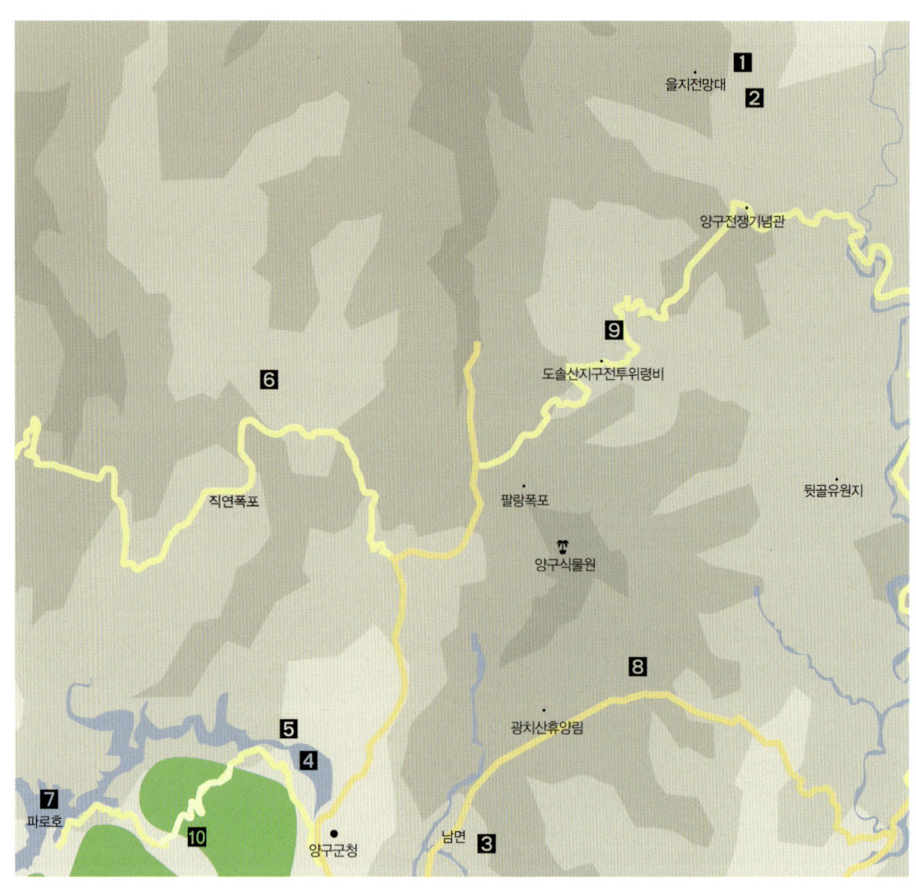

1 을지전망대　**2** 해안분지(펀치 볼)　**3** 국토 정중앙점(도촌리 산 48번지)　**4** 한반도 섬
5 양구 선사 박물관　**6** 문등천과 두타연　**7** 파로호　**8** 광치계곡　**9** 도솔산　**10** 박수근 미술관

강원도 양구

강원도 양구군은 인구가 약 2만 1천 명으로 경상북도 울릉군 다음으로 전국에서 가장 규모가 작은 군이다. 양구읍을 제외하고는 모든 지역이 농업에 기반을 둔 전형적인 농촌지역이며, 휴전선에 가까워 그동안 발전이 매우 더뎠던 곳이기도 하다. 하지만 몇 년 전부터 온 군민이 힘을 합쳐 '국토 정중앙 양구 배꼽 축제'라는 큰 잔치를 벌이고 있다. 양구군이 우리나라의 정중앙에 위치하는 지역적인 특색을 최대한 살려 관광 도시로 도약하는 계기를 마련하기 위함이다. 또한 비무장 지대 특유의 깨끗한 자연 환경과 세계 어디에서도 보기 힘든 독특한 분지 지형이 있는 양구는 수도권에서도 그렇게 멀지 않아 곧 청정 관광 도시로 거듭날 수 있으리라 기대한다.

제1회 국토 정중앙 양구 배꼽 축제

필자가 양구를 찾았을 무렵(2008년), 양구에서는 지역 축제가 열리고 있었다. 축제의 이름은 '제1회 국토 정중앙 양구 배꼽 축제'였다(현재 '국토 정중앙 청춘 양구 배꼽 축제'로 이름을 바꾸었다). 축제의 이름이 참 특이했다. 왜 하필이면 배꼽 축제라고 했을까? 이 질문에 대한 답은 지도를 보면 알 수 있다.

우리나라 지도를 한 번 펼쳐 보자. 동쪽 끝은 울릉도의 독도이고, 서쪽 끝은 평안북도 마안도, 남쪽 끝은 제주도의 마라도, 북쪽 끝은 함경북도 유포면이다. 이 네 곳을 가리켜 우리나라의 4극점이라고 한다. 이 지점들을 이어보면 교차점이 생기는데 그곳이 바로 양구군이다. 이러한 까닭으로 양구 군민들은 자신들이 사는 땅을 국토의 정중앙이라고 여기며 이에 큰 자긍심을 가지고 있다. 즉 사람으로

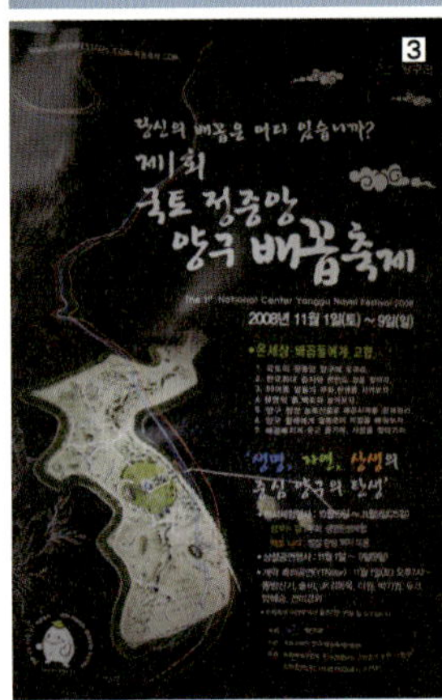

1 교차점을 정확하게 경도와 위도로 나타내면 동경 128° 02′ 02.5″, 북위 38° 03′ 37.5″이고, 행정지명으로는 양구군 남면 도촌리 산 48번지이다.

2 국토 정중앙에 세운 '휘모리' 탑이다. '음양오행원리의 상징인 팔괘와 삼태극을 바닥으로 깔고, 균형을 유지하지 못하면 쓰러지는 팽이의 역동성에 우리 전통 농악놀이인 상모의 생동적인 형상을 조형적인 언어로 나타낸 작품'이라고 소개되어 있다.

3 제1회 국토 정중앙 양구 배꼽 축제의 포스터.

4 축제의 성공적인 개최를 위해 민속 공연으로 한 마음을 다지는 양구 군민들의 모습이다.

○ 한반도 모양의 섬은 파로호 상류의 습지를 이용하여 인공으로 만든 것이다. 면적은 약 4만 2천 제곱미터이고, 나무 다리를 건너가면 강원도를 출발해 평안도, 함경도, 경상도 등 우리나라 곳곳을 짧은 시간에 걸어서 둘러볼 수 있다. 제주도와 울릉도, 그리고 독도까지 있다. 실제 비율보다 크게 만든 독도가 인상적이다. 앞으로 양구의 상징이 될 것으로 보인다. (사진 제공: 양구 군청)

따지면 양구는 배꼽에 해당하는 곳이라고 할 수 있다.

또한 배꼽은 어머니와 탯줄로 연결된 생명의 상징이다. 이 점에 착안하여 양구 군은 제1회 축제의 슬로건을 '생명, 자연, 상생의 중심!'으로 삼았다. 이 슬로건에는 양구가 단순히 한반도의 지리적 중심지일 뿐만 아니라, 앞으로 우리나라의 생명 과 자연, 그리고 상생의 중심지가 될 것이라는 군민들의 소박하지만 야무진 꿈이 담겨 있다.

그런데 그 속내를 들여다보면, 조금은 절박한 심정도 읽을 수 있다. 그것은 이러 한 축제가 낙후된 지역의 경제를 활성화시키는 계기가 되었으면 하는 군민들의 간절한 소망이 담겨 있기 때문이다. 사실 그동안 양구군은 휴전선 가까이에 위치한 탓에 개발에 많은 어려움이 있었다. 군사지역으로 묶여 공장이나 큰 건물을 세우기 어려워 농업 외에는 성장시킬 다른 산업이 없었기 때문이다. 특히 인구가 우리나라 군 중에서 울릉군 다음으로 적어 큰일을 벌일 수 있는 동력을 갖기도 어려웠다. 그래서 양구읍의 상업 지역 일부를 제외하고는 대부분 농업에 의존한 생산 기반을 가질 수밖에 없었다. 게다가 이제 농업도 예전과 같지 않아 군민들의 소득이 점점 줄어가고 있는 형편이다.

이를 극복할 유일한 해결책은 비무장 지대의 청정 자연 환경을 토대로 관광 산업을 육성하는 길이었을 것이다. 양구 배꼽 축제도 이러한 이유 때문에서 개최되고 있다. 축제를 위해 양구군은 파로호 상류의 습지에 우리나라 모양을 한 '한반도 섬'도 만들었다. 누구의 아이디어인지 몰라도 매우 독창적이라는 생각이 들었다. 또 양구의 한반도 섬은 통일의 염원을 담은 곳이기도 하다. 현실에서는 마음대로 갈 수 없는 한반도의 북쪽을 이곳 한반도 섬에서는 걸어서 갈 수 있다.

해안분지, 화강암이 만든 거대한 그릇

우리나라에는 인공으로 조성된 큰 규모의 호수가 곳곳에 있다. 충북 제천의 충주호나 강원도 춘천의 팔당호, 그리고 전북 진안의 용담호 등이 대표적인 곳이다. 그런데 이들 인공 호수들은 한 가지 공통점을 가지고 있다. 그것은 모두 화강암으로 된 분지에 만들어졌다는 것이다.

분지盆地란, 차별 침식에 의해 중앙부의 약한 부분은 빨리 침식되고, 주변의 단단한 부분은 더디게 침식이 일어나서 가운데가 움푹 들어간 지형을 말한다. 이러한 분지 지형은 주로 화강암을 기반으로 하는 곳에서 잘 발달된다. 화강암이 다

 손영운의 우리 땅 과학 답사기2

○ 충청북도 제천의 충주호이다. 충주호는 제천분지로 흘러 들어가는 남한강의 지류를 충주댐으로 막아 만든 인공 호수로, 우리나라에서 소양호 다음으로 담수량이 크다. 충주에 이와 같이 큰 인공 호수를 만들 수 있는 것은 충주가 분지 지역이기 때문이다. 차별 침식으로 형성된 제천분지는 고도가 낮아 물이 모여들기에 좋은 지형 조건을 가지고 있다. 사진의 인공 건축물은 드라마 〈태조 왕건〉을 촬영할 때 사용했던 세트이다.

른 암석에 비해 물에 의한 침식에 약하기 때문이다. 화강암의 침식으로 형성된 분지는 지형의 특성상 지대가 낮다. 때문에 물이 잘 흘러 들어와 강줄기가 발달하므로 이곳을 댐으로 막으면 자연스럽게 인공 호수가 조성된다.

양구군의 북동쪽에 있는 해안분지도 마찬가지다. 해안분지도 화강암의 차별 침식으로 형성되었다. 그런데 분지의 모양이 다른 지역에 비해 유난히 뚜렷한 것이 특징이다. 가칠봉(1,242m), 대우산(1,179m), 도솔산(1,148m), 대암산(1,304m) 등 1000미터가 넘는 산들로 둘러싸여 있고, 가운데가 오목하게 움푹 들어간 것이 마치 거대한 그릇처럼 보인다. 한국전쟁 때 이곳을 본 외국의 종군 기자들은 과일이나 야채를 소스와 섞을 때 사용하는 둥글고 큰 그릇인 '펀치 볼'을 닮았다하여

1 해안분지를 가장 잘 볼 수 있는 곳은 을지전망대이다. 가칠봉(1,049m) 산등성이에 있는데, 비무장지대 남방 한계선에서 가장 가까운 전망대로 군사분계선 남쪽 1킬로미터 지점에 있다. 맑은 날에는 금강산 비로봉과 일출봉까지 보인다. 근처의 '양구 통일관'에서 출입 신고서를 작성하면 누구든지 방문할 수 있다.

2 해안분지에는 화강암이 침식을 받아 형성된 굵은 자갈들이 많아 예로부터 뱀이 많았다고 한다. 굵은 자갈 사이로 뱀이 숨어 살기 좋기 때문이다. 해안면의 해자가 돼지 해(亥)자를 쓰게 된 까닭도 이러한 지질의 성격과 관계가 깊다. 옛날 이곳은 뱀이 워낙 많아 밤이 되면 밖을 나설 수가 없었는데, 고명한 스님 한 분이 뱀은 돼지와 상극이니 마을 이름에 바다 해자 대신에 돼지 해자를 쓰라고 권유했다고 한다. 또한 스님의 권유로 집집마다 돼지를 키우게 되었다. 그러자 신기하게도 뱀이 사라지고 주민들이 자유롭게 바깥출입을 하게 되었다는 이야기가 전해지고 있다.

이곳을 펀치 볼로 부르기도 했다.

전체적으로 타원형 모양인 해안분지는 남북으로 약 7.5킬로미터, 동서로 약 5.5킬로미터, 면적은 약 44.7제곱킬로미터로 서울의 여의도 면적의 6배가 넘는다. 이 분지 안에 하나의 면이 고스란히 들어가 있다. 면의 이름은 해안면亥安面이다. 간혹 해안분지라고 해서 '해안에 발달한 분지海岸盆地'로 생각하는 사람들도 있다. 하지만 해안분지라는 이름도 해안면의 이름에서 온 것이다.

그러면 어떻게 양구에 이런 지형이 형성되었을까? 지질학자들은 차별침식을 그 원인으로 본다. 다음 지질도를 보자. 지질도에서 'Jg'로 표기된 곳은 중생대 쥐라기 때 형성된 화강암층이다. 대보 조산 운동으로 형성된 것이므로 대보 조산 화강암이라고 부른다. 그리고 그 주위를 에워싸고 있는 'AR-PR'로 표기된 곳은 시생대와 원생대 때 형성된 경기 변성암 복합체이다.

암석의 형성 시기를 보면 중생대 대보 화강암보다 경기 변성암 복합체가 훨씬 오래된 것이다. 2001년 한국지질자원 연구원에서 발간한『한국지질도』자료에 따르면 춘천 양구 지역에 분포하고 있는 경기 변성암 복합체는 선캄브리아 시대, 즉 시생대와 원생대 때 형성된 것이다. 시생대는 지각이 형성된 때부터 약 25억 년 전까지의 지질 시대를 말하고, 원생대는 시생대 이후부터 고생대 전인 5억 4천만 년 전까지의 시기를 말한다. 반면에 중생대 대보조산 화강암은 약 2억 년 전부터 1억 4500만 년 전 시기에 형성되었다. 그러므로 두 암석층은 수억 년 이상의 시간 차이를 두고 형성된 것이라고 할 수 있다.

원래 춘천과 양구 일대는 경기 변성암 복합체가 기반암을 이루고 있었다. 그런데 약 2억 만 년 전, 한반도에서 대보 조산 운동으로 화강암이 형성되었고, 그 화강암이 해안면 일대의 지하로 관입했다. 관입당한 변성암의 윗부분이 팽창되면서 지층에 균열이 생겨 조직이 약해지고, 균열이 일어난 그 틈을 따라 하천이 발달하

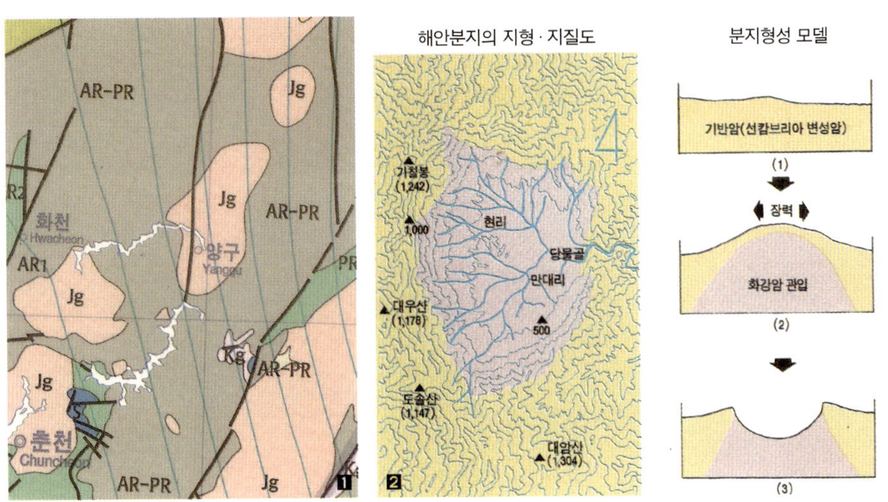

자료 출처: **1**『한국지질자원연구원 지질도』, **2**『자연사 기행』

게 되었다. 그러면서 하천을 따라 집중적으로 침식이 일어났다. 이러한 과정으로 땅 속에 있던 화강암이 노출된 것이다.

노출된 화강암은 약해진 압력 때문에 조직이 완화되고, 비와 바람에 의해 더욱 빠른 침식을 받게 된다. 반면에 주위를 둘러싸고 있는 변성암, 즉 편마암은 화강암에 비해 상대적으로 침식에 강하기 때문에 차별 침식이 이루어졌다. 또 해안면에 관입한 화강암의 노출 부위가 타원형이었기 때문에 차별 침식도 그 모양을 따라 이루어졌다. 덕분에 오늘날 마치 펀치 볼처럼 가운데가 오목하게 들어간 지형을 이루게 된 것이다.

반면 이곳이 오래전 운석과 충돌하여 만들어진 분지, 크레이터 분지라고 주장하는 학자들도 있다. 그들이 그렇게 주장하는 근거로는 분지 가운데에 상대 고도

❂ 을지전망대로 가는 도로 옆으로 화강암보다 침식에 상대적으로 강한 변성암들을 잘 볼 수 있다. 해안분지를 둘러싸고 있는 산지를 이루는 암석들은 대부분 이와 같은 변성암들이다.

사진 **1**에서 시야가 맑지 않은 까닭은 안개 때문이다. 분지 지역은 일반적으로 기온의 역전 현상이 자주 발생해 스모그나 안개가 끼기 쉽다. 사진 **2**는 수성의 에미네스쿠 크레이터(Eminescu Crater)이다. 크레이터(운석구) 안에 운석이 충돌한 후 솟아오른 지형이 보인다.

100미터 내외의 구릉이 많이 분포하고 있다는 것이다. 운석이 지표면에 충돌하면 그 반동에 의해 일부가 솟아오르고, 원래의 기반암이 깨져 사방으로 흩어지는데, 해안분지 안에 있는 구릉들이 바로 그것이라는 주장이다.

그러나 해안분지가 운석의 충돌로 형성된 분지라는 주장은 지질학적으로 근거가 빈약하다. 해안면이 군사 분계선과 가까운 곳이라 아직 정밀한 지질 조사가 이루어지지 않아 확신할 수는 없으나, 운석의 충돌로 형성된 지형이라는 사실을 뒷받침할만한 지질학적 증거가 제대로 발견되지 않기 때문이다. 적어도 운석의 충돌이 있었다면, 운석의 충돌 때 있었던 높은 온도와 압력으로 결정의 구조가 바뀐 암석이 해안분지에서 발견되어야 한다. 만약에 운석이 충돌하여 형성된 분지라면 사방이 고온과 고압으로 변성작용을 받아 단단해진 암석으로 둘러싸였을 것이다. 또한 그때 발생한 다량의 먼지가 퇴적암으로 발견되어야 할 것이다. 그러나 아직 이러한 증거가 발견되지 못했다.

더구나 해안분지 동쪽에 위치한 당물골 쪽으로 분지의 바깥벽이 터져 있는 것

◎ 해안분지 안에서 당물골 쪽을 바라보고 찍은 사진이다. 높은 산지가 이어지다가 사진의 가운데로 쑥 들어간 곳에 물길이 있었을 것이다.

은 운석 충돌설로는 설명하기 어려운 점이다. 오히려 이것은 침식 분지의 가장 강력한 증거가 된다. 보통 침식 분지의 바닥은 배수성이 좋은 마사토(화강암이 침식 작용을 받아 형성된 굵은 모래)로 되어 있어 하천이 발달하기에 좋다. 때문에 하천이 한쪽으로 협곡을 이루어 빠져나가는 지형이 만들어진다.

국내 최초로 세워진 양구 선사 박물관

한반도에 인류가 살기 시작한 시기는 지금으로부터 약 30만 년 전이라고 한다. 이는 전기 구석기 시대에 해당하는데, 이 시기의 유적으로는 평양 상원의 검은 모루 동굴 유적, 경기도 연천의 전곡리 유적, 강원도 양양의 도화리 유적을 들 수 있다. 그러나 이 시기에 살았던 인류의 자손이 오늘날 한반도에 살고 있는 우리라고 보기는 어렵다. 왜냐하면 시대적으로 간격이 너무 크고, 그 사이 기후의 변동으로 그들이 한반도에 그대로 머물러 살았다고 보기는 힘들기 때문이다. 양구에서 발견된 구석기 유적은 전기 구석기 유적과는 다른 계통을 가진 인류의 것으로 추정되며, 시기적으로는 중기와 후기의 구석기 시대로 판단된다.

양구의 구석기 유적은 1987년 강원대와 경희대 조사단이 '평화의 댐' 건설로 인해 실시한 예상 수몰 지역 발굴 조사 중에 발견되었다. 양구읍 상무룡리에서 발견된 구석기 유적은 모두 4개의 지층에서 출토되었다. 약 3년에 걸친 발굴 작업의 결과 상무룡리에서 발굴된 중기 구석기 유물로는 주먹도끼, 찍개, 사냥돌 등이 있고, 후기 구석기 유물은 잘 다듬어 만든 긁개, 밀개 등이 발견되었다. 또한 석기

◑ 양구 선사 박물관 내부. 양구읍 상무룡리에서 출토된 구석기 유적과 해안면 일대에서 출토된 신석기 및 청동기 시대의 유물이 약 650점 전시되어 있어 우리나라 중부 지역의 선사시대 생활상을 한 눈에 볼 수 있다.

제작용 석기들과 부스러기 등이 다량으로 출토되어, 이곳에서 사람들이 오랫동안 생활하였음을 알려주었다.

양구 선사 박물관 앞에는 고인돌 공원이 조성되어 있다. 여기에 있는 고인돌은 원래 파로호의 수몰 지역인 고대리와 공수리에 있던 것이다. 강원대학교 박물관 팀에 의한 조사 결과, 파로호 담수 지역 안에 분포하던 고인돌이 우기 때는 물속으로 잠기고 갈수기 때는 지표에 노출되는 것이 반복되어, 훼손이 심각하게 우려된다는 이유로 1987년과 1992년에 이곳으로 이전하여 복원한 것이다. 고대리와 공수리에 있었던 고인돌 무리에서 탁자식 고인돌과 개석식 고인돌 두 가지 형식의 고인돌이 발견되었다. 강원도 기념물 제9호로 지정된 '고대리 고인돌'은 땅 위에 무덤방을 만들고 그 안에 시신을 넣은 뒤 뚜껑돌을 덮은 탁자식 고인돌이다.

고대리 고인돌에서는 당시의 매장 풍속 및 생활 모습을 짐작할 수 있는 민무늬그릇조각도 발견되었다. 또한 강원도 기념물 제10호로 지정된 '공수리 고인돌' 근처에서도 돌검과 돌화살촉, 돌도끼 등이 함께 발견되어 당시의 생활 모습을 이해하는 데 중요한 자료가 되었다.

1. **2** 고인돌 공원에 있는 움집이다. 움집은 신석기와 청동기 시대의 사람들이 살았던 반(半)지하 가옥이다. 원형 또는 사각형으로 땅을 파고 둘레에 기둥을 세워 이엉을 덮었는데, 가운데에는 난방과 취사를 위한 화덕(화살표)이 설치되어 있다. 이곳에 복원된 세 동의 움집 중에서 오른쪽에 있는 원형 움집은 신석기 시대에 한강 상류 지역에 있었던 움집을 복원한 것이고, 왼쪽에 있는 두 동의 장방형 움집은 양구군 해안면 현리에서 발견된 청동기 시대의 주거 유적지에서 발굴된 것을 복원한 것이다.

3 양구 선사 박물관의 주차장에서 박물관 건물로 가는 곳에 가오작리 선돌이 서 있다. 이 선돌(立石)은 양구군 남면 광치령 절터골에서 발견된 것이다. 선돌은 원래 태양 숭배 신앙이나 축복과 행운을 상징하는 역할을 했다. 선사시대에서 역사시대로 넘어오는 시기에 많이 제작되었는데, 가오작리 선돌은 양구에서 흔히 볼 수 있는 화강암의 상단부에 웃는 얼굴을 음각한 것이 특징이다.

비무장 지대의 청정수가 만든 문등천과 두타연

양구군 방산면은 한국전쟁 당시의 최대 격전지 중 하나였다. 이곳은 휴전 직전까지 일진일퇴를 거듭하며 동족 간에 혈투를 벌였던 곳이다. 하지만 전쟁 당시 초토화되다시피 했던 능선과 하천은 60여 년의 긴 세월 속에서 자연의 힘으로 말끔히 소생되었다. 최근 이곳에 가족이나 친구와 함께 새소리를 들으며 산책을 할 수 있는 '두타연 트래킹 코스'가 개설되었다. 양구군청이 군 당국과 협의하여 양구군 방산면 고방산리 민통선에서부터 동면 월운리 민통선에 이르는 숲길을 제한적으로 개방한 것이다. 두타연을 방문하기 전에 인터넷

◎ 문등천은 선캄브리아 시대에 형성된 편마암 계통의 변성암과 중생대 화강암이 만나는 경계선을 따라 흐르는 하천이다. 지질이 서로 다른 암석층의 경계는 침식에 상대적으로 약하기 때문에 물길이 생기기에 좋은 조건이다. 사진의 가운데에서 아래 방향으로 툭 튀어나온 부분이 단단한 변성암이 분포하는 지역이고, 물길 건너 아래쪽은 화강암이 분포하는 지역이다. 침식에 약한 화강암 쪽으로 물길이 파고들어 위와 같은 모양의 지형을 만들었다. (사진 제공: 양구군청)

◎ 두타연은 물웅덩이의 둘레가 50미터, 깊이는 10여 미터에 이른다. 물이 쏟아져 내리는 폭포 오른편에 커다란 동굴이 검은 입을 벌리고 있어 신비감을 자아낸다. 두타연은 희귀어종이자 천연기념물로 보호하고 있는 열목어의 국내 최대 서식지이다. 그만큼 물이 맑고 차다. 열목어 외에 냉수성 토종 어종인 금강모치, 쉬리, 버들치 등도 서식하고 있다고 한다. (사진 제공: 양구군청)

으로 신청하면 문화유산해설사의 설명을 들으며 비무장 지대의 청정 자연 환경을 둘러볼 수 있다(문의: 양구군청 경제관광과 전화 033-480-2251, 2278). 문화유산해설사의 안내를 받으며 군부대 초소를 통과하면 길을 따라 양쪽으로 쳐진 철조망과 거기에 줄줄이 걸려 있는 '지뢰' 표지들이 보는 사람의 가슴을 답답하게 만든다. 지뢰 표지가 단풍잎처럼 익숙해질 만큼 걷다 보면 맑은 물소리를 들을 수 있다. 민통선 북쪽의 문등리에서 흘러오는 문등천이 수입천의 본류와 만나는 곳에 다다른 것이다.

두타연 트래킹 코스를 대표하는 것은 역시 '두타연'이다. 두타연은 고방산리 초소에서 6킬로미터 남짓 떨어진 건솔리 드렛골 부근에 있는, 수입천의 본류가 흘러

내리는 3단의 폭포와 그 밑의 널찍한 물웅덩이를 가리킨다. 두타연의 '두타頭陀'는 불교의 언어인 산스크리트어 'dhūta(버리다, 씻다, 닦다)'를 음역한 단어로, 의식주에 대한 집착을 버리고 수행하는 것을 뜻하는 말이라고 한다. 예전에 두타의 수행을 위해 이곳 물웅덩이 위에 세운 두타사頭陀寺라는 절에서 유래된 이름이라고 한다.

한편, 금강산에서 발원한 금강천은 양구군청의 서쪽으로 흘러 북한강 본류와 만난 후, 다시 남서쪽으로 휘감아 흐르다가 화천댐에서 물길이 막혀 커다란 인공 호수가 되었다. 이 호수의 이름이 파로호로, 한국전쟁 당시 이승만 대통령이 중공군의 대공세를 무찌른 것을 기념하여 파로호破虜湖라 지었다고 한다. 이곳은 한국전

◎ 파로호는 우리나라에서 가장 물이 맑은 호수라고 할 수 있다. 파로호를 채우고 있는 물은 청정 비무장 지대를 지나온 것이기 때문이다. 덕분에 다양한 담수어가 풍부하여 전국 제일의 낚시터로 손꼽힌다. 최근에는 파로호 주변에서 천연기념물인 원앙새의 집단 서식지가 발견되기도 했다. 뿐만 아니라 1987년 평화의 댐 축조를 위해 물을 뺐을 당시 호수 바닥이 드러나면서 고인돌 유적이 발견되어 학계의 비상한 관심을 모으기도 했다.

쟁 중에는 북한의 영토였지만 전쟁이 끝날 무렵 남한의 영토가 되었다.

파로호 역시 양구 지역의 지질적 특징을 잘 보여주고 있다. 이곳 역시 해안면의 펀치 볼을 만든 암석과 같은 종류의 중생대 화강암이 기반암을 이루고 있기 때문이다. 따라서 해안 분지와 같은 차별 침식 과정을 겪은 분지가 형성되었는데 이곳을 '양구 분지'라고 한다. 이 분지로 북한강의 지류 금강천이 흘러들어 조성된 것이 파로호이다. 따라서 파로호 역시 소양호나 충주호 그리고 용담호와 마찬가지로 분지 호수라고 할 수 있다.

겨울 설경이 아름다운 광치 계곡과 화가 박수근

'인제 가면 언제 오나 원통해서 못 살겠네.'라는 말이 있다. 예전부터 강원도 인제와 원통의 교통이 불편해서 그곳에 찾아가기가 너무 힘들었기 때문에 생긴 말이다. 그러나 이 말을 달리 해석하면 그만큼 그곳의 자연이 잘 보존되어 있다는 뜻이 된다. 인제와 원통 사이에 겨울 설경이 유난히 멋진 '광치 계곡'이 있다. 인제에서 원통 쪽으로 가다 보면 광치 터널이 나오고 꼬불꼬불한 길을 따라 가면 대암산 능선을 따라 깊은 계곡이 나오는데, 이곳이 바로 울창한 원시림이 아름다운 광치 계곡이다.

양구에는 광치 계곡 못지않게 겨울 경치가 아름다운 곳이 또 있다. 양구군 동면 팔랑리와 해안면 만대리의 경계에 있는 '도솔산兜率山'이 바로 그곳이다. 도솔산(1,148m)은 을지전망대가 있는 가칠봉과 함께 태백산맥을 잇는 산이다. 이곳에서는 1951년 6월 4일부터 6월 19일까지 역사에 남은 치열한 전투가 벌어지기도 했다. 도솔산이 동부 전선에서 차지하는 전략적 가치가 커 처음에는 미국 해병대가 점령 작전을 맡았으나 실패하고, 한국 해병대가 승리를 이끌어 우리 해병대 5대

■ 광치 계곡의 아름다운 설경이다. 양구군청에서 운영하는 자연 휴양 시설이 잘 갖추어져 있어 가족끼리 가기에 좋은 곳이다. 광치 계곡 뒤로 대암산 생태 탐방로를 따라 걸어가면 생태 식물원이 있고, 좀 더 가면 대암산 용늪이라는 습지도 볼 수 있다. (사진 제공: 양구군청)

② 도솔산 설경이다. 산이 깊어 한국전쟁 당시 전투에 많은 어려움이 있었던 곳이다. 도솔산 지구 전투 위령비를 보면 당시 격렬했던 전투 상황을 짐작할 수 있다. 지금은 그 아픔을 잊었는지 아름다운 설경만 간직하고 있다.(사진 제공: 양구군청)

작전 중 하나로 손꼽히는 전투가 되었다.

양구의 겨울은 선방의 죽비와 같다. 그 느낌을 맛볼 수 있는 곳이 '박수근 미술관'이다. 미술관 안에 걸린 그림 때문일까? 겨울에 박수근 미술관을 찾으면 어딘지 외롭고 앙상하다는 느낌을 받게 된다. 양구가 낳은 세계적인 서양화가인 박수근이 그린 '나무와 두 여인'을 보면, 벌거벗은 풍경을 드러내는 겨울의 적막함과 쓸쓸함이 더욱 강하게 다가온다. 앞선 계절들의 화려한 색채는 사라지고 무채색 풍광만이 덩그러니 남은 나무와 표정 없는 얼굴을 한 두 여인의 모습을 '나무와 두 여인'에서 볼 수 있다. 가족의 생계를 책임지기 위해 행상을 하는 한 여인과 갓난아이를 업고 그 여인을 물끄러미 쳐다보는 또 다른 여인의 모습에서 우리의 가난했던 과거와 그 속에서도 모성을 잊지 않고 살아갔던 우리네 어머니의 모습을 잘 볼 수 있다. 그림 속의 모습은 쓸쓸하지만 그림을 보는 이의 마음에는 오히려 희망이 떠오르는 묘한 그림이라는 생각도 들었다.

1 박수근 미술관. 박수근 그림을 보러 박수근 미술관을 찾았지만 그의 그림은 유화 작품 세 점밖에 없었다. 그림 값이 너무 비싸 양구군청에서 살 형편이 되지 못한다고 한다. 생전에 5천 원 정도에 불과했던 그의 그림이 지금은 수억 원이 넘으니 그런 대답이 나올 만도 하다. 그래도 박수근 미술관에서 박수근의 그림을 더 많이 보았으면 하는 바람을 지울 수 없었다.

2 박수근 조각상. 미술관과 이어지는 작은 동산의 양지 바른 곳에 그의 무덤이 있고, 미술관 뒷마당에는 박수근의 전신을 조각한 작품이 있다. 뙤약볕에서 갓난아기를 업고 다니는 아내를 위해 양산을 훔쳤을 정도로 지독한 가난 속에서 그림을 그렸던 그였는데(물론 아내의 간청으로 되돌려주었다), 오늘날 그의 그림이 우리나라 화가 중에서 가장 비싸게 거래되고 있다는 것을 알게 된다면 그는 어떤 기분이 들까?

"
칼데라와 공룡의 땅
경상북도 의성
24
"

왼쪽으로 보이는 것이 금성산(金城山, 531m)이고, 오른쪽으로 보이는 것은 비봉산(飛鳳山, 672m)이다. 두 산은 경상 분지의 북쪽 귀퉁이에 위치해 있고, 중생대 백악기에 일어났던 화산 활동으로 만들어진 화산이다. 지금은 활동을 멈춘 사화산이지만, 칼데라의 흔적이 많아 지질학자들이 자주 찾는다. 산 안쪽으로 들어가면 곳곳에서 왕성했던 화산 활동의 증거들을 쉽게 만나볼 수 있다.

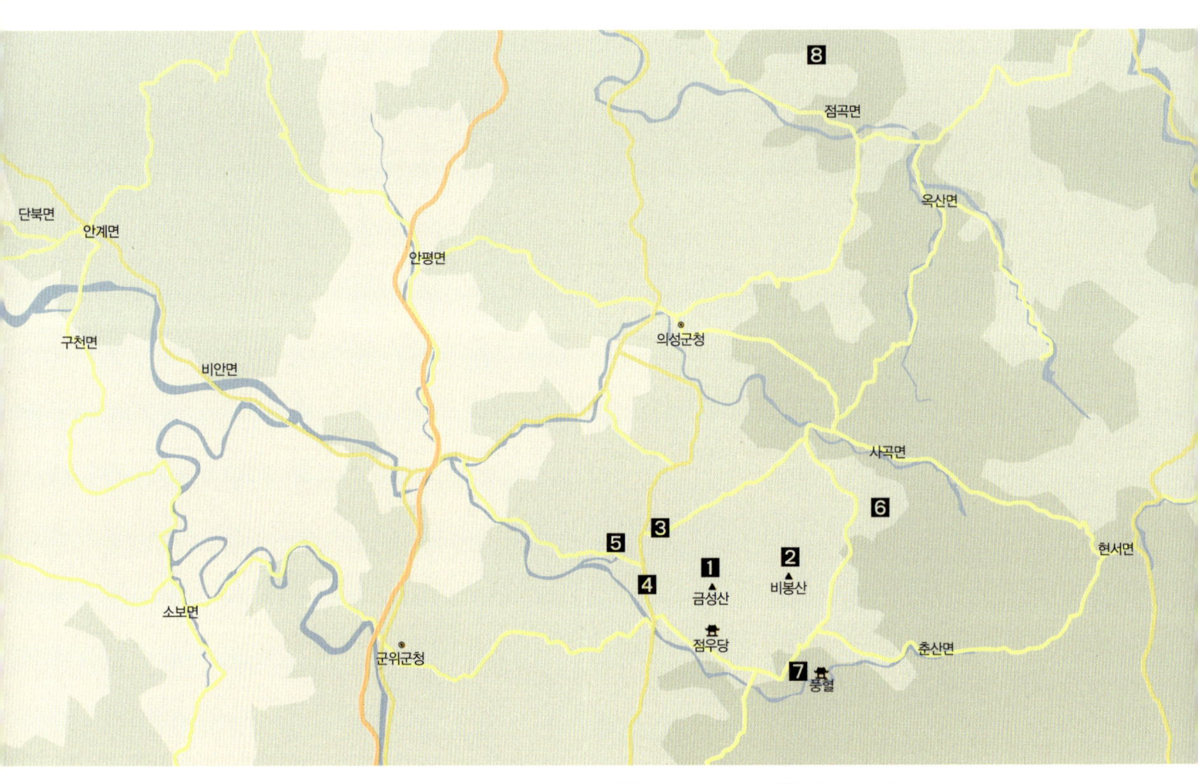

1 금성산 2 비봉산 3 제오리 공룡 발자국 화석지 4 탑리 오층석탑 5 경덕왕릉과 고분
6 산수유 마을 7 빙계 계곡 8 고운사

경상북도 의성

의성군은 경상북도의 중앙에 위치하고, 면적은 남한의 약 1.2퍼센트를 차지하며, 인구는 6만 명이 조금 넘는 지방이다. 의성은 남쪽을 향하고 있는 태백산맥과, 남서쪽으로 뻗은 소백산맥 사이에 쏙 들어간 곳에 위치해서 예전부터 사람들의 발길이 잦았던 곳이다. 그래서 삼한 시대에는 한 나라의 도읍지가 되기도 했다. 의성에는 중생대 백악기 때 한반도에서 격렬하게 일어났던 화산 활동의 흔적이 곳곳에 남아 있다. 특히 금성산 주변에서는 백두산 천지에서나 볼 수 있는 칼데라 지형을 볼 수 있다. 또 1973년에 탑리 남서쪽에서 우리나라 최초로 공룡의 골격 화석이 발견되었고, 1990년에는 제오리 도로변에서 수백 개가 넘는 공룡 발자국 화석이 무더기로 발견되었다. 의성은 우리나라 자연사에서도 큰 의미를 지니는 고장이다.

제오리
공룡 발자국 화석

지금까지 우리나라에서 발견된 공룡 발자국 화석은 대략 6500개가 넘는다. 공룡 발자국 화석의 숫자로만 따진다면 세계적인 수준이다. 그런데 이 많은 공룡 발자국 화석이 전라남도 일부 해안 지역을 제외하고는 대부분 경상도 지역에 집중되어 있다. 경상 분지가 공룡이 가장 활발하게 활동했던 중생대 백악기 무렵에 형성된 퇴적층으로 덮여 있기 때문이다. 경상북도 의성은 그중에서도 대표적인 곳이다.

1973년 1월, 당시 대학원생이었던 부산대학교의 김항묵 교수는 금성면 탑리에서 길이 약 60센티미터에 이르는 커다란 공룡 뼈 화석을 발견했다. 공룡 뼈 화석으로는 한반도 최초의 발견이었다. 이 발견은 확인 과정을 거치기 위해 곧바로 학계에 보고되지 않았다. 1977년 다른 학자도 이 화석을 발견하면서 비로소 공룡 뼈 화석이 세상에 공개되었다.

공룡 뼈가 발견되었을 당시, 뼈 화석은 석회암 속에 보존되어 있었는데 지름이 약 35센티미터이고 골수가 있었던 가운데 부분은 구멍이 뻥 뚫려 있었다. 화석의 주인공은 일본, 중국, 몽골 지역에 살았던 공룡과 같은 계통으로 생각되며 초식성 대형 공룡으로 추정되었다. 그 후 의성 곳곳에서 공룡의 어깨 뼈, 종아리 뼈, 넓적 다리 뼈 등이 계속 발견되었다. 우리나라에서 공룡 뼈 화석이 이처럼 많이 발견되는 곳은 의성이 유일하다.

한편 1990년에는 탑리에서 북쪽으로 조금 떨어진 제오리에서 공룡 발자국 화석 300여 개가 발견되었다. 1988년 의성군에서 지방 도로 확장 공사를 하기 위해 산허리를 깎아 냈는데, 다음 해 여름 홍수가 산허리를 깨끗이 씻어 내자 지층에서 공룡 발자국이 선명하게 드러난 것이다. 발자국 화석이 있는 지층은 담회색의 사암층으로 경상누층군에 속한다. 경상누층군은 주로 강 유역의 범람원에서 만들어진 퇴적 지층으로, 형성 시기는 지금으로부터 약 1억 1000만 년 전의 중생대 전기로 확인되었다.

● **손영운의 과학지식**   **경상누층군(慶尙累層群)**

우리나라 중생대 백악기를 대표하는 지층이다. 경상계라고도 부르며, 선캄브리아 시대부터 중생대 초에 형성된 지층을 부정합으로 덮고 있다. 경상누층군은 크게 두 층으로 되어 있다. 아래에 있는 층은 지질학 용어로 낙동통(洛東統)이라고 부른다. 주로 붉은색 셰일이나 사암 또는 역암이 교대로 쌓여 있고 사이에 간혹 무연탄층이 발달해 있다. 두께는 약 4000미터에 이른다. 위에 있는 층은 신라통(新羅統)으로 부르고 역시 붉은색 셰일이나 사암 등으로 되어 있으며, 두께는 약 3600미터에 이른다. 신라통은 낙동통을 평행 부정합으로 덮고 있다.

◎ 제오리 공룡 발자국 화석(천연기념물 제373호). 의성군청에서 금성면 사무소로 가는 지방 도로의 오른쪽에 경사진 지층이 있다. 이곳에서는 모두 316개의 발자국이 발견되었는데, 세 종류의 초식 공룡과 한 종류의 육식 공룡 발자국으로 추정된다. 발자국의 크기, 보폭, 걷는 방향 등이 잘 나타나 있어, 당시 한반도에 살았던 공룡의 생활상을 연구하는 데 중요한 자료가 된다.

　　제오리 공룡 발자국 화석의 특징은 다른 지역에서 발견된 발자국 화석과는 달리, 각 개체의 보행렬을 정확하게 추적할 수 있을 정도로 연속성이 뚜렷하다는 점이다. 가장 많이 발견되는 발자국은 용각류龍脚類의 발자국(사진의 초록색 원)이다. 12마리 이상의 보행렬이 발견되었다. 용각류 발자국의 특징은 네 발로 걷는 4족 보행의 발자국으로, 뒷발자국이 앞발자국보다 훨씬 크다. 같은 초식 공룡인 조각류鳥脚類의 발자국(사진의 파란색 원)은 뒷발로만 걷는 2족 보행의 발자국이다. 약 10마리 이상의 것으로 추정되며 뒷발의 특징인 발가락 세 개가 뚜렷이 보이고 발톱이 뭉툭하다. 육식 공룡인 수각류獸脚類의 발자국(사진의 붉은색 원)도 관찰되는데, 발가락의 폭이 좁고 발가락 끝이 날카롭고 발톱이 뾰족한 것이 특징이다.

용각류의 발자국
수각류의 발자국
조각류의 발자국

발자국의 주인공은?

용각류
Sauropods
수각류
Theropods
조각류
Ornithopods

용각류의 발자국
수각류의 발자국
조각류의 발자국

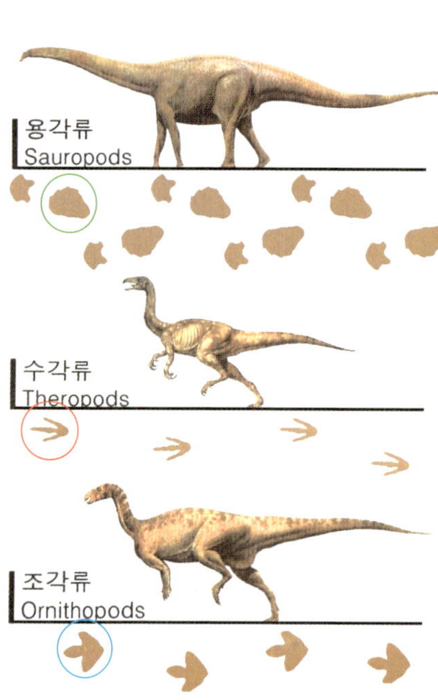

제오리 도로변의 공룡 발자국 화석은 어떤 과정을 거쳐 형성되었을까? 지층에 나타난 발자국과 지층의 연대 측정으로 추정해 보면, 아마 다음과 같은 과정으로 만들어졌을 것으로 짐작된다.

지금으로부터 약 1억 1000만 년 전의 어느 시기에 다양한 종류의 공룡들이 강가를 지나가다 물기가 포함되어 있는 퇴적층에 발자국을 남겼다. 발자국이 찍힌 퇴적층은 뜨거운 태양열에 의해 물기가 증발한 후 돌처럼 단단히 굳었다. 시간이 지난 후, 어느 시기에 다시 강물의 수위가 높아졌다. 강물은 발자국이 찍힌 퇴적층 위로 새로운 퇴적물을 덮었고, 축축한 퇴적 지층이 형성되었다. 그 위를 다른 공룡들이 지나가면서 새로운 발자국을 남겼다. 이러한 과정이 몇 차례 반복되면서 약 1억 년 이상의 지층 속에 공룡 발자국은 아무도 모르게 묻혀 있었다. 그러는 동안 몇 차례 화산 활동과 조산 운동 등으로 변화를 겪으면서 지면과 나란했던 지층이 기울어졌고, 사람들이 도로 공사를 하면서 지층이 드러났다. 이후 홍수가 지층면을 깨끗하게 씻어 내면서 공룡 발자국들이 세상 구경을 하게 되었다.

의성에서는 제오리 외에도 여러 곳에서 공룡 발자국 화석이 발견되었다. 1990년에 제오리에서 북동쪽으로 조금 떨어진 만천리 저수지 부근 신방마을의 산에서

제오리 사암층에서 발견된 공룡들의 발자국을 알아보기 쉽게 나타낸 그림. 발가락의 모양, 보폭, 보행렬 등을 유심히 관찰하면 당시 공룡들의 움직임이 어떠했는지 짐작할 수 있다.

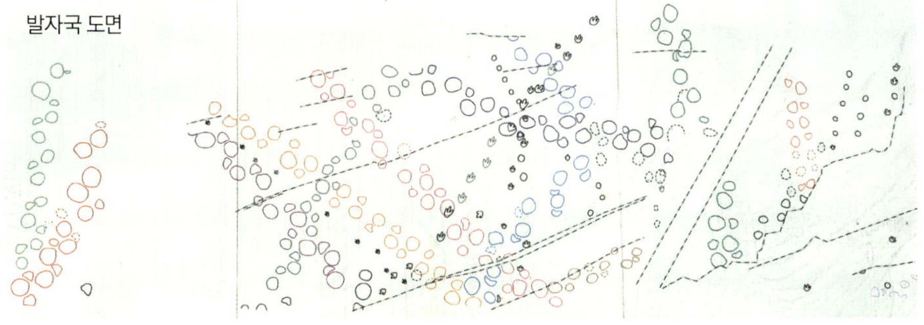

공룡은 골반(엉덩이)을 이루고 있는 장골, 치골, 좌골 등 세 뼈의 구조를 기준으로 도마뱀의 골반과 비슷한 구조를 한 용반목(龍盤目)과, 새의 골반과 비슷한 구조를 한 조반목(鳥盤目)으로 나눈다. 용각류와 수각류는 용반목에 속하고, 조각류는 조반목에 속한다. 용각류는 일반적으로 덩치가 크고 목과 꼬리가 매우 긴 공룡으로 브라키오사우루스나 디플로도쿠스와 같은 대형 초식 공룡이 주로 해당한다. 수각류는 대부분 육식 공룡으로 튼튼한 뒷다리로 서서 초식 공룡을 사냥하며 뛰어다녔는데, 티라노사우루스, 알로사우루스 등이 이에 해당한다. 조각류는 뒷다리가 잘 발달해 두 발로 걸었던 초식 공룡으로 마이아사우라와 이구아노돈 등이 있다.

공룡 발자국 화석이 발견되었다. 또 1998년에는 춘산면 신흥리 도로 공사장 인근의 하천에서도 공룡 발자국 화석이 몇 개 더 발견되었다. 그 후에도 점곡면 구암리 새터 마을에서 발자국이 추가로 발견되었다. 이러한 사실로 미루어 볼 때 정부와 학계의 적극적인 관심과 지원이 이루어진다면, 의성에서는 앞으로 훨씬 더 많은 공룡 뼈와 발자국 화석이 발견될 것으로 확신할 수 있다. 그렇게 된다면 의

1 공룡 발자국 화석이 발견된 후 발자국을 분석하고 있는 과학자들의 모습(사진제공: 의성군청)
2 공룡 발자국의 보폭을 가늠하고 있는 과학자(사진제공: 의성군청)

성은 우리나라에서 대표적인 공룡 화석 발굴지이자 야외 자연사 박물관으로서
의 역할을 충분히 할 수 있을 것으로 생각된다.

7000만 년 전에 형성된 금성산 칼데라

중생대 백악기 말은 전 세계적으로 화산 활동이 매우
왕성하게 일어난 시기였다. 과학자들은 백악기와 신생대 제3기 지층의 경계에 해
당하는 'K-T경계층(지구 전 지역에서 발견되는 얇고 붉은 점토로 된 지층)'에 이리듐
이 비정상적으로 높은 비율로 포함되어 있다는 사실을 그 근거로 들고 있다. 이리
듐Iridium은 주기율표에서 9족에 속하는 백금족 원소로 은백색을 띤 귀금속이다. 이
리듐은 자연 상태에서는 잘 산출되지 않고, 운석이 떨어진 곳에서 가끔 발견된다.
따라서 과학자들은 K-T경계층 사이에 전 세계적으로 이 금속이 얇게 함유되어
분포하는 것을 토대로, 이 시기에 대규모의 운석 충돌이 있었고 이 운석 충돌로
공룡을 비롯한 중생대의 많은 생물들이 멸종했을 것으로 추정하기도 한다.

하지만 근래에 세계 여러 곳에서 이리듐이 포함되어 있는 두께 약 30~40센티
미터에 이르는 지층이 발견되었다. 이것을 본 과학자들은 중생대 말기 생물들의
대멸종이 꼭 운석의 충돌 때문에 벌어진 일은 아니라는 생각을 하게 되었다. 왜
냐하면 퇴적 지층의 두께가 30~40센티미터에 이르기 위해서는 최소한 50만 년
이상의 긴 세월이 필요한데, 운석 충돌 후 퇴적물이 쌓이는 시기가 그렇게 길 수
는 없기 때문이다. 때문에 과학자들은 이리듐이 지구의 내부, 즉 맨틀에서 나왔을
것으로 추정한다. 이는 당시에 화산 활동이 매우 긴 시간 동안 반복해서 일어났
음을 의미한다.

오랜 기간 반복된 대규모 화산 분출은 당시 지구의 기후 환경을 악화시켰다. 특

히 화산재 속에 알의 부화를 막는 독소 물질이 포함되어 있었다. 그것은 셀레늄 ^{Se}이라는 원소로, 이것이 달걀에 아주 작은 양이라도 포함되어 있으면 알 속의 배아에 치명적인 영향을 끼쳐 달걀의 부화가 안 되는 것으로 밝혀졌다. 때문에 당시 공룡들의 알이 화산재로 인해 매우 적은 숫자만 부화되었고, 그 결과 중생대 백악기 말 공룡이 전멸했을 가능성이 매우 높다.

공룡들을 멸종시키는 데 큰 요인이 되었을 대규모 화산 활동이 백악기 말 우리 한반도에서도 일어났다. 그 증거가 되는 곳이 바로 이곳 경상북도 의성이다. 의성에 있는 산들은 지금으로부터 약 9000만~6500만 년 전에 한반도에서 일어났던 화산 활동의 흔적을 고스란히 가지고 있다. 대표적인 곳이 금성면에 있는 금성산과 비봉산이다.

칼데라 ^{caldera}는 에스파냐 어로 '냄비'라는 뜻이다. 처음에는 아프리카 서쪽에 있는 에스파냐령 섬인 카나리아 제도의 화산섬 정상 지역에 발달한 웅덩이 모양의 지형을 부르는 고유명사였다. 그러다 나중에는 화산이 형성된 후에 대폭발이나 산꼭대기의 함몰에 의해서 2차적으로 생긴 큰 웅덩이 모양의 지형을 가리키는 일반명사가 되었다.

칼데라는 화산 구조의 붕괴에 의해 형성된 함몰 지형이다. 모양이 비교적 원형에 가깝고 바깥의 형태나 측벽의 경사에 관계없이 규모가 화구보다 몇 배 이상 크다. 칼데라의 형성 과정은 다양한 마그마 활동과 조산 운동으로 이루어지기 때문에 광상의 형성과도 관련이 깊다. 또한 칼데라 인근 지역은 지열 에너지가 풍부하므로 다른 방면으로 연구해 볼 만한 주제도 많다. 우리나라에서도 칼데라 지형들이 주로 한반도와 그 주변의 지질구조학적 운동 과정과 화산 활동의 특성을 밝히는 데 중요한 역할을 하고 있어 많은 지질학자들이 관심을 가지고 연구하고 있다. 지질학자들이 의성을 자주 찾는 것도 이러한 이유에서이다. 우리나라에는 백

사진 **1**은 금성산의 중턱을 찍은 것이다. 금성산과 인근 산의 중턱에는 띠 모양의 암석층이 산을 둘러싸고 연속적으로 이어져 있다. 사진 **2**는 유문암질 용암이 굳어서 만들어진 화산암이고, **3**은 화산재가 쌓여서 형성된 퇴적암인 응회암이다. 이 암석들이 7000만 년 전 이곳에 형성되었던 칼데라의 흔적이라 할 수 있다.

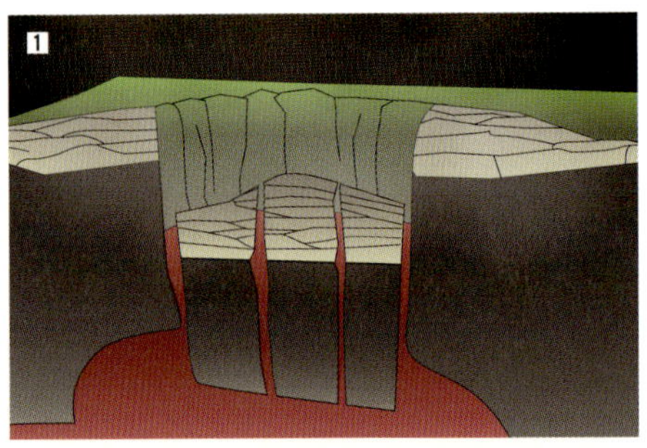

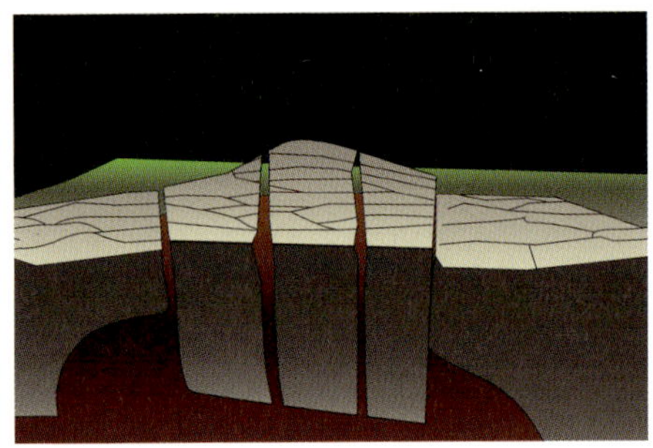

(출처: 한반도 30억 년의 비밀)

두산 천지와 울릉도의 나리 분지가 칼데라에 해당된다. 백두산 천지는 함몰 칼데라에 물이 고인 칼데라 호 caldera lake에 해당하고, 울릉도의 나리 분지는 빗물이 땅 밑으로 빠져나가 호수가 형성되지 않았다. 참고로 한라산의 백록담은 칼데라 호가 아니라 화구호에 해당한다.

그러면 금성산을 칼데라 지형이라고 하는 근거는 무엇일까? 먼저 금성산 칼데라의 형성 과정을 간단히 그림으로 살펴보자.

지금으로부터 약 7000만 년 전, 의성에서는 금성산을 중심으로 화산 활동이 활발하게 일어났다. 그 후 화산 밑에 용암이 있던 곳이 빈 공간이 되어 서서히 밑으로 가라앉았고, 가운데 지역이 움푹 들어간 함몰 지역이 되었다(그림 ①). 오랜 세월 동안 비바람에 의한 침식 작용이 일어나 함몰 지역을 제외한 곳이 깎여 나갔다(그림 ②). 반면에 함몰 지역으로 내려갔던 화산의 가운데 부분은 암석이 쐐기 모양으로 가운데로 집중된 탓에 상대적으로 침식에 강해, 오히려 주변보다 높은 지형이 되었다(그림 ③). 그림 ③에서

◎ 사진처럼 의성에는 금성산을 중심으로 나지막한 높이의 산들이 빙 둘러싸고 있는 모습을 쉽게 볼 수 있다. 이들 산 중턱에는 화산 활동의 결과로 형성된 지층(파란색 선)들이 연속적으로 잘 나타나 있다.

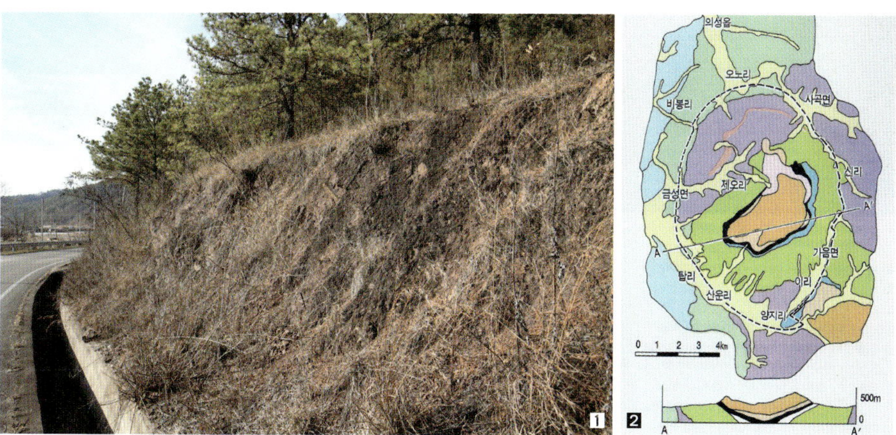

◎ 2는 금성산 주변의 상세 지질도(자료 출처 :『자연사 기행』)이고, 사진 1은 금성산 주변의 도로에서 볼 수 있는 붉은색의 셰일층이다. 이 층들은 대부분 금성산 쪽을 향해 큰 경사를 이루며 기울어 있다.

가운데에 솟아 있는 지형이 바로 오늘날 의성에서 볼 수 있는 금성산과 비봉산인
것이다.

금성산이 칼데라 지형이라는 유력한 증거는 금성산 쪽으로 기울어져 있는 지
층들이다. 금성산을 기준으로 보면 단층의 기울기가 바깥쪽보다 안쪽이 더 급한
데, 이것은 단층의 안쪽에 해당하는 금성산이 밑으로 가라앉았다는 사실을 의미
한다. 공룡 발자국 화석이 찍혀 있는 제오리의 사암층이 약 70도의 기울기로 금
성산 안쪽으로 기울어 있는 것이나, 금성산 주변 도로 옆에 드러난 백악기 퇴적
지층이 기울어 있는 것도 마찬가지의 이유로 설명될 수 있다. 또한 금성산 자체가
화산 활동으로 형성되었다는 것도 증거 중 하나가 될 것이다.

판과 판의 경계에 있었던 땅

금성산이 분출했을 당시 한반도에서는 의성 외에
도 여러 지역에서 화산 활동이 왕성하게 일어났다. 이때 형성된 화산 지형을 인공
위성으로 분석해 보면 지금의 경상 분지에 해당하는 경상북도의 영양, 의성, 청송,
청도와 경상남도의 밀양, 거제, 충무를 거쳐 전라남도의 여수, 고흥, 완도, 해남 등
으로 이어지는 활 모양의 띠와 같은 화산대를 볼 수 있다.

우리나라에서 화산대가 연속적으로 분포한다는 것은 무엇을 의미할까? 지질학
자들은 그 의미를 판과 판의 경계에서 찾는다. 판구조론은 판과 판이 만나는 경
계선에서 화산이 집중적으로 발생한다고 설명한다. 지각을 구성하고 있는 땅의
덩어리인 판은 1년에 몇 센티미터씩 수평으로 이동하는데, 이 과정에서 판과 판
이 서로 충돌하면 한 쪽 판이 다른 판의 밑으로 말려들어간다. 이때 말려들어간
지각은 지하 깊은 곳에서 마찰에 의해 녹아 마그마가 되면서 화산으로 분출하게

◐ 금성산 안으로 들어가면 화산 폭발의 흔적을 눈으로 쉽게 확인할 수 있다. 왼쪽 사진은 최소한 두 번 이상의 화산 분출이 이루어져 화산암 사이에 층이 져 있음을 보여 준다. 또한 오른쪽 사진은 화산암이 공기를 만나 급하게 식을 때, 냉각 속도의 차별성 때문에 생긴 틈이 바람 등에 의해 침식되어 큰 구멍이 된 것으로, 일종의 화산암 타포니(tafoni)로 볼 수 있다. 금성산은 현무암과 응회암 등 화산암 덩어리로 덮여 있어 나무들이 잘 자라지 못하는 곳이기도 하다.

된다.

오늘날 세계적으로 화산이 빈번하게 발생하고 있는 환태평양 화산대가 바로 대표적인 판과 판의 경계이다. 일본 열도에서 화산이 자주 발생하는 것은, 일본 열도가 태평양판이 유라시아판 아래로 들어가는 곳 위에 놓여 있기 때문이다. 이러한 사실로 비추어 볼 때, 지질학자들은 백악기 때 한반도는 지금의 일본 열도처럼 태평양판과 유라시아판이 만나는 경계에 놓여 있었을 것으로 추정한다. 그 후 유라시아판이 확장되고 동해가 생겨나면서 한반도는 안정된 지각으로 굳어 졌고, 판이 충돌하는 경계는 지금처럼 일본으로 옮겨졌을 것으로 짐작하고 있다.

그러므로 의성 곳곳에서 볼 수 있는 화산 활동의 흔적은 한반도가 한때는 판과 판이 만나는 경계에 있었음을 보여 주는 증거라고 할 수 있다. 금성산은 당시 판과 판이 만나는 중심 지역이었던 경상 분지의 중심에 우뚝 솟아 있었다.

금성산 고분과 탑리 오층석탑

금성산 정상에 가면 꽤 넓은 평지가 보인다. 금성산 칼데라가 함몰되어 있을 때 침식을 받으면서 형성된 것이다. 하지만 이런 과학적 형성 원인을 몰랐던 옛 사람들은 이 독특한 평지를 천하제일의 명당자리로 여기고 이곳에 묘를 쓰면 큰 부자가 된다는 이야기를 전설처럼 퍼뜨렸다. 이것은 사람들이 예로부터 금성산과 주변 지역을 길지로 생각했음을 말해 준다. 실제로 금성산이 있는 금성면의 들에서 주위를 훑어보면, 가운데는 금성산이 솟아 있고 주변 지역은 평야가 넓게 펼쳐져 있어 사람들이 농사를 짓고 살기에 적당한 곳임을 알

○ 의성 금성산 고분군. 경상북도 기념물 제128호로 지정된 이곳에는 옛 조문국(召文國)의 왕이었던 경덕왕(景德王)의 능(아래 사진)이 있는데 전통적인 고분(古墳)의 형식으로 되어 있다.

○ 탑리 오층석탑(국보 제77호). 길게 다듬어 만든 14매의 장대석으로 지대석을 구축하고 그 위에 기단부를 만들었다. 기단부는 24매의 판석으로 네 면을 구성하고 각 면마다 모서리에 두 개씩 따로 안 기둥을 쓰고 있다. 탑리 오층석탑은 경주 분황사 모전석탑 다음으로 오래된 석탑으로, 한국 석탑 양식을 연구하는 데 매우 중요한 문화재이다.

수 있다. 그래서인지 삼한 시대에 이곳에는 조문국召文國이라는 작은 부족 국가가 있었고, 의성은 그 나라의 도읍지였다.

그런데 아쉽게도 조문국에 대한 역사적 사실은 충분히 남아 있지 않다.『삼국사기』와『고려사지리지』정도에 나올 뿐이다.『삼국사기』의 '신라편'을 보면, 신라의 제9대 왕이었던 벌휴 이사금이 조문국을 정벌했다는 기록이 있다. 역사학자들은 이를 근거로 조문국이 서기 185년 무렵에 신라에 복속된 것으로 본다. 또『고려사지리지』에는 '의성현은 본래 조문국인데 신라가 취했다. 고려 초에 의성부로 승격하여 현종 9년에 안동부에 내속되었다.'라는 기록이 있다. 금성산 정상의 북쪽에는 조문국 시절에 세운 것이라고 추정되는 높이 4미터, 넓이 2~4미터의 금성산성金城山城이 있다. 금성산성은 조선 시대에 사명당이라는 이름으로 유명한 승장 유정惟政이 왜군과 싸웠던 곳으로 널리 알려진 곳이기도 하다.

금성산 고분군에서 동쪽으로 자동차를 타고 5분 정도 가면 탑리塔里라는 마을이 나온다. 마을의 이름에서 이미 마을의 상징이 연상된다. 바로 탑이다. 탑리에는 의성에서 가장 유명한 문화재로 손꼽히는 '의성 탑리 오층석탑'이 있다. 조문국을 힘으로 굴복시키고, 삼국을 통일하여 잠시 동안이나마 찬란한 통일 국가를 이루었던 통일신라 때 만든 석탑이다. 낮은 1단의 기단 위에 5층의 탑신을 세운 탑리 오층석탑은 화강암으로 만들어져 있으면서도 부분적으로 벽돌을 쌓아 만드는 전탑의 양식을 모방하고 있다. 여기에 부분적으로는 목조 건축의 양식을 띠고 있기 때문에 우리나라의 석탑 양식의 변화를 살피는 데 매우 중요한 문화재이다.

아름다운 산수유 마을과 빙계 계곡 그리고 고운사

의성군 홈페이지의 자료에 따르면, 의성을 방문한 관광객의 수가 2003년에 17만 7000여 명이었던 것이 2007년에는 64만 6000여 명으로 4배 가량 증가했다고 한다. 이 숫자는 해가 갈수록 더 늘어날 것으로 보인다. 왜냐하면 의성에는 봄과 가을에 색을 달리하는 산수유 마을, 여름에도 얼음이 얼어 관광객들의 폭발적인 인기를 모으는 빙계 계곡氷溪 溪谷, 그리고 신라 천년의 고찰 고운사孤雲寺가 있기 때문이다.

특히 사곡리의 산수유 마을은 '제1회 살기 좋은 지역 만들기, 지역 자원 경연대회'에서 대상을 수상할 정도로 아름다운 마을이다. 계절마다 색다른 모습을 보여주는 자연의 아름다움에 도취되어 해마다 이 마을을 찾는 관광객이 늘고 있어, 의성에서는 최고의 지역 관광자원 역할을 하고 있다.

다음으로 빙계 계곡을 들 수 있다. 빙계 계곡은 얼음구멍과 바람구멍이 있어 빙

1 아름다운 산수유가 피어 있는 산수유 마을. 산수유 마을은 봄에는 노랗게 산수유 꽃으로 장식되지만, 가을이 되면 산수유의 새빨간 열매의 색으로 마을이 온통 붉게 물든다(사진제공: 의성군청).

2 빙계 계곡. 특히 무더운 여름철에 인기가 많다. 빙계 계곡의 얼음처럼 차가운 물에 더위를 식히려는 관광객들로 북적거린다(사진제공: 의성군청).

3 빙계 계곡 팔경의 마지막인 용추이다. 용추 역시 의성에서 있었던 화산 활동의 흔적이다. 화산암이 급하게 식는 과정에 형성된 절리(節理)가 떨어져 나간 곳에 차별 침식이 일어난 곳으로 마치 굴처럼 보인다.

산이라고 부르는 산과, 무더위에도 얼음같이 차가운 물이 흐른다고 하여 빙계라고 부르는 내川가 있고, 그 아래에는 빙계리라고 부르는 마을이 있는 곳이다. 삼복더위에도 얼음이 얼듯 차디찬 물이 솟고, 엄동설한에는 더운 물이 흘러나오는 곳으로 예로부터 경북지방 대표적 명승지 중 하나로 꼽혔다.

고운사는 신라 신문왕 원년(681)에 의상대사가 창건했고, 후에 최치원이 중건한 절로 천년이 훨씬 넘은 고찰이다. 절 입구에 늘어서 있는 아름드리 소나무 숲길은 청명한 산새 소리와 바람 소리, 물소리로 속세의 잡념을 모두 없애주는 곳이다. 이 절을 방문하는 신도들은 '천년의 숲'이라고 부르기도 한다. 이 절의 본래 이름은 고운사高雲寺였으나, 최치원이 가운루와 우화루를 짓고 머무르면서 그의 호를 따 고

❂ 전면으로 보이는 것이 가운루(경상북도 유형문화재 제151호)이다. 가운루는 길이가 16.2미터에 최고 높이가 13미터에 달하는 대형 누각이다. 세 쌍의 가늘고 긴 기둥이 계곡 밑에서부터 이 거대한 몸체를 떠받치고 있어, 마치 양쪽 언덕에 걸친 다리 같고, 계곡 위에 둥실 떠 있는 배처럼 보인다.

○ 고운사 연수전(경상북도 문화재 자료 제444호)이다. '만세문'이라는 현판이 쓰여 있는 문을 지나 안으로 들어가면 연수전이 나오고, 연수전 네 벽면에는 오른쪽 사진과 같은 탱화가 그려져 있다. 탱화의 도안과 채색 수준은 조선 시대의 뛰어난 회화 솜씨를 보여주듯 매우 아름다운데, 보존 상태가 그리 좋지 않아 보는 이를 안타깝게 만든다.

운사孤雲寺로 개칭했다고 한다.

그리고 고운사에는 연수전이라고 불리는 전각이 있는데, 이 전각은 영조 20년(1744)에 왕실의 계보를 적은 어첩御牒을 봉안하기 위해 건립한 곳이다. 숭유억불 정책을 국시로 삼았던 조선 왕조에서 왕실 관련 자료를 절 안에 안치하도록 했다는 사실이 매우 흥미롭다.

"
부석사와 소수서원의 고장
경상북도 영주
25
"

부석사는 우리나라에서 가장 오래된 목조 건물로 인정받는 무량수전(국보 제18호)이 있는 절이다. 신라 문무왕 16년(676)에 의상 대사가 왕명을 받아 창건했다. 국보 다섯 점, 보물 네 점, 경상북도 유형문화재 두 점 등 많은 문화재를 가지고 있는 우리나라 대표 사찰 중 하나이다.

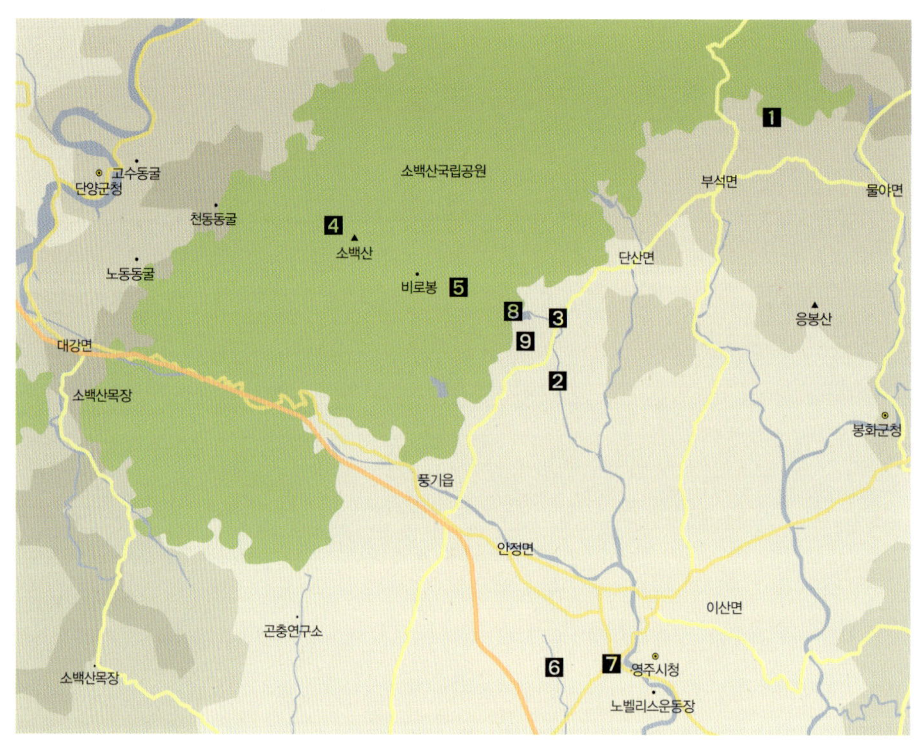

1 부석사 **2** 피끝 마을 **3** 소수서원 **4** 소백산 **5** 희방폭포 **6** 수도리 전통마을
7 가흥리 마애삼존불 **8** 성혈사 **9** 읍내리 고분

영주시는 경상북도에서 가장 북쪽에 위치한다. 태백산맥에서 갈라져 남서쪽으로 뻗어 내려가던 소백산 맥에서 중간에 우뚝 솟은 소백산 자락에 형성된 도시이다. 영주시는 동서 방향보다는 남북 방향이 더 길쭉한 모양을 하고 있으며, 면적은 668.7제곱킬로미터로 서울보다 약간 크고, 인구는 11만 4000명을 조금 넘는다. 동쪽으로는 봉화군, 서쪽으로는 충북 단양군, 남쪽으로는 안동시, 북쪽으로는 강원도 영월 군과 맞닿아 있어 예전부터 교통의 중심지였다. 지질은 다른 지역에 비해 단순한 편이다. 대부분 화강암이 변성 작용을 받아 형성된 것으로, 지역에 따라 시기와 성질이 조금씩 다르다.

한편 영주시에는 우리나라 최고最古의 목조 건물로 유명한 무량수전이 있는 부석사와, 최초最初의 사액서원인 소수서원이 있어 불교와 유교 건축물의 최고와 최초가 공존하는 곳이기도 하다.

피끝 마을과 소수서원

영주 시민들은 영주가 선비의 고장이라고 불리는 것을 좋아하는 듯하다. 영주를 소개하는 홈페이지나 관광 지도 등을 살펴보면, 언제나 영주 앞에는 '선비'라는 두 글자가 있음을 알 수 있다. 왜 영주를 선비의 고장이라고 부르는 것일까? '피끝 마을'의 유래를 알면 그 내력을 짐작할 수 있다.

영주시 안정면 동촌 1리는 또 다른 이름으로 '피끝 마을'이라고 불린다. '피가 끝난 마을'이라는 뜻이다. 듣기에도 섬뜩한 피끝 마을이라는 이름을 주민들이 자랑스럽게 사용하는 데에는 다음과 같은 역사적 배경이 있다.

안정면에서 북쪽으로 5분 정도 차를 타고 가면 순흥면이라는 고을이 나온다. 순흥면은 한때 역모의 땅으로 기록되었던 곳이다. 세조의 아우이자, 세종대왕의 여섯 째 아들이었던 금성대군은 애초부터 조카(단종)를 내몰고 권력을 쥐려 했던 형(세조)의 뜻을 받아들일 수가 없었다. 당연히 금성대군은 세조가 왕위 찬탈의 거사에 성공하자 이곳저곳으로 유배 당하는 신세가 되었다. 유배지를 전전하던 금성대군은 세조 2년(1456)에 이곳 순흥면으로 보내져 목숨만 겨우 보전하는 신세가 되었다.

그러나 금성대군은 역사의 정통성을 되살려야 한다는 뜻을 버리지 못하고, 이 지역을 관할했던 순흥 부사 이보흠 및 지역 유림들과 더불어 단종 복위의 거사를 꿈꾸었다. 하지만 불행하게도 거사의 내용을 적은 격문이 시녀와 관노의 입을 통해 풍기 현감에게 알려졌다. 이 사실은 곧바로 세조에게 알려졌고, 세조의 책사였던 한명회는 안동 부사로 하여금 금성대군을 처리하도록 했다.

안동 부사는 포졸을 풀어 순흥면(당시에는 순흥 도호부라 불렸다)에 불을 질렀고, 금성대군과 이보흠 등을 안동으로 데려와 처형했다. 그리고 순흥면 주변 30리 안에 살고 있던 백성들은 역모의 땅에 살고 있었다는 이유만으로 모조리 목숨을 잃어야 했다. 이때 죽계천^{竹溪川}을 타고 흐른 피가 10리 가까이 흘렀고, 이 핏물이 안정면 동촌 1리까지 와서야 끊어졌다 하여 지금도 이 마을을 피끝 마을이라 부르는 것이다.

비열한 방법으로 왕위를 찬탈한 세조에 저항했던 올곧은 영남 사람들의 피로 물들었던 피끝 마을은, 그 후 왕권을 찬탈한 무리에게는 역모의 땅이었지만 유림들에게는 충신의 땅으로 여겨졌다. 그러므로 피끝 마을은 자랑스러운 선비들의 혼이 담긴 이름인 셈이다. 그래서 영주는 지금도 선비들의 고장이라 불리는 것이고, 영주 시민들은 지금도 그 명예를 자랑스럽게 여기고 있다.

순흥면이 이와 같이 철저한 유교 정신을 가진 고장이 된 데에는 그전부터 배경이 있었다. 고려 시대의 대유학자였고, 우리나라 성리학의 시조라 불리는 안향

(1243~1306)이 바로 이곳 순흥면 출신이기 때문이다. 안향은 중국에서 성리학을 들여와 연구와 전파에 여생을 바쳤다. 안향의 뒤를 이어 안축(1282~1348)이 성리학을 깊이 연구하여 순흥면을 성리학의 메카로 자리 잡게 했다. 이러한 학풍은 영주 출신의 정도전에게 이어졌고, 정도전은 조선을 성리학의 나라로 만들고자 했다. 따라서 영주는 조선의 통치 이념이었던 성리학의 본산이었던 셈이었다.

그러므로 이곳에 조선 최초의 사액서원賜額書院인 소수서원이 자리 잡은 것은 어찌 보면 당연한 일일지도 모른다. 사액서원이란 조선 시대 국왕으로부터 서적이나 토지, 노비 등을 하사받아 그 권위를 인정받은 서원을 말한다. 소수서원紹修書院은 원래 중종 38년(1543) 풍기 군수였던 주세붕周世鵬이 세운 백운동서원白雲洞書院이었다. 이곳에 주세붕의 뒤를 이어 부임한 퇴계 이황이 명종으로부터 소수서원이라

1 백운동 경자바위. 주세붕은 백운동서원을 건립하고 서원 옆 죽계천 건너편의 커다란 바위에 '경(敬)'자를 새겼다. '경' 은 성리학에서 마음가짐을 바르게 하는 수양론의 핵심이 되는 선비들의 지침이기 때문이었다.

2 소수서원의 모습. 왼쪽으로 백운동이라는 현판이 있는 명륜당이 있고, 오른쪽으로 학생들이 머물며 공부하던 일신재와 직방재가 나란히 있다.

3 소수서원의 강학당(보물 제1403호) 내부 모습. 조선 중종 37년(1543) 주세붕이 건립한 건물로 원생들이 학문을 익히고 닦는 강당이다. 기록에 따르면 이곳에서 4000여 명의 선비들이 배출되었는데, 퇴계 이황의 문하생 대부분도 이들에 속한다.

는 현판을 하사받고, 서원에 속한 토지와 노비에 대해 면세와 면역의 특권을 얻어 냄으로써 최초의 사액서원이 된 것이다.

소수서원으로 들어가는 길에는 수령이 수백 년이 넘는 소나무 군락이 하늘을 찌를 듯이 서 있어 서원에 들어가기 전에 마음을 경건하게 다듬어 준다. 소수서원은 어디선가 하얀 도포 자락을 휘날리며 선비 한 명이 걸어 나오더라도 전혀 이상하지 않을 정도로 옛 모습을 그대로 간직하고 있다.

극락으로 가는 길목, 부석사

사찰을 겉으로 드러난 아름다움으로 판단하고 평가하는 일은 지극히 부담스러운 일이다. 하지만 부석사에 가 보면 그 부담을 이기게 하는 용기가 저절로 생긴다. 부석사는 정말 어떤 말로도 다 표현할 수 없을 정도로 아름다운 절이다.

유홍준 교수가 쓴 『나의 문화유산 답사기』를 보면, '태백산맥 전체를 절집의 정원으로 끌어안은 부석사 가람 배치의 장대한 기상과……' 라는 글이 나온다. 태백산맥이 부석사의 앞마당이라는 표현이다. 태백산맥 전체를 정원으로 삼았다는 유홍준 교수의 감상은 조금 지나친 감이 없진 않지만, 실제로 올라가 보니 적어도 소백산만큼은 부석사의 정원임이 확실한 듯했다.

◐ 봉황산 중턱에 자리 잡은 부석사. 봉황산은 산세가 봉황을 닮았다고 해서 얻은 이름이다. 소백산 국립공원에 속하는 산으로, 이 산의 중턱에 부석사가 자리잡고 있다. 앞으로 내다보이는 높고 낮은 산들은 대부분 소백산맥과 연결되어 있다. 아침부터 저녁까지 하루 종일 내려다보아도 마음이 심심하지 않을 만큼 크고 넓은 부석사의 정원이다.

◎ 무량수전. 기둥을 자세히 보면 기둥의 가운데 부분이 훨씬 두껍다. 실제로 자로 재어 보면 기둥의 윗부분은 지름이 약 34센티미터이고, 가운데 배 부분은 49센티미터, 아래 부분은 44센티미터라고 한다. 기둥의 모양이 마치 나이 든 아저씨의 배처럼 볼록 튀어 나와 있다. 그래서 무량수전 배흘림기둥이라는 말이 나왔을지도 모르겠다. 앞에 있는 석등은 국보 제17호로 통일신라 때 제작된 석등 중에서 가장 아름다운 석등으로 알려져 있다.

부석사는 찬란했던 신라 불교를 상징하는 절이다. 신라 시대의 불교는 눌지 마립간 때 들어왔고, 법흥왕 때 크게 발전했다. 신라의 불교는 크게 화엄종과 법상종 두 종파로 나뉘어지는데, 우리에게는 아무래도 화엄종이 좀 더 익숙하다. 화엄종華嚴宗은 중국 당나라 시대에 성립된 불교의 한 종파로 화엄경을 근본 경전으로 한다. 우리나라에서는 원효와 의상이 크게 발전시켰다. 반면에 법상종法相宗은 인도의 대승불교에서 유래한 종파로 중국에서는 현장玄奘이 소개했다. 우리나라에는 통일신라 때 들어왔고, 고려 시대까지 화엄종과 더불어 2대 종파로 자리 잡고 있었다. 하지만 왕실과 귀족들의 후원을 입은 화엄종과 대립하다가, 후원 세력이었던 이자겸이 반란에 실패한 후 급속하게 쇠퇴했다.

우리나라에서 화엄종이 시작된 곳이 바로 부석사이다. 중국으로부터 화엄종을 도입한 의상은 부석사에 자리 잡은 후 입적할 때까지 부석사를 떠나지 않았고, 그곳에서 화엄종의 기틀을 잡았다고 한다. 의상이 있을 당시의 부석사는 지금과는 달리 규모가 그렇게 크지 않았다. 의상이 활동한 7세기 후반에는 현재 의상의 영정이 모셔져 있는 조사당을 중심으로 초가집 몇 채만 있는 정도의 작은 규모의 절이었다. 그러다 의상이 배출한 제자들에 의해 화엄종이 크게 발전하면서 부석사의 규모도 점점 커졌다. 절과 함께 무량수전이 제대로 된 모양을 갖춘 것도 고려 때였다.

무량수전無量壽殿은 신라 문무왕 때 처음 지어졌지만 고려 현종 7년(1016)에 다시 고쳐 지어졌다. 1916년에 있었던 해체 보수 작업 때 발견된 자료에 따르면, 공민왕 7년(1358) 외적에 의해 손상을 입었고, 우왕 2년(1376)에 다시 재건되었다고 한다. 즉 오늘날 우리가 보는 무량수전은 창건 초기의 것과는 다른 건물이다.

무량수전은 봉정사 극락전과 함께 현재 남아 있는 목조 건물 중에서 가장 오래된 건물이다. 뿐만 아니라 가장 아름다운 목조 건물로도 손꼽힌다. 특히 '배흘림기둥'의 깊은 아름다움은 말로 다 표현하기 어렵다. 오죽했으면『무량수전 배흘림기둥에 기대서서』라는 제목의 책까지 나왔을까? 한 눈에 부드럽고 탄력적인 곡선미를 만끽할 수 있는 배흘림기둥은 우리 민족의 자랑스러운 기둥 양식이다.

한편, 부석사라는 절의 이름은 무량수전 왼쪽에 있는 큰 바위에서 유래된 것이라고 한다. 아래의 바위와 위의 바위가 서로 붙어 있지 않고 떠 있어 '뜬 돌'이라고 부르는데, 이를 한자로 표기하면 부석浮石이다. 화엄종의 본산으로 여겨질 정도로 중요한 절의 이름을 주변 돌의 모양대로 지었다는 것은 조금 이색적이다.『삼국유사』에 따르면 여기에는 다음과 같은 애잔한 사랑 이야기가 전해 내려오고 있다.

○ 부석(浮石)을 이루고 있는 암석. 자세히 살펴보면 흑운모 화강암임을 알 수 있다. 흑운모 화강암이란 화강암 안에 유색 광물에 해당하는 흑운모가 많이 포함되어 있는 암석을 말한다. 포함되어 있는 흑운모의 양에 따라 암석의 색깔이 달라지는데, 흑운모의 비율이 높을수록 검게 보인다. 화강암은 판상으로 쪼개지는 경우가 많은데, 부석사 뒤의 암석들도 판상 절리에 의해 수평 방향으로 쪼개진 것들이다.

의상 대사는 중국에서 불법을 공부할 때 잠시 머물렀던 신도의 집에서 선묘낭자와 만났다. 그 후 선묘낭자는 의상 대사에게 온 마음을 바치지만, 출가한 승려를 향한 사랑은 애초부터 이루어 질 수 없는 것이었다. 선묘낭자는 의상이 귀국길에 오르자 그와 이별하지 않으려고 바다에 몸을 던졌고, 용으로 다시 태어나 의상을 따라 신라로 건너왔다. 이후 용이 된 선묘낭자는 의상을 보호하고 도와주었다. 부석사를 창건할 때도 절터에 자리를 잡고 있었던 도적떼를 물리치기 위해 스스로 돌로 변해 도적 떼를 위협했다고 한다. 그때 돌로 변한 선묘용이 지금의 부석이라고 한다.

봄이면 연분홍 바다를 이루는 곳

소백산 국립공원은 경상북도 영주시 순흥면과 충청북도 단양군 가곡면의 경계에 있는 국립공원이다. 소백산은 계절마다 색다른 모습을 보여주고, 등산로가 가파르지 않아 등산객이 많이 찾는다. 특히 5월 말이면 연화봉에서 비로봉과 국망봉의 능선을 따라 철쭉이 절정을 이룬다. 그래서 해마다 5월이면 소백산에서는 '철쭉제'가 열린다. 멋진 등산로를 따라 이어진 분홍의 바다를 걷다 보면 마치 어린 시절 봄 소풍 가는 기분을 느낄 수 있다.

이처럼 소백산에 국내 최대 규모의 철쭉 군락지가 형성된 까닭은 무엇일까? 그 이유는 소백산이 철쭉이 살기에 알맞은 기후이기 때문이다. 소백산 천문대의 기상 자료에 따르면, 소백산은 연평균 기온이 섭씨 4.6도로 우리나라의 다른 지역에 비해 서늘한 편에 속한다. 반면에 강수량은 연평균 1760밀리미터로 우리나라 평균 강수량인 1160밀리미터보다 월등히 많다. 겨울에 눈이 유난히 많이 내리는 것을 보면 잘 알 수 있다. 또한 연평균 청명 일수가 70~80일로 다른 산에 비해 맑은 날이 유난히 많다(소백산에 천문대가 있는 것도 이때문이다). 이러한 기후가 소백산에 다양한 식물 군락을 이루게 하고, 특히 진달래와 철쭉 군락을 발달하게 만드는 것이다. 하지만 최근에는 기후 변화와 사람들의 잦은 발길로 철쭉 군락지가

■1 연분홍 철쭉으로 뒤덮인 소백산. 소백산의 4월과 5월은 천상의 화원이라 할 수 있다. 국망봉 능선은 먼저 진달래로 뒤덮인다. 4월 말이 되어 진달래가 시들면 이번에는 철쭉과 에델바이스 등이 앞 다투어 산을 덮는다. 그래서 소백산은 봄이면 꽃이 피지 않는 날이 거의 없다. 2008년 소백산 철쭉제는 '소백산, 철쭉꽃으로 눈부시다!'라는 제목으로 열렸다. 누가 지었는지 산에서 맛본 느낌 그대로를 전해 준다(사진제공: 영주시청).

■2 소백산의 설경. 소백산의 강수량이 다른 지역에 비해 높은 것은 겨울에 내리는 많은 양의 눈 때문이다. 겨울철 시베리아 대륙에서 시작한 북서 계절풍이 서해를 지나 내륙 지방으로 들어오는데, 이때 소백산맥에 가로 막혀 강제로 상승하게 된다. 그러면 많은 양의 수증기를 머금은 공기가 산기슭을 타고 오르면서 단열 팽창을 하여 구름이 되고, 구름이 다시 상승하여 산을 넘으면서 많은 양의 눈을 뿌리며 몸집을 줄이게 된다. 이때 내린 눈이 사진처럼 소백산의 겨울을 아름답게 만드는 것이다. 사진의 오른쪽에 소백산 천문대가 보인다(사진제공: 영주시청).

파괴되어 큰 걱정이다. 이를 막기 위해 영주에서는 매년 철쭉나무를 새로 심는 철쭉 군락지 복원 사업을 벌이고 있다.

뼈보다 살이 많은 산

소백산은 우리나라에서 등산객이 가장 많이 찾는 산 중 하나이다. 비로봉을 비롯한 여러 영봉 아래로 사계절의 변화가 차례로 펼쳐지는 절경은 한 폭의 그림과도 같고, 기슭 곳곳에는 다양한 문화재를 품은 사찰들이 있다. 또한 소백산은 풍수지리를 한 사람들에게는 명산으로 손꼽힌다. 그래서 고려 시대에는 소백산 곳곳에 왕의 태반王胎을 안치하기도 했다. 소백산 남쪽에 위치한 풍기의 금계동은 『정감록』에서 난을 피하기에 좋은 열 곳 중 한 곳으로 꼽히기도 했다. 이처럼 오랜 세월 많은 사람들이 소백산을 가깝게 여겼던 이유는 무엇일까? 소백산 자체가 가지고 있는 지질학적 특성이 그 이유 중 하나일 것이다.

소백산은 태백산과 함께 대표적인 육산이다. 산을 좋아하는 이들은 산을 크게 두 종류로 구분한다. 바위나 돌이 많은 바위산을 암산岩山 또는 골산骨山이라고 부른다. 설악산, 대둔산, 북한산, 월악산, 월출산 등이 여기에 속한다. 골산은 기기묘묘한 모양의 바위로 이루어져 빼어난 풍경을 자랑한다. 반면에 흙으로 이루어진 산을 흙산 또는 육산肉山이라고 한다. 지리산, 덕유산, 태백산, 소백산 등이 여기에 속한다. 육산은 흙으로 이루어져 있기 때문에 울창한 숲이 있고, 바위산에 비해 계곡이 잘 발달되어 있다.

소백산이 육산이 된 것은 소백산을 형성하고 있는 암석의 성질 때문이다. 소백

○ 소백산 비로봉에서 내려다 본 운해. 사진에서 보이듯이 소백산 정상 부근은 바위 봉우리의 높낮이가 없고 평탄한데 이것이 육산의 특징이다. 산이 평평하니 남녀노소를 불문하고 누구든지 쉽게 접근할 수 있다. 소백산이 등산객들의 사랑을 받는 가장 큰 이유가 바로 이것이다.

산 일대는 영남육괴*嶺南陸塊를 구성하고 있는 소백산 변성암 복합체**로 되어 있다. 소백산 변성암 복합체는 주로 선캄브리아 시대에 형성된 변성암들로 되어 있는데, 이 중에서도 소백산에서 가장 많이 발견되는 것이 화강 편마암이다. 바로 이 화강 편마암이 소백산을 육산으로 만든 주인공이다.

화강 편마암이란 화강암이 변성 작용을 받아서 형성된 편마암이다. 따라서 주변 지역에서 함께 발견되는 화강암들과 구별하기가 쉽지 않다. 화강 편마암이 형성되고 수십억 년이 지나 지표에 노출되면 압력의 차이에 의해 수평 절리가 생긴

---

* 영남육괴(嶺南陸塊) : 한반도를 이루고 있는 땅 중에서 옥천 습곡대와 경상 분지 사이에 있는 땅 덩어리로, 암석의 70퍼센트 이상이 주로 선캄브리아 시대에 형성된 변성암으로 되어 있다. 지리산 부근의 지리산 변성암 복합체를 제외하면 대부분이 소백산 변성암 복합체로 경상누층군의 기반암을 이루고 있다. 남서부는 중생대 쥐라기 때 형성된 대보 화강암에 관입 당했으며, 북동부에는 쥐라기 화강암과 원생대의 화강 편마암이 관입되어 있다.

** 한반도 남쪽 지방의 기반을 이루는 암석이다. 광역 변성작용과 화강암화 작용을 많이 받아 일부 지역에서는 부분 용융이 일어나 층상 구조가 많이 파괴되어 있다. 주로 호상 편마암, 반상 변정질 편마암, 화강 편마암 등으로 구성되어 있다.

다. 수평 절리에 의해 쪼개진 화강 편마암은 역시 오랜 시간 동안 침식과 풍화 작용을 받으면서 토양으로 변하는데 이것이 두텁게 쌓여 소백산을 덮고 있는 것이다. 이렇게 만들어진 토양층이 신생대 제3기 중간에 일어났던 경동성 요곡 운동에 의해 융기되어 소백산이 되었다. 덕분에 소백산은 산 전체가 평탄한 지형을 형성했고, 일부 지역은 고원 지대가 되었다. 이러한 까닭으로 사람들이 쉽게 산을 오르내릴 수 있는 것이다. 소백산이 아무리 아름답다 하더라도 설악산의 울산바위처럼 거친 바위로 되어 있다면 등산객들의 방문이 지금처럼 많지는

1 국망봉 능선. 국망봉은 충북 단양군 가곡면과 경북 영주시 순흥면과의 경계를 이루는 산이다. 높이가 1421미터로 소백산맥 중 비로봉(1439m) 다음가는 높은 봉우리이다. 낙엽수로 이뤄진 숲이 아름답다. 사진에 보이는 능선들은 암석의 차별 침식과 지각의 융기로 인해 형성된 것으로 생각된다.

2 희방 폭포. 물줄기의 높이가 약 28미터에 이른다. 소백산맥에서 가장 높은 비로봉으로 올라가는 길목에 있다. 연화봉 아래의 골짜기에서 시작한 물이 굽이굽이 돌다가 이곳으로 모여 흐르는 것이다. 폭포 위로 조금 더 올라가면 훈민정음 원판을 보존했던 희방사가 있다.

않을 것이다.

　그러나 자연은 모든 곳에서 같은 일을 벌이지 않는 법이다. 소백산도 마찬가지여서 일부 지역에는 모진 침식과 풍화 작용에도 살아남아 암석 구릉 지대가 되었다. 이 지역 암석들의 조직은 다른 지역에 비해 상대적으로 견고하여 침식이 더디게 일어난 것이다. 국망봉 정상에서 내려다보이는 소백산 주능선이 바로 그중에 하나이다.

　소백산은 태백산보다 약 100미터쯤 낮은 산이라서 '소백小白'이라고 불린다. 하지만 직접 가 보면 그런 생각이 전혀 들지 않는다. 소백산은 웅장한 산세와 그 규모의 장대함에서 오히려 태백산을 뛰어넘는다. 계곡의 깊음, 산세의 길고 그윽함과 같은 산에서 풍기는 수려한 멋이 태백산보다 훨씬 더 묻어난다. 이러한 사실을 증명이라도 하듯 소백산에는 폭포로는 영남 제일이라고 하는 '희방 폭포'가 있다.

수도리 전통 마을과 가흥리 마애삼존불상

문수면 수도리에 가면 고택과 정자로 이루어진 전통 마을이 있다. 마치 안동 하회 마을처럼 옛 정취와 모습이 그대로 보존되어 있다. 마을의 이름은 '무섬 마을' 또는 '수도리水島里 마을'이라고 한다. 두 이름은 결국 같은 뜻으로 '물 위에 떠 있는 섬'이라는 뜻인데 이는 마을의 모양에서 비롯된 것이다. 낙동강의 지류인 내성천이 동쪽 일부를 제외한 마을의 나머지 세 면을 휘돌아 흐르고, 그 안쪽으로 넓게 펼쳐져 있는 모래톱 위에 마을이 똬리를 틀고 앉아 있는 형국이다.

　안동의 하회 마을, 예천의 회룡포와 함께 우리나라 3대 물돌이 마을(물이 돌아 흘러가는 마을) 중 하나이다. 형성 과정은 안동의 하회 마을과 비슷하다. 지질이 다

❶ 수도리 마을. 48가구, 백여 명의 주민이 살고 있다. 38채가 전통 가옥이고 그중에서 16채는 지어진 지 100여 년이 넘는 조선 후기의 전형적인 사대부 가옥이다. 최근 외부에서 찾아오는 이들을 위한 편의 시설 등을 만들고, 훼손이 심한 전통 가옥들은 보수 작업을 하고 있다(사진제공: 영주시청).

❷ 마애삼존불 아래의 암벽에는 청동기 시대의 것으로 추정되는 암각화가 있다. 흔히 '검파형'이라고 불리는 기호인데, 신령스러운 의식을 치렀던 제단으로 추정된다. 지금은 시끄러운 도로 옆이지만 옛날에는 맑은 물이 흐르던 강 옆이었다. 청동기 시대의 사람이나 신라 시대 사람들 모두 고즈넉한 강 옆의 큰 바위를 보고 같은 생각으로 기원을 드렸던 모양이다.

른 경계를 따라 내성천이 흐르면서 물의 침식과 퇴적 작용으로 만들어진 것이다.

수도리 전통 마을 구경을 마치고 영주 시내 쪽으로 차를 타고 20분 정도 가면, 영주 시민운동장에 얼마 미치지 않아 길옆에 우뚝 서 있는 독특한 모양을 한 마애삼존불을 볼 수 있다. 모양은 독특하지만 본존불을 가운데에 두고 좌우에 보살상을 새긴 전형적인 형태의 마애삼존불이다.

본존불은 상당히 큼직한 체구로 장중한 모습을 보여 준다. 큼직한 코, 다문 입, 둥글고 살찐 얼굴에서 불상의 강한 의지가 느껴진다. 반면에 왼쪽 보살상은 둥글고 풍만한 얼굴이다. 가슴이 넓으며 왼팔은 어깨 위로 걸치고 오른팔은 배에 대었는데 강한 남성적 기질을 느낄 수 있다. 오른쪽 보살상은 왼쪽 보살상과 거의 같은 수법이다. 두 손을 모으고 있는 점이 다를 뿐이다. 이 마애불은 통일신라 시대의 조각 기법의 흐름을 잘 보여주는 사실주의적 불상으로 높이 평가되고 있다.

성혈사 나한전과 읍내리 고분 벽화

영주시는 다른 지방보다 볼거리가 많은 편이다. 그래도 그중에 꼭 빠뜨리지 말고 들러야 할 곳이 있는데, 바로 성혈사^{聖穴寺}라는 작은 절이다. 성혈사에서는 한번 보면 평생 기억에서 지워지지 않을 정도로 멋진 문창살을 구경할 수 있다. 꽃 창살로 된 문을 열고 안쪽 창살을 보면 누구나 입이 딱 벌어질 것이다. 창살 무늬를 자세히 들여다보면 연꽃, 연잎, 연봉, 뱀, 붕어, 개구리, 학 등이 있다. 마치 부처님의 법어를 들으러 왔던 동식물들이 부처님의 말씀에 감화되어 나무로 굳어 버린 듯 창살에 박혀 있다. 좀 더 자세히 보면 나무로 굳은 이들을 놀리는 듯 작은 동자가 연잎 배를 타고 삿대를 젓고 있다.

성혈사에서 내려와 소수서원 쪽으로 가다 보면 작은 무덤을 만날 수 있는데, 읍

○ 성혈사 나한전(보물 제832호)과 창호 문살무늬. 성혈사는 신라 때 의상 대사가 지은 절로 전해진다. 나한전은 부처님의 제자인 나한을 모신 곳으로, 조선 명종 8년(1553)에 처음 지어졌고, 인조 12년(1634)에 다시 지었다고 기록되어 있다. 나한전의 가치는 창호의 문살무늬에서 찾아볼 수 있다.

◐ 읍내리 고분은 영주시 순흥면 비봉산(飛鳳山) 중턱에 있다. 고분의 규모는 작으나 고분 안의 벽화로 인해 그 가치가 높다. 신라 시대 때 만든 채색 벽화 고분으로 사적 제313호로 지정되어 있다. 평면 직사각형의 돌방무덤(石室墓)으로, 크기는 동서 3.35미터, 남북 2.14미터에 이른다. 지금까지 남한에서 발견된 삼국시대 벽화 중 가장 뛰어난 것이라고 평가되고 있다. 신라 진평왕 21년(599)에 제작된 것으로 추정된다.

내리에 있다고 하여 '읍내리 고분'이라고 부른다. 고분 내부를 들여다 보면 네모지게 다듬은 돌로 6~7단씩 쌓은 고분의 벽면에 회칠을 하고 그 위에 채색을 해 놓았다. 북벽에는 연꽃과 구름무늬, 서벽에는 뱀을 손에 쥔 나체 인물화, 동벽에는 나체의 역사상力士像 등이 그려져 있는데, 그 양식이나 기법이 고구려의 영향을 많이 받은 것으로 추정된다.

"
용암대지 위에 펼쳐진
곡창 지대
26
강원도 철원
"

한탄강 협곡은 화산암인 현무암과 심성암인 화강암의 경계 지점을 따라 물이 흐르면서 깊은 계곡으로 만들어졌다. 사진에서 왼쪽 절벽은 중생대에 관입한 화강암이 노출된 것이고, 오른쪽 절벽은 신생대 제 4기 때 형성된 현무암이 만든 것이다. 이 협곡을 따라 가면서 절벽의 모양을 관찰하면 왼쪽은 경사면이 완만하고, 오른쪽은 주상절리가 발달하여 수직에 가까운 절벽을 이루고 있음을 알 수 있다. 양쪽 절벽은 약 1억 5000만 년이라는 긴 시간의 차이를 두고 마주보고 있다.

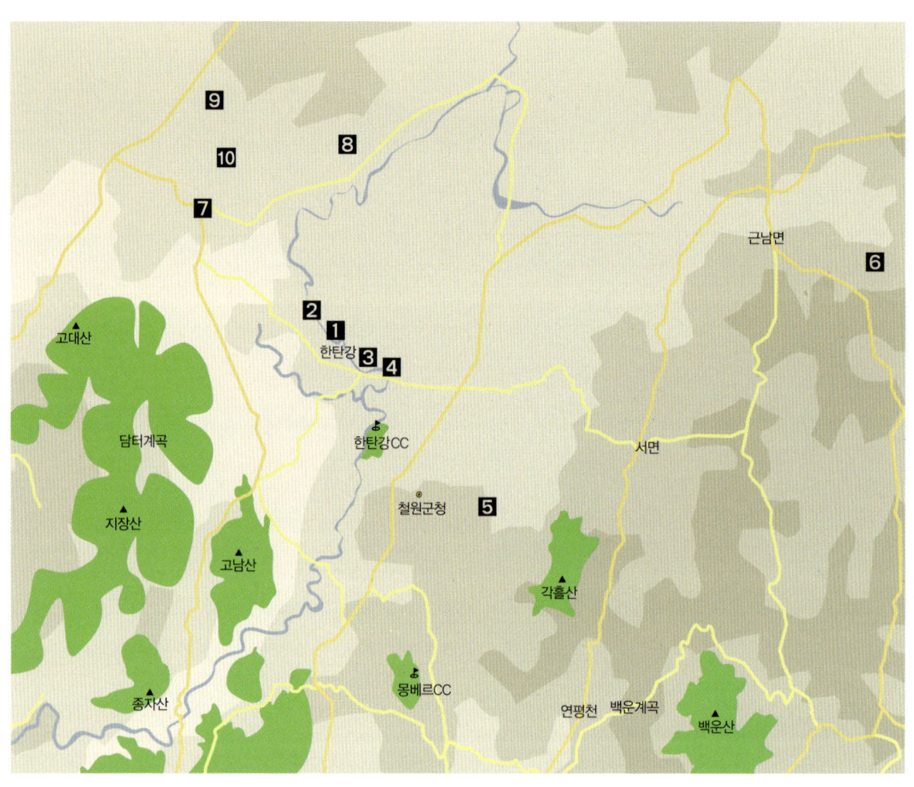

1 대교천 협곡 **2** 직탕폭포 **3** 고석정, 철의 삼각지 전적관사무소 **4** 순담계곡 **5** 삼부연 폭포
6 매월대 폭포 **7** 노동당사 **8** 제 2 땅굴 **9** 월정리역 **10** 샘통

강원도 철원

철원군은 용암이 분출하여 생성된 철원 평야 위에서 한탄강을 젖줄로 삼아 발달한 고장이다. 한반도의 심장부에 위치하여 남북이 분단되기 전에는 교통의 중심지 역할을 했다. 또한 철원은 역사의 땅이다. 궁예가 이곳에 태봉국을 세워 불교를 바탕으로 하는 이상 국가의 꿈을 펼쳤고, 조선 시대 때 의적 임꺽정이 가난한 백성들을 위해 탐관오리들을 징벌했던 곳이다. 그리고 한국전쟁 때는 이곳에서 가장 격렬한 전투들이 벌어졌다. 때문에 철원은 수많은 사람들의 피와 뼈가 묻힌 한 많은 분단의 땅이기도 하다. 최근에는 겨울이면 수많은 철새들이 찾아오는 세계적인 철새 도래지로, 여름이면 더위에 지친 사람들이 한탄강이 만든 깊은 계곡에서 래프팅을 즐기는 자연의 놀이터로 각광받고 있다.

뜨거운 용암이 만든 직탕 폭포

여러 차례의 화산 폭발로 형성된 화산섬 제주도에는 강이 없다. 공기 구멍이 많은 현무암이 빗물을 잘 가두지 못해 물이 지반 밑으로 빠져나가기 때문이다. 그래서 비가 오지 않을 때는 대부분의 하천이 밑바닥을 드러내며, 강으로서의 역할을 하지 못한다. 하지만 같은 과정을 거쳐 형성된 철원에는 한탄강이라는 제법 유량이 많은 강이 흐르고 있다. 용암대지 밑 깊은 곳에 중생대에 관입한 화강암이 든든히 버티고 있기 때문이다. 덕분에 철원은 강이 흐를 수 있었고 오래전부터 사람들이 모여 큰 터를 이루며 살 수 있었다.

한탄강은 우리나라에서 화산 활동으로 형성된 하나밖에 없는 강이다. 그래서 강을 따라 화산 활동과 관련된 지형이 아주 많이 분포한다. 대표적인 것이 한국의 나이아가라 폭포라고 불리는 '직탕 폭포'이다. 직탕 폭포는 동송읍 장흥리에 있

○ 직탕 폭포는 폭이 약 80미터로 우리나라에서 가장 넓은 폭포이다. 높이는 2~3미터 정도여서 한국의 나이아가라 폭포라는 별명이 조금 실망스럽기도 하다. 그러나 여름철 물이 많을 때 가까이 가서 보면 거센 물소리와 하얀 물보라로 보기 드문 장관을 이룬다. 폭포 주변으로 늘어서 있는 주상절리도 아름답고, 주변에 시커먼 현무암들도 많아 이곳이 화산 활동으로 형성된 폭포임을 알 수 있다.

는데, 태봉대교에서 북쪽으로 조금 올라간 곳이다. 원래는 '곧은 여울'이라는 뜻으로 직탄^{直灘} 폭포라 불렀다고 하나 지금은 발음하기 편하게 직탕 폭포라고 부르고 있다.

직탕 폭포를 만든 것은 주상절리이다. 주상절리는 지하에서 분출한 용암이 공기나 물에 노출되어 급하게 식으면서 형성된 지질구조다. 현무암이 만든 주상절리는 절리 면을 따라 침식 작용이 잘 일어나 기둥들이 쉽게 무너져 내린다. 이때 침식 면은 수직 절벽을 이루는 경우가 많다. 이 절벽으로 물이 흐르면 수직으로 떨어지는 폭포가 된다. 제주도의 정방 폭포가 가장 대표적인 예이고, 직탕 폭포도 같은 과정으로 형성되었다.

직탕 폭포를 만들었던 침식 작용은 지금도 진행 중이다. 긴 시간을 두고 현무암 기둥들은 계속 무너져 내리고 있으며 때문에 직탕 폭포는 조금씩 강 상류 쪽으로 이동하고 있다. 앞으로 수십만 년이 지난 후에는 휴전선을 넘어 북쪽으로 가버릴지도 모른다. 물론 당연히 그때까지 이 땅이 분단되어 있지는 않을 것이라 믿는다. 이와 같은 직탕 폭포의 침식을 두부침식^{頭部浸蝕}이라고 한다. 강의 하류를 꼬리, 강의 상류를 머리에 비유했을 때 폭포가 머리 부분으로 계속 침식되어 간다는 의미를 내포하고 있다.

고석정과 임꺽정

철원에 가면 꼭 들러야 하는 곳이 있다. 직탕 폭포에서 차로 10분 정도 거리에 있는 '철의 삼각지 전적관'이다. 철원은 북한과 접해 있어 군 당국의 통제를 받는 민간인 출입 제한 지역이 많다. 철원의 대표적 볼거리인 '월정리역'이나 '노동당사' 그리고 '제2땅굴'도 방문하기 위해서는 견학 신청서를 접수해 출입증을 발급받아야 한다. 출입증을 받았어도 따로 이동할 수는 없고 가이드와 함께 정해진 시간에 대형버스나 승용차를 타고 같이 이동해야 한다. 출발 시간도 정해져 있다. 혹시 통제구역 안을 구경하기 전에 출발 시간이 남았을 때에는 기다리는 동안에 금방 다녀올 수 있는 멋진 곳이 있다. 철의 삼각지 전적관 뒤쪽에 '고석정'이라 불리는 곳이다.

철의 삼각지 전적관 뒤로 가면 한탄강의 지류인 대교천 한복판에 사람 키의 약 10배 정도 되는 높이의 거대한 화강암 바위가 우뚝 솟아 있다. 또한 그 주위로 맑은 물이 휘돌아 흐르고 있고 2층으로 된 정자가 있다. 이 지역을 모두 합쳐 정자의 이름대로 '고석정'이라고 부른다. 고석정은 조선 명종 때 의적으로 이름을 날렸던 임꺽정이 활동하고 은신한 곳으로 유명하다.

◐ 철의 삼각지 전적관은 우리가 분단된 땅에 살고 있다는 사실을 실감할 수 있는 곳이다. 민통선 지역을 출입할 때는 반드시 이곳에서 안내를 받아야 한다. 하루 네 번 출발하고 동절기와 하절기에 따라 관광 시간이 다를 수 있다(문의: 평화관광 상담센터 전화 033-455-8275).

1 고석정 오른쪽으로 소나무 두 그루와 함께 있는 바위가 '꺽정바위'이다. 신라 시대에는 진평왕이, 고려 시대에는 충숙왕이 이곳을 찾아와 여가를 즐겼다고 전해진다. 대교천이 협곡을 이루고 유유히 흐르고 있으며 풍경이 빼어나 철원 팔경 중 하나로 불린다.

2 의적 임꺽정(林巨正)은 경기 양주의 백정 출신으로 의협심이 많은 인물이었다. 조선 명종 때 의적단을 조직해 지방에서 중앙으로 상납되는 물물을 중간에 탈취하여 가난한 백성들에게 나누어 주었다. 전설에 의하면 조정에서 보낸 군사들이 그를 잡으려 할 때마다 그가 '꺽지'라는 물고기로 변신해서 강물 속으로 도망쳐서 그를 '임꺽정'이라고 부르게 되었다 한다. 꺽지는 강원도 맑은 물에서만 사는 우리나라 고유 민물고기 중 하나다. 철원에는 임꺽정이 관군에 잡혀 죽은 것이 아니라 꺽지로 변해 깊은 강물로 들어가 영원히 몸을 숨겼다는 이야기가 전해지고 있다.

꺽정바위로 불리는 바위에는 임꺽정과 그의 부하들이 몸을 숨기기 위해 드나들었다는 구멍이 있다. 겉으로는 한 사람만 겨우 들고 날 수 있는 공간으로 보이는데, 안으로 들어가면 대여섯 사람은 너끈히 앉을 수 있다고 한다. 한탄강이 화산 활동으로 형성되었고, 주위에 현무암이 많은데 거대한 화강암 바위가 있다는 것은 얼핏 어울리지 않는 일이라고 생각할 수도 있다. 그러나 자세히 살펴보면 고석정 근처에는 화강암이 많다. 여름철 대교천에서 래프팅을 하면서 왼쪽 절벽을 올려다보면 시루떡처럼 겹겹이 포개놓은 것 같은 화강암으로 된 판상절리가 잘 발달되어 있음을 알 수 있다. 고석정 주위에서 화강암이 많이 발견되는 까닭은 철원 지역의 지층 하부에는 중생대에 관입한 화강암이, 그 위에는 신생대 때 형성된 현무암이 덮고 있기 때문이다. 고석정은 지층 하부에 있던 화강암이 지표면 위로 노출된 곳으로 볼 수 있다. 화강암 판상절리 사이로 물이 스며들면 겨울에 물이 얼고 팽창하여 그 틈이 넓어진다. 이러한 기계적 풍화 작용이 오랜 시간 반복되어 꺼정바위와 같은 동굴이 되는 것이다.

열하분출로 형성된 강원도 제일의 곡창, 철원 평야

철원군이 철원^{鐵原}이라는 지명을 갖게 된 데는 땅의 색, 모양과 관련이 깊다. 철^鐵은 검은색을 띤 쇠를, 원^原은 넓은 평원을 의미하는 단어이기 때문이다. 철원 땅은 검고 평평하며 넓다. 산으로 둘러싸인 강원도의 다른 지방과는 많이 다르다. 그래서 조선 시대 실학자 이중환은 철원을 답사한 후, 자신의 책『택리지』에 다음과 같이 적었다.

> '철원부는 비록 토지가 척박하나 큰 들과 작은 산이 모두 평활하고 맑고 아름다워 두 강 안쪽에 있으면서도 두메 한가운데에 한 도회를 이룬다. 그러나 들 가운데에는 물이 깊고, 검은 돌이 마치 벌레를 먹은 것과 같으니 이는 대단히 이상스러운 일이다.'

철원의 땅이 검은 것은 땅을 이루고 있는 암석인 현무암의 구성 성분 때문이다. 현무암에는 마그네슘^{Mg}, 철^{Fe}이 많이 포함되어 있다. 이 원소들로 이루어진 광물들이 많이 포함된 암석은 어둡고 검은색을 띤다. 그래서 마그네슘, 철 성분이 많이 포함된 광물을 유색 광물, 적게 포함된 광물을 무색 광물이라고 하는 것이다.

한탄강 일대의 용암 분출원은 북한의 평강에 있는 오리산으로 밝혀져 있다. 하지만 오리산 정상에서는 거대한 화산체를 볼 수 없고, 140미터 정도의 나지막한 분화구만 볼 수 있다. 이것으로 미루어 볼 때 당시의 용암 분출은 한라산이나 백

◐ 한탄대교 근처의 현무암들. 한탄강에서는 곳곳에서 화산 활동의 흔적들을 만날 수 있다. 가장 흔하게 접할 수 있는 것이 검은색 곰보돌인 다공질 현무암이다. 한탄강 일대에 흔히 분포하는 검은색 현무암은 신생대 제4기의 화산 활동에 의한 것이다.

두산처럼 화구를 중심으로 이루어진 중심분출*이 아님을 알 수 있다. 대신 지각의 벌어진 틈을 따라 용암이 여러 차례 토하듯이 흘러나온 열하분출**로 추정할 수 있다. 또한 화산쇄설물이 거의 포함되지 않은 것으로 보아 용암이 조용히 분출한 것으로 보고 있다.

이처럼 조용한 용암 분출이 일어난 까닭은 용암 구성 성분의 비율 때문이다. 용암은 일반적으로 이산화규소의 함유 비율에 따라서 점도가 달라진다. 그 비율이 65퍼센트 이상을 넘으면 산성이라 하는데 이 경우는 용암의 점성이 커서 유동성

---

* 중심분출(中心噴出 central eruption)은 지하에 모여 있던 마그마가 지각의 좁은 통로를 따라 상승하여 지표의 한 점을 통해 분출하는 것을 말한다. 이 경우 화산 분출물은 주위에 쌓여 원추형 화산을 형성한다. 백두산 등이 대표적인 예이다. 대부분의 화산은 중심 분출을 하며, 폭발하는 경우가 대부분이다.

** 열하분출(裂罅噴出 fissure eruption)은 지각 변동으로 생긴 지각의 긴 균열을 따라 마그마가 분출하는 것을 말한다. 유동성이 큰 현무암질 용암이 열하(fissure)를 따라 분출하여 낮은 곳을 메우고 넓게 퍼져 나가 식은 것을 용암대지라 한다. 개마고원 등이 대표적인 예이다.

이 작아져 멀리까지 이동하지 못한다. 반면에 이산화규소의 비율이 52퍼센트 이하이면 알칼리성이라 하며 용암의 점성이 작아 유동성이 크므로 멀리까지 잘 흘러간다. 철원 지역에 흘렀던 용암은 이산화규소^{SiO_2}의 함량이 45~50퍼센트 내외인 알칼리성으로 확인되었다. 이 용암이 북한의 평강, 남한의 철원과 연천 등의 용암대지를 만든 것이다. 덕분에 철원은 강원도의 쌀 생산량 삼분의 일을 차지할 정도로 넓은 곡창 지대를 가지게 되었다.

1억 5000만 년의 간극을 볼 수 있는 대교천 협곡

한탄강이 흐르는 곳 중에는 현무암과 화강암의 경계 지점이 많다. 지질학적으로 특징이 다른 암석이 마주하는 곳은 지질 변경선이 되어 물에 의한 침식에 약하므로 하천의 유로가 되기 싶다. 고석정 옆을 흐르는 대교천도 그런 곳이다. 대교천을 흐르는 물은 양쪽 골짜기가 서로 마주보는 절벽을 만들며 흐르고 있다. 특이한 것은 한쪽은 화강암이나 편마암으로 된 완만한 경사면을 형성하고 있는 반면에 반대편 현무암 절벽은 경사가 거의 90°에 이르는 수직 절벽을 이루고 있다는 점이다. 대교천 협곡의 양쪽 절벽은 비대칭을 이루고 있어 묘한 풍취를 느끼게 한다.

현무암으로 이루어진 수직 절벽 아래에는 기계적 풍화에 의해 절리의 일부가 떨어져 나온 암석 무더기를 흔하게 볼 수 있다. 이러한 돌 무리를 테일러스talus라고 하는데, 우리말로는 돌서렁이라고 한다. 곳곳에 발달된 주상절리와 테일러스는 화산 지형의 대표적인 특징으로 이 지역을 찾는 이들에게는 우리나라 지질사의

▇1 대교천은 철원군 동송읍과 포천 관인면 냉정리 사이를 흐르는 한탄강의 지천이다. 대교천의 주상절리는 지질학적 가치가 뛰어나 문화재청이 2004년 2월 천연기념물 제436호로 지정하여 보호하고 있다. 왼쪽으로 잘 발달된 주상절리가 보이고 그 아래로 주상절리가 무너져 내린 검은색 현무암 테일러스가 있다

▇2 오른쪽 절벽은 현무암 주상절리로 이루어져 경사가 매우 급한 반면에 왼쪽은 화강암으로 이루어져 경사가 완만한 편이다. 사진 왼쪽의 하얗게 보이는 바위가 마당바위이다.

한 모습을 보여주는 소중한 자원이라고 할 수 있다.

고석정에서 대교천 하류로 조금 내려가면 왼쪽으로 수십 명의 아이들이 뛰어 놀아도 될 만큼 넓은 바위들이 즐비하다. 이름 그대로 마당처럼 넓은 마당바위는 화강암 판상절리가 물에 의한 침식 작용으로 판자처럼 얇아진 바위이다. 이들 바위를 자세히 살펴보면 커다란 암반 위에 구멍이 나 있는 것을 알 수 있다. 지질학자들은 이를 '접시바위' 혹은 '나마 gnamma'라고 부른다. 나마는 바위 표면의 작은 구멍에 고인 물이 얼고 녹으면서 암석의 일부를 팽창시켰다가 수축시키면서 구멍을 키운 것이다. 혹은 분리된 틈에 물이 고여 용해작용을 일으켜 암석을 풍화시켜 만든 구멍이다. 처음에는 작았던 구멍이 오랜 세월이 지나면서 점점 넓어져 나중에는 큰 구멍이 된 것이다.

오랜 세월 풍화와 침식 작용으로 만들어진 절경은 마당바위 말고도 또 있다. 고

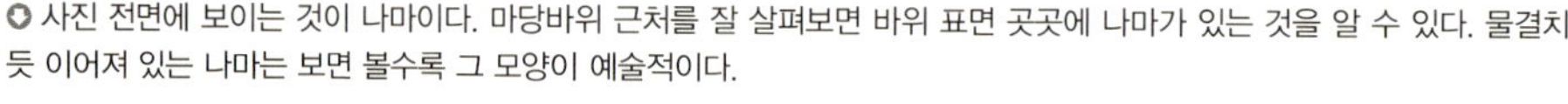

● 사진 전면에 보이는 것이 나마이다. 마당바위 근처를 잘 살펴보면 바위 표면 곳곳에 나마가 있는 것을 알 수 있다. 물결치듯 이어져 있는 나마는 보면 볼수록 그 모양이 예술적이다.

석정 하류 약 3킬로미터 지점에 있는 순담 계곡이 바로 그곳이다. 하천을 에워싼 협곡의 암벽이 마치 신들이 빚어 놓은 듯 기암괴석을 이루고 있다. 수량이 많을 때는 그 아름다움을 숨기고 있지만, 수량이 적은 계절이면 바위들이 온통 하얗게 당당한 모습을 드러낸다.

삼부연 폭포와 매월대 폭포

겸재 정선(1676~1759)은 조선 후기를 대표하는 화가이다. 그는 중국의 화풍에서 벗어나 우리나라 산수를 독자적인 화풍으로 그린 화가다. 그래서 그의 그림을 진경산수화라고 부른다. 그의 대표작으로는 국보 제216호로 지정된 '인왕제색도'가 있다. 겸재는 여행을 매우 즐겼다. 그는 우리 땅 곳곳을 돌아다니며 직접 본 경치를 산수화로 남겼다. 그런 그를 붙든 풍경 중 하나가 삼부연 폭포이다. 조선 시대에 금강산에 가려면 철원을 꼭 거쳐야 했는데, 철원에 들른 겸재는 삼부연을 보고는 가던 발길을 멈추고 붓을 들었다.

삼부연 폭포는 계절에 따라 떨어지는 물의 양에 큰 차이가 없어 어느 때 찾더라도 약 20미터 높이에서 떨어지는 폭포의 장쾌함을 맛볼 수 있는 곳이다. 폭포수는 세 번을 꺾어져 내리면서 노귀탕, 솥탕, 가마탕이라는 세 웅덩이를 만드는데 이 때문에 삼부연이라는 이름을 얻었다. 규모가 가장 큰 가마탕은 깊이를 가늠할 수 없을 만큼 깊고 푸르다. 그래서일까? 옛 철원 사람들은 이곳에 수많은 전설을 담았다. 그중 궁예가 태봉국을 세우고 철원에 도읍을 정할 무렵의 이야기가 아직도 남아 있다.

1, 2 철원 팔경의 하나로 꼽히는 삼부연 폭포는 한탄강의 지류인 강원도 철원군 갈말읍 신철원리 용화천 상류에 위치해 있다. 원래는 삼팔선 이북에 속해 있던 지역이었으나 지금은 철원군청에서 동쪽으로 약 2.5킬로미터 떨어진 가까운 곳에 있어 쉽게 찾아가 볼 수 있다. 30대 후반의 나이에 이곳 삼부연에 들른 겸재는 시원한 화풍으로 진경산수화 한 편을 남겼다(사진 제공: 철원군청).

3 매월대 폭포. 매월대는 생육신의 한사람인 매월당 김시습 선생이 수양대군의 왕위찬탈에 비분한 나머지 관직을 버리고 이 일대 산촌에 은거하여 소일하던 곳으로, 복계산 기슭 해발 595미터에 위치한 절벽을 말한다. 매월대에서 동쪽으로 1킬로미터 정도의 거리에 매월대 폭포가 있다.

삼부연 계곡에는 도를 닦던 수백 년 묵은 이무기 네 마리가 있었다고 한다. 그 중 세 마리가 도를 통해 용의 몸을 받고 승천하는데, 그 세 마리의 용이 기암절벽을 치고 올라가면서 바위에 구멍이 세 개 생겼다. 여기에 물이 고여 연못이 된 후 삼부연이라 부르게 되었다. 그런데 승천하지 못한 나머지 이무기가 심술을 부려 비를 못 오게 해 가뭄이 들면, 사람들은 이곳에 단을 차려 놓고 기우제를 지내곤 했다고 한다.

분단의 한이 서린 노동당사,
제2땅굴, 월정리역
| 한국전쟁 때 중부전선에서 가장 전투가 치열하게 벌어졌던 평강(지금은 북한 땅이다), 김화, 그리고 철원을 일컬어 '철의 삼각지대'라고 불렀다. 이들 세 곳은 전쟁 당시 중부전선의 심장부였다. 이 지역을 먼저 확보

○ 해방 직후에 세워져 한국전쟁 때까지 사용한 조선노동당 철원군 당사이다. 소련식 공법으로 지어진 노동당사에는 무수한 총탄 자국이 남아 있다. 뼈대만 앙상하게 남은 것이 우리의 아픈 현대사를 그대로 보여주고 있는 듯하다. 전쟁의 상흔을 잊지 말자는 의미에서 2001년 문화재청이 근대문화유산으로 지정해 보호하고 있다.

하는 쪽이 중부전선을 장악할 수 있었으므로, 전쟁 내내 남과 북은 서로 이곳을 차지하기 위해 피비린내 나는 전투를 벌여야 했다. 때문에 철원은 전쟁의 상흔이 깊게 남은 땅이 되었고, 그 흔적들이 아직도 곳곳에 남아 있다.

그중 대표적인 건축물이 뼈만 앙상하게 남아 있는 '노동당사' 건물이다. 이 지역이 북한 치하에 있을 당시 북한 정권의 관리들은 이 건물에서 철원, 김화, 평강, 포천 일대를 관장하였다. 전쟁 이후 이곳은 폐허로 방치되어 있었다. 그러던 1994년 6월 26일 밤, 이 건물에 다시 화려한 조명등이 밝혀졌다. 50년 만의 일이었다. 평화를 기원하는 음악회가 열렸기 때문이다. 짧은 시간 동안이었지만 노동당사는 분단의 절망이 아니라 통일과 평화를 염원하는 장소가 되었다. 이후 이곳은 그룹 '서태지와 아이들'의 '발해를 꿈꾸며'라는 노래의 뮤직 비디오 배경이 되기도 했고, 지금도 다양한 문화 행사가 열리고 있다.

노동당사를 지나 좀 더 북쪽으로 가면 '철의 삼각전망대'가 나온다. 4층 건물로 되어 있는데 맨 꼭대기 층의 전망대로 가면 눈앞에 비무장지대가 펼쳐지고, 오른편 건너 쪽을 보면 평강 고원과 선전 마을이 보인다. 전망대 밖으로 나와 왼쪽 마당에는 1950년 6월까지 금강산을 내달리던 경원선 열차가 지나던 '월정리역'이 있다. 역 뒤로 가면 몸체가 심하게 부식되어 앙상한 잔해만 남은 채로 누워 있는 열차를 볼 수 있다. 열차 앞에 세워져 있는 안내판에는 '열차는 달리고 싶다.'라는 글귀가 있어 보는 이들의 마음을 아프게 한다.

1 철의 삼각전망대. 안보교육을 위해 1988년에 지어졌다.

2 한때는 서울에서 함경남도 원산까지 달렸을 열차가 고철 덩어리가 되어 누워 있다. 전쟁 통에 포탄에 맞아 부서지고, 60년이라는 긴 세월 동안 비바람에 부식되었기 때문이다. 이 열차를 보고 가슴이 아릴 나이의 세대들이 아직 살아 있을 동안에 통일이 될 수 있을지 걱정스럽다.

3 제2땅굴은 1975년 3월 비무장지대 안에서 발견된 땅굴로 총 길이가 3.5킬로미터나 된다. 철원에서 불과 13킬로미터 떨어진 지점에서 발견되었다. 내부에는 대규모 병력을 집결시킬 수 있는 광장까지 갖추어져 있고, 출구는 세 갈래로 분산되어 있다. 1시간에 3만여 명의 무장병력을 이동시킬 수 있다고 한다. 땅굴이 있는 지점은 견고한 화강암층으로 지하 50미터에서 깊게는 160미터까지 들어간 곳도 있다(사진제공: 철원군청).

낙원

찬바람이 불기 시작할 때 철원을 방문하면 반가운 겨울 손님들을 만날 수 있다. 저 멀리 시베리아에서 찾아온 철새들이 넓은 철원 평야 위로 날아오르는 모습을 볼 수 있기 때문이다. 특히 눈 쌓인 평야와 파란 하늘을 배경으로 펼쳐지는 두루미의 군무는 넋을 빼앗길 정도의 장관이다.

두루미는 우아한 자태로 새의 귀족이라고 불리는데, 학이라는 이름으로 더 잘 알려져 있는 새이다. 두루미는 가족 단위로 움직이는 새로 유명하며, 한 번 맺은 짝에게 죽을 때까지 정절을 지킨다고 알려져 있어 예부터 우리 조상들이 좋아했

■ 두루미 가족. 철원 평야를 찾는 철새 가운데 가장 빛나는 주인공은 두루미다. 천연기념물 제202호인 두루미는 전 세계에 2000여 마리밖에 남아 있지 않은 소중한 새이다. 이 중 400~500마리가 매년 민통선 지역에서 겨울을 난다.

■ 샘통은 현무암 지반을 뚫고 솟아오르는 따뜻한 물로 겨울에도 잘 얼지 않는다. 그래서 샘통 주위에서는 겨울 철새들을 흔하게 볼 수 있다. 이 연못을 중심으로 반경 2킬로미터 이내의 지역을 1973년 천연 기념물 제245호로 지정하여 보호하고 있다.

■ 독수리 무리. 먹이 사슬의 맨 꼭대기에 있는 독수리는 날개 짓이 힘차고 눈빛이 매섭다. 보통 키가 1미터나 되며 웬만한 크기의 개까지 채간다는 말이 있다. 이들은 국제 협약에 의해 엄격하게 보호되고 있다(사진제공: 철원군청).

던 새이다. 1미터가 훨씬 넘는 훤칠한 키에 이마에서 머리 뒤까지는 붉고, 턱 밑과 목, 날개 끝만 검고 나머지는 흰색이라 우리 조상들은 두루미에서 의관을 제대로 갖춘 선비의 모습을 떠올렸었다. 그래서 조선 시대 문관의 관복에는 학을 새긴 흉배를 달았다고 한다.

세계적인 희귀종 두루미를 비롯한 겨울 철새들이 철원 평야를 즐겨 찾는 이유는 여러 가지로 생각할 수 있다. 먼저 철원 평야가 곡창지대이기 때문일 것이다. 가을에 추수를 한 후 흘린 낟알이 논바닥에 그대로 남아 있어 이 근방은 먹을 것이 풍부하다. 그리고 철원군의 60퍼센트가 민간인 통제 지역이어서 사람들의 간섭이 덜하기 때문일 것이다. 일반인의 출입이 자유롭지 않아 사람들의 발길이 뜸한 만큼 자연이 덜 훼손되었고, 특히 밤에는 인적이 더욱 드문 탓에 철새들의 잠자리가 방해받지 않았을 것이다. 뿐만 아니라 철원은 물도 비교적 풍부한 곳이다. 철원 평야 한가운데로 한탄강이 흐르고 있고, '샘통'과 같이 맑은 물을 담은 못이 있어 새들이 목을 축이기에도 좋다.

철원 평야에는 두루미 외에도 귀한 손님이 또 있다. 동송읍 양지리 토교 저수지 근처에서 볼 수 있는 독수리(천연 기념물 제243호) 떼다. 11월 초 몽골 초원에서 우리나라로 넘어와 다음 해 3월에 돌아가는 독수리는 800~1000마리 정도로 다행히 매년 개체수가 증가하는 추세이다.

철원 평야에 귀한 새들이 모여드는 데에는 철원 사람들의 따뜻한 인심도 한 몫을 한다. 농민들은 추수 뒤 논을 갈아엎지 않고 철새들이 낙곡을 먹을 수 있도록 배려하고 있다. 특히 동송읍 양지리는 인간과 철새가 평화롭게 공존하는 철새마을로 유명하다. 마을 들머리에 있는 '철새마을, 평화의 땅에서 생명의 소리를 들어 보세요.'라는 표지판부터 이곳이 철새들의 천국임을 짐작케 한다. 새들이 살아야 사람도 산다는 사실을 이곳 사람들은 철새와 함께 살면서 실천하고 있다.

"
월악산과 청풍호가 어우러진 27
호반 도시 충청북도 제천
"

제천시의 상징은 단연 청풍호(淸風湖)이다. 원래 이름은 충주호지만 제천 사람들은 청풍호라는 이름을 고집한다. 물로 덮이기 전 이곳에 청풍면이라는 예쁜 마을이 있었기 때문이다. 청풍호는 1985년에 완공된 충주댐으로 인해 형성된 인공 호수인데, 면적이 67.5제곱킬로미터로 여의도 면적의 약 8배에 해당한다. 푸른 물결이 넘실대는 호수 한쪽에는 젊은 연인들이 번지 점프를 즐길 수 있는 놀이 시설(사진의 오른쪽 분수 옆)도 있다.

1 청풍호 **2** 박달재 **3** 탁사정 **4** 배론 성지 **5** 의림지 **6** 월악산 **7** 점말 동굴 유적지
8 금월봉 관광기 **9** 용하구곡 **10** 송계 계곡

제천시는 북쪽으로는 차령 산맥이, 남쪽으로는 소백산맥이 지나가고 있어 험준한 산악 지대가 많은 도시이다. 하지만 실제로 제천에 가 보면 험준한 산악보다는 시원한 호수가 더 눈에 띈다. 여의도 면적의 8배에 이르는 청풍호(충주호)라는 큰 인공 호수가 있기 때문이다. 덕분에 제천은 '청풍명월의 호반 도시'라는 아름다운 명성을 얻었다.

충청북도의 지질 구조는 크게 옥천계와 조선계로 구별되는데 제천시는 그 경계에 있다. 때문에 곳곳에 화강암으로 된 산이 많고 석회암 층도 풍부하여 시멘트 제조업이 발달했다. 최근 한방 산업과 영상 산업 등을 미래 성장 동력으로 내세워 세계보건기구 'WHO'가 인정하는 국제 건강 도시로 발돋움하기 위해 온 시민이 힘을 합쳐 노력하고 있다.

제천으로 가는 길, 울고 넘는 박달재 |

천등산 박달재를 울고 넘는 우리 님아 / 물 항라 저고리가 궂은비에 젖는구려
왕거미 집을 짓는 고개마다 구비마다 / 울었소 소리쳤소 이 가슴이 터지도록
부엉이 우는 산골 나를 두고 가는 님아 / 돌아올 기약이나 성황님께 빌고 가소
도토리묵을 싸서 허리춤에 달아 주며 / 한사코 우는구나 박달재의 금봉이야
박달재 하늘 고개 울고 넘는 눈물 고개 / 돌부리 걷어차며 돌아서는 이별 길아
도라지꽃이 피는 고개마다 구비마다 / 금봉아 불러 보나 산울림만 외롭구나

위 글은 대한민국 건국 직후인 1948년에 가수 박재홍이 불렀던 '울고 넘는 박

○ 박달재 휴게소에 있는 박달과 금봉의 동상.

달재'라는 노래의 가사이다. '아빠의 청춘' '단장의 미아리 고개' 등으로 유명한 작사가 반야월이 지은 노랫말이다. 노래가 나왔을 당시에도 큰 인기를 얻었는데, 지금도 노래방에 가면 나이 지긋하신 분들이 즐겨 부르는 정겨운 노래이다.

노래 제목에 등장하는 박달재가 바로 옛날에 대전이나 충주에서 제천으로 들어가려면 반드시 거쳐야 했던 고갯길의 이름이다. 박달재처럼 제천으로 들어가는 길은 모두 고갯길이다. 이유는 제천이 가운데가 오목하게 들어간 분지에 자리를 잡았기 때문이다. 특히 차령산맥이나 소백산맥 같은 높은 산맥으로 둘러싸여 있어 제천으로 들어가는 고갯길은 첩첩산중으로 유명했고, 그 고갯길 옆은 험준한 계곡을 이루었다. 고려 고종 4년(1217), 거란의 10만 대군이 우리나라로 침범해 왔을 때, 전장을 지휘하던 김취려 장군도 이런 험한 지형을 이용하여 적을 물리칠 수 있었다.

그런데 원래 이 고개의 이름은 박달재가 아니라 이등령이었다고 한다. 근처에 있는 천등산과 지등산 두 산의 영마루라는 뜻으로 이등령으로 불렸던 고개가 박달재로 바뀐 것은 '박달'이라는 총각과 '금봉'이라는 처녀의 애달픈 사랑 이야기 때문이었다.

조선 시대 경상도 출신의 젊은 선비였던 박달이 장원급제의 큰 꿈을 안고 한양으로 가던 중, 이등령에 들러 하룻밤을 지내게 되었다. 그런데 박달은 금봉이라는 아름다운 처녀를 만나게 되었고 그 청초한 모습에 한눈에 반해 버렸다. 금봉이도 마찬가지로 잘생기고 늠름한 청년 박달에게 단박에 마음을 빼앗겼다. 짧은 시간이었지만 둘은 깊은 사랑에 빠졌고 과거를 볼 날이 가까워 오자 박달은 과거에 급제한 후에 돌아와서 혼인을 하기로 언약하고 한양으로 떠났다.

그 후 금봉은 날마다 성황당에 가서 박달의 장원급제를 기원했다. 하지만 박달은 금봉을 그리는 시만 읊다 그만 과거에 낙방했고, 금봉을 볼 낯이 없어 제날을 지켜 돌아오지 않았다. 이제나저제나 고갯길을 오르락내리락하며 박달이 오기만을 기다리던 금봉은 상사병에 걸려 그만 세상을 떠나고, 박달은 금봉이 죽고 사흘 후에야 돌아왔다. 고개 아래에서 금봉이 죽었다는 소식을 들은 박달은 참담한 마음으로 고갯길을 걷던 중, 금봉이 춤을 추고 있는 헛것을 보고 따라가다가 그만 고개 아래로 떨어져 죽고 만다. 이런 일이 있는 뒤부터 사람들은 박달이 죽은 고개를 박달재라 부르게 되었고, 이 사연은 오롯이 노래 가사가 되었다.

탁사정과 배론 성지

| 각 지방에는 자랑거리로 내세우는 명승지가 있다. 명승지가 여섯 곳이면 육경, 여덟 곳이면 팔경이라고 한다. 대부분 여덟 곳을 선정해서 팔경이라고 하는데, 제천은 두 곳을 더 내세워 십경으로 채웠다. 제천은 다른 곳보다 자신 있게 내세울 명승지가 더 많아서였을 것이다. 그중 구경과 십경에 해당하는 곳을, 원주에서 제천으로 가는 고속도로에서 신림 나들목으로 빠져 국도를 달리면 만날 수 있다. 신림 나들목에서 내려와 국도를 타고 가다가 구학역을 지나기 전, 왼쪽을 잘 살피면 한 폭의 그림 같은 정자 '탁사정'을 볼 수 있다. 이곳이 제천시가 제천 구경으로 삼은 곳이다. 청량한 물빛이 계곡의 노송들과 잘 어울리는 곳이다. 여름에는 물이 많아 피서객들이 붐비는 여름 휴양지로도 널리 알려져 있다.

1 탁사정은 제천시 봉양읍 구학리에 있는 정자와 계곡 유원지를 일컫는다. 조선 선조 때인 1568년, 제주 수사 임응룡이 귀향하여 소나무 여덟 그루를 심고, 그의 아들이 정자를 지은 데서부터 유래한다. 소나무와 물이 잘 어우러지는 멋진 곳이다.

2 배론 성지. 1801년 신유박해 때 천주교인들의 은둔 생활지였으며 우리나라 최초의 근대식 학교인 배론 신학교가 있었던 곳으로, 한국 천주교 역사에서 매우 중요한 의미를 지니는 곳이다(사진제공: 제천시청).

한편 탁사정에서 박달재 자연휴양림 쪽으로 조금 더 가면 제천 십경에 해당하는 배론 성지가 있다. 배론 성지는 한국 천주교회사에 길이 빛날 역사적 사건과 유적을 간직한 곳이다. 배론舟論은 험준한 계곡을 양쪽에 둔 산골 마을로 골짜기가 배 밑바닥처럼 생겼다고 하여 붙여진 이름이다. 이곳은 한국 초대 교회의 신자들이 박해를 피해 숨어 들어와 화전을 일구고 옹기를 구워서 생계를 유지하며 신앙을 키워 나간 교우촌이다.

제천 분지를 채운 큰 물, 의림지와 청풍호

박달재에서 내려다보면 제천시는 동쪽으로 단양군과 영월군, 서쪽으로 충주시, 남쪽으로 문경시, 북쪽으로는 원주시 등 대부분 지형이 높은 지방들에 둘러싸여 있다. 사방으로 우뚝 솟은 산들에 감싸여 있고, 상대적으로 가운데가 움푹 꺼져 있어서 도시가 참 아늑해 보인다. 그 가운데 큰 저

◐ 의림지는 제천시 모산동의 용두산 아래에 있다. 물이 다 찼을 때의 면적은 15만제곱미터이고 최대 깊이는 13.5미터이다.

수지가 있다. 바로 의림지^{義林池}로 역사 교과서에도 자주 등장하는 유명한 곳이다.

의림지가 축조된 연대는 정확하게 알 수 없다. 삼한 시대부터 있었다고도 전해지지만, 신라 진흥왕 13년(552)에 악성 우륵이 용두산(871m)에서 흘러내리는 개울물을 막아 물을 가둬둔 것을 시초로 보는 이들이 많다. 우륵 이후 700여 년이 지난 후에 이 마을의 현감이었던 '박의림'이라는 사람이 주위 여러 마을의 사람을 동원하여 돌로 축대를 만들고 물이 새는 것을 막아 오늘날과 같은 규모의 저수지를 만들었고, 그래서 아직도 이곳을 '의림지'라고 부른다.

의림지를 기준으로 서쪽 지방을 호서 지방^{湖西地方}(충청도 지방의 별칭)이라고 하고, 아래 남쪽 지방을 호남 지방^{湖南地方}(전라도 지방의 별칭)이라고 부른다. 이것으로 볼 때 의림지가 옛날부터 꽤 명성이 높았음을 알 수 있다.

한편 제천에는 충청북도에서 가장 큰 호수인 청풍호가 있다. 청풍호는 1985년에 건설된 충주댐으로 인해 만들어진 인공 호수로 원래 이름은 충주호이다. 하지만 이곳 제천에서는 이곳을 충주호라 부르지 않고 청풍호라고 부른다. 충주호를 건설할 때 수몰되어 없어진 청풍면을 기억하려는 지역 주민들의 마음 때문일 것이다. 청풍호는 저수량이 약 27억 5000만 톤으로 우리나라에서는 소양호(약 29억 톤) 다음으로 담수량이 크다.

물이 있는 곳은 무엇이든 풍족하다. 물은 초록 잎의 색을 짙게 만들어 주고 노랗고 빨간 꽃잎에 생기를 준다. 그래서 청풍 호반은 한겨울을 제외하고 사계절 내내 다양한 색으로 사람들의 마음을 들뜨게 한다. 청풍호 주변으로 사람들을 가장 먼저 불러들이는 것은 벚꽃이다. 청풍 문화재 단지 주변으로 해서 해마다 4월이면 가지마다 솜사탕처럼 꽃이 핀 벚나무 아래에서 축제가 열린다.

우리나라에는 멋진 인공 호수를 끼고 발달한 호반 도시가 몇 곳 있다. 대표적인 곳이 제천 이외에 춘천, 충주이다. 이 도시들이 넓은 호수를 가질 수 있는 것은 지

1 청풍 호반 벚꽃 축제. 해마다 4월이면 청풍 문화재 단지를 중심으로 청풍 호반 일대에서 벚꽃 축제가 열린다. 물이 풍부해서 그런지 호반 가장자리에 만개한 벚꽃이 풍성하여 마치 꽃구름을 연상시킨다. 축제 날짜는 벚꽃 개화 시기에 따라 해마다 조금씩 달라지기 때문에 방문할 예정이라면 미리 확인하고 가는 것이 좋다(사진제공: 제천시청).

2 청풍 문화재 단지. 수몰 예상 지역에 흩어져 있던 문화 유산을 모아서, 청풍호 옆에 원형대로 복원해 둔 곳이다. 이곳에서는 한벽루와 석조여래입상 등의 보물급 문화재와 팔영루, 금남루, 금병헌, 응청각 등의 지방유형문화재, 여기에 생활 유물 2000여 점을 볼 수 있어 화려했던 남한강 상류의 옛 문화를 감상할 수 있다.

3 호반의 도시답게 청풍호는 아름다운 야경을 자랑한다. 화려한 조명을 받은 분수가 힘차게 솟고 있다(사진제공: 제천시청).

역의 특징 때문이다. 세 곳은 모두 분지 지형이다. 춘천은 춘천 분지, 제천은 제천 분지, 충주는 충주 분지 위에 발달해 있다. 그리고 공통적으로 주위가 산으로 둘러싸여 있다. 그래서 물이 모이기 쉽고, 밖으로 빠져나가기는 어려워 호수가 형성될 수 있는 것이다.

제천시의 경우 평균 해발 고도가 다른 지방에 비해 높으나 사실은 가운데가 움푹 파여 있다. 이와 같은 지형을 침식 분지라고 하는데, 침식浸蝕은 지표가 비나 강물, 바람 등에 의해 깎이는 일을 말하고, 분지는 해발 고도가 더 높은 지형으로 둘러싸인 평지를 말한다. 이는 제천이 원래 분지가 아니었고, 시간이 지나면서 침식 작용을 받아 형성된 분지라는 뜻이다.

제천시는 전체적으로 중생대 때 형성된 대보 화강암과 시생대와 원생대 사이에 형성된 소백산 변성암체가 중첩되어 있는 형태의 지질을 이루고 있다. 그런데 한반도가 불의 시대를 맞았던 중생대 백악기, 그러니까 지금으로부터 약 9000만 년 전에 땅 속 깊은 곳에서 마그마가 식어서 형성된 대보 화강암이 지각 변동으로 융기되어 땅 위로 노출되면서, 오랜 세월 침식 작용을 받게 되었다. 이 화강암 층은 주위의 소백산 변성암체보다 상대적으로 침식에 약해 빠른 속도로 차별 침식을 받았다. 그 결과 주위보다 고도가 낮은 분지 지형이 된 것이다. 물은 항상 높은 곳에서 낮은 곳으로 흐르게 마련이다. 그래서 제천에 의림지나 청풍호와 같은 큰 호수를 만들 수 있는 것이다. 지질학자들은 이렇게 분지에 물이 고여 있는 지형을 두고 분지저盆地底라고 부른다.

분지 지형의 구분

분지는 발달해 있는 장소에 따라 산간 분지, 내륙 분지로 구분한다. 산간 분지는 산악 지형에 있는 것이고, 내륙 분지는 대륙 내부에 있는 것이다. 강원도 양구에 있는 펀치 볼과 같은 분지는 산간 분지이고, 2008년에 큰 지진이 일어났던 중국의 쓰촨 분지는 내륙 분지라 할 수 있다.

또한 분지는 분지저의 성인(成因)에 따라 침식 분지와 퇴적 분지로 구분한다. 침식 분지는 기반암이 분지저에 노출되어 침식된 것을 말하는데, 주로 대륙 내부의 건조 지역에 많다. 반면에 퇴적 분지는 분지저에 퇴적 물질이 두껍게 쌓인 것을 말하는데 지대가 낮고 물이 잘 모이는 곳에 형성된다.

그리고 분지가 형성된 원인에 따라 단층 분지와 곡강 분지(曲降 盆地) 등으로 구분하기도 한다. 단층 분지는 분지 가장자리의 한쪽 또는 양쪽에서 단층이 일어나 분지저가 상대적으로 내려 앉아 생긴 것이고, 곡강 분지는 분지의 중심부가 퇴적물의 무게에 의해 서서히 내려 앉아 생긴 분지를 말한다.

한국의 알프스 월악산과 영봉

백두대간의 줄기가 태백산과 소백산을 거쳐 남쪽으로 가는 도중에 우리나라 5대 바위산으로 불리는 월악산^{月岳山}이 있다. 아름다운 풍취로 제2의 금강산 또는 한국의 알프스라 불리는 월악산은 산세가 깊고 험준하여 옛날에는 난리가 미치지 않아 숨어 살기에 적당한 곳으로 알려진 곳이다.

월악산은 여러 얼굴을 가지고 있다. 보는 장소에 따라 최고봉인 영봉(1097m)이 각각 다른 모습으로 다가오기 때문이다. 덕주사를 거쳐 올라가는 능선에서 보이는 영봉은 힘차다. 가까이 다가갈수록 사람들을 압도하는 힘을 뿜어낸다. 헬기장 지나서 능선 안쪽에 이를 때쯤이면 누구나 영봉을 우러러볼 수밖에 없게 된다. 하늘을 향해 끝없이 수직으로 솟은 봉우리인 영봉을 제대로 쳐다보기란 여간 어려운 일이 아니다. 게다가 수시로 쏟아지는 낙석 때문에 가까이 가기도 힘들다. 마치 영봉이 가까이 오지 말라고 위협하는 것처럼 보인다. 하지만 해질녘 신륵사 길을 걸으며 보게 되는 영봉은 전혀 색다르다. 거대한 바위가 지는 해를 막아서 검은 실루엣으로 보이는 것이 한편의 작품을 보는 듯하다. 이때 보이는 영봉은 둥글둥글한 수십 개의 능선과 함께 마치 하늘을 향해 마련된 신성한 제단처럼 솟아 있다.

송계 계곡 쪽에서 우러러보면 월악산은 장엄하다. 영봉, 중봉, 하봉으로 이어지는 암봉의 행진이 마치 늠름한 장수들을 나열한 것처럼 보인다. 특히 맨 오른쪽에 있는 영봉은 100여 미터는 족히 넘는 깎아지른 벼랑을 그대로 드러내면서 중봉과 하봉, 두 형제를 아우른다. 특히 4월이면 영봉은 길가에 활짝 핀 벚꽃 위로 떠 있는 한 척의 거대한 범선처럼 보인다.

그런데 영봉을 자세히 관찰한 사람들은 한번쯤 고개를 갸우뚱할 것이다. 영봉이 주위의 다른 봉우리들과는 확연히 달라 보이기 때문이다. 우선 색이 다르다.

1 국립공원 월악산 전경. 설악산, 관악산, 월악산 등 이름에 악(岳)자가 들어가는 산은 대부분 바위로 이루어진 산인데, 월악산도 이름에서 알 수 있듯이 산 전체가 바위로 이루어져 있다. 월악산은 달이 뜨면 달이 영봉에 걸린다 하여 '월악'이라는 이름을 얻었다고 한다.

2 월악산 영봉. 뒤에 있는 것이 월악산의 주봉인 영봉(靈峰)이다. 거대한 범선이 하늘에 떠 있는 것과 같은 형상이다. 영봉은 암벽의 높이만 약 150미터에 이른다. 이 영봉을 중심으로 깎아지른 듯한 산줄기가 길게 뻗어 있는데, 바위 능선을 타고 올라가서 보면 청풍호까지 훤히 내려다보인다.

주위의 봉우리들은 황갈색에 가까운데 영봉만 회색빛을 낸다. 또 주위의 봉우리들에는 소나무가 자라고 있지만 영봉에는 소나무의 분포가 엉성하여 마치 나이 든 어르신의 민머리처럼 보인다. 대신 암석이 다른 봉우리에 비해 더 단단해 보인다. 영봉이 이처럼 월악산의 다른 봉우리들과 전혀 다른 모습을 띠는 이유는 무엇일까? 그것은 영봉을 이루고 있는 암석이 다른 봉우리의 것들과 다르기 때문이다. 다른 봉우리들은 화강암으로 되어 있는 반면에 영봉은 석회 규산염암으로 이루어져 있다. 같은 지역에서 형성된 산인데 이처럼 암석의 질이 다른 것은 상당히 이례적인 일인데 그 이유는 다음과 같다.

월악산 일대는 원래는 석회암 지역으로, 강원도와 충청북도에 걸쳐 광범위하게 발달한 고생대 대석회암층군의 일부분이었다. 그런데 지금으로부터 약 9000만 년 전, 그러니까 중생대 백악기에 석회암 지층 밑으로 마그마가 올라와 식으면서 화강암을 형성했다. 그때 뜨거운 마그마의 열과 압력으로 석회암의 성질이 바뀌어 석회 규산염암이 형성되었다. 석회암은 퇴적암이지만 석회 규산염암은 변성암의 일종이다. 보통 변성암은 퇴적암보다 침식에 강하다. 그래서 현재 영봉에는 석회 규산염암만 남고 나머지는 오랜 세월 침식 작용을 받아 모두 없어진 것이다.

고생대 때 형성된 규모가 큰 석회암층으로 조선계 석회층이라고도 한다. 주된 분포지는 북쪽으로는 삼척, 임계, 평창, 정선, 강릉 지역이며, 남쪽으로는 단양, 옥동, 태백까지 이른다. 서쪽은 문경, 함창 지역과 충주, 괴산 등지에서 옥천계와 마주하고 있고, 동쪽은 강원 동해안 일대까지 확장된다. 석회암층 내부에는 규암 및 셰일, 돌로마이트 등이 석회암 층과 층 사이에 끼여 있어 그동안 퇴적 환경의 변화가 심했던 것으로 추정된다. 고생대 때 형성된 지층이므로 그 후에 한반도에서 일어난 대보 조산 운동의 영향을 많이 받았다. 특히 중생대 쥐라기 및 백악기의 화성 활동 때 있었던 관입의 영향으로 관입암 주변부에는 석회질 규산염암이 형성되어 있다.

점말 동굴 유적지와
금월봉 관광지의 카렌펠트

| 월악산 영봉을 만들었던 석회암과 같은 종류의 석회암을 의림지에서 북동쪽으로 조금 떨어진 용두산 자락에 있는 '점말 동굴 유적지'에서 찾아 볼 수 있었다. 제천 점말 동굴 유적은 남한 지역에서 최초로 확인된 구석기 시대의 동굴 유적이다. 용두산 동남향 사면 중간쯤에 있는 병풍바위 끝부분에 위치하고 있는데, 이 동굴을 중심으로 근처에 여섯 개의 작은 굴이 발달해 있다.

이 굴은 1973년에서 1980년까지 여덟 차례에 걸쳐 연세대학교 박물관에 의해 발굴 조사가 이루어졌다. 동굴 내부에 쌓여 있는 지층은 모두 세 개의 층으로 나눌 수 있었다. 각 층에서 출토된 유물을 방사성 동위 원소를 이용한 연대 분석으로 살펴본 결과, 가장 아래에 있는 층은 약 6만 6000년 전의 중기 구석기에 해

◎ 제천 점말 동굴 유적지. 제천시 기념물 제116호로 지정되어 있다. 동굴 입구는 너비가 2~3미터이다. 굴 앞쪽이 막혀 있어 전체 길이는 확인할 수 없었다. 동굴이 산 속에 있고, 입구는 동남향으로 뚫려 있어 외침을 막고 따뜻한 햇볕을 받을 수 있는 좋은 위치에 있다. 또한 동굴 위에서 사냥감을 몰아 절벽 밑으로 떨어뜨려 먹이를 구할 수도 있었을 것이다.

당하고, 가운데층은 약 1만 3000년 전의 후기 구석기에 해당하며, 맨 위층은 약 7000년 전의 신석기 시대로 밝혀졌다.

각 층에서는 다양한 동물의 뼈가 발견되었는데, 특히 맨 아래층에서는 사향노루, 들소, 말, 표범, 호랑이 등의 뼈가 발견되어 매우 왕성한 사냥이 이루어졌음을 알 수 있다. 특히 뼈에 사람의 얼굴이 새겨져 있는 것이 발견되었는데, 연대 분석으로 약 6만 6000년 전의 것으로 밝혀져 한반도에서 발견된 구석기 예술품으로는 가장 오래된 것으로 추정된다. 가운데층에서는 사냥을 한 후 동물의 살을 잘라 낼 때 사용한 것으로 보이는 뼈로 된 연장들이 발견되었고, 석기로 쳐서 뚫은 사슴의 머리뼈도 발견되었다. 그리고 가장 위층에서는 토기 조각들이 발견되기도 했다. 이러한 사실로 미루어 볼 때 점말 동굴 유적지는 한반도의 구석기와 신석기 시대 전반에 살았던 선사인들의 생활 모습이나 원시 문화의 발달을 시대 별로 비교할 수 있는 소중한 자료가 되는 곳이다.

한편 청풍 문화재 단지에서 KBS 제천 촬영장 건너편으로 가면 '금월봉 관광지'라는 곳이 있다. 이곳에는 우리나라 어디에서도 찾아보기 힘든 바위산이 있다. 주차장 옆으로 거대한 바위들이 있는데 모두 석회암들이다. 바위의 모양은 매우 다양한데 이는 석회암이 차별 침식을 받아 형성된 것이다. 석회암이 노출된 지대에 빗물이 흘러내리면서 그 조직에 따라 용식*溶蝕이 잘 되는 부분과 용식이 잘 안 되어 남는 부분이 차별적으로 나타나기 때문에 생긴 것이다. 지질학이나 지리학에서는 이런 지형을 프랑스어로 라피에 lapies 또는 독일어로 카렌 karren 이라 한다.

라피에는 차츰 발달하여 석회암에 발달한 절리나 구조선을 따라 선택적으로 용식을 계속하게 된다. 그러면 석회암층으로 된 지표에는 작은 도랑이 생기고, 그 작은 도랑은 서로 교차하면서 다양한 모양을 이룬다. 도랑과 도랑 사이의 암석은

◎ 금월봉(金月峰). 제천에서 청풍호로 가는 국도변 흙 속에 파묻혀 있던 암석이다. 원래는 강변에 자리잡은 얕은 언덕이었는데, 공사 중에 땅 속의 기묘한 암반을 발견하여 덮고 있던 흙을 제거한 뒤 관광지로 만들어졌다.

상대적으로 돌출하여 수 미터 높이를 갖는 수많은 기형의 석탑처럼 보이게 되는데 이것을 카렌펠트 karrenfeld라 하고, 우리말로는 묘석 지형이라고 하는데 금월봉이 여기에 해당한다.

화강암 판상절리가 만든 아름다운 계곡들

월악산은 영봉을 제외하고는 대부분이 화강암으로 되어 있다. 월악산 남쪽에 마치 독수리가 양 날개를 편 듯 계곡이 월악산을 향해 양쪽으로 발달되어 있는데, 동쪽은 용하구곡이 있고, 서쪽은 송계 계곡이 있다. 이들 계곡에는 화강암 판상절리 板狀節理, sheeting joint가 발달되어 있다.

판상절리는 암석을 누르는 압력의 차이가 원인이 되어 생기는 암석과 암석 사

○ 용하구곡으로 가는 계곡 바닥의 모습. 화강암이 수평의 판 모양으로 잘려 나간 것처럼 보인다. 넓은 암반이 바닥을 이루고 있다.

이의 틈이다. 화강암은 마그마가 지하 깊은 곳에서 천천히 식어서 형성되는 심성암의 한 종류이다. 심성암이 지표에 가까운 곳으로 드러나면 암석을 누르고 있던 압력이 약해진다. 그러면 마치 뻥튀기의 표면이 갈라지듯이 암석에 균열^{joint}이 생긴다. 이러한 균열은 주로 지표와 나란하게 배열되는데 그 간격은 지표에서 가까울수록 좁고 지표에서 멀어질수록 넓다. 판상절리가 잘 발달된 곳에서는 기반암에서 넙적한 돌이 양파 껍질처럼 겹겹이 떨어져 나온다, 이러한 현상을 박리^{剝離}라고 한다. 판상절리로 위에 형성된 계곡은 바닥이 평평하여 물의 흐름이 거칠지 않다. 그래서 사람들이 와서 놀기에 편안하고 좋다. 이것이 여름마다 송계 계곡이나 용하구곡에 사람들이 많이 몰리는 까닭이다.

1 관폭대. 용하구곡 입구에 해당하는 곳이다. 큰 산이 지켜 주는 아늑한 골짜기로 흐르는 물에 잘 닦인 바위가 들마루처럼 깔려 있다. 역시 화강암의 판상절리로 형성된 바위이다. 조선 시대 충주 관찰사로 있던 오도일이 암벽에 '관폭대'라는 이름을 새겨 놓았다.

2 망폭대. 송계 계곡의 입구에 있다. 계곡을 굽이돌아 나오는 맑은 물과 층층이 쌓인 듯한 바위가 30미터 이상 수직 절벽을 이룬다. 곳곳에 수백 년 묵은 노송들이 한 폭의 산수화처럼 바위와 어우러져 있다.

"
자연이 쓴 위대한 책,
우포늪의 경상남도 창녕
"

28

창녕의 우포늪은 약 70만 평의 면적을 자랑하는 우리나라 최대의 자연 늪이다. 창
녕군의 대합면, 이방면, 유어면, 대지면 일대에 위치하며, 장마철에 물이 많아지면
서울 여의도 면적만큼 커지는 대형 늪이다. 우포늪은 빙하기가 물러가면서 해수면이
상승하고 낙동강이 범람하면서 형성된 늪이다.

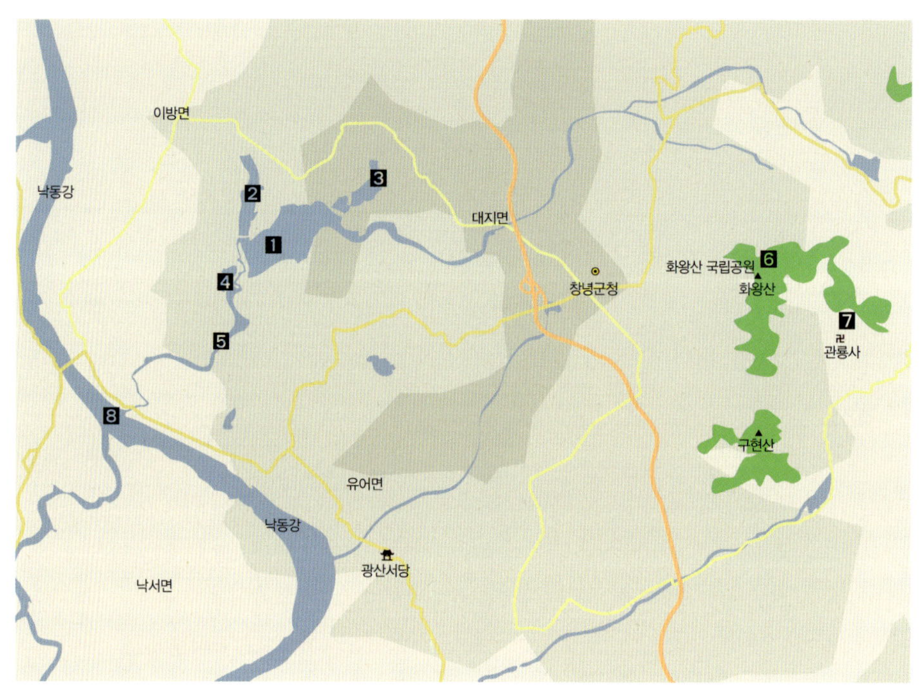

1 우포늪 **2** 목포 **3** 사지포 **4** 쪽지벌 **5** 토평천 **6** 화왕산 **7** 관룡사 **8** 낙동강

창녕은 원래 신라 문화의 중심지였다. 국보 제33호인 신라 진흥왕 척경비와 보물 제310호인 창녕 석빙고, 그리고 원효 대사가 화엄경을 전한 신라 8대 사찰 중의 하나인 관룡사가 있는 곳이다. 2008년 가을, 창녕에서는 세계 환경 올림픽이라고 불리는 '람사르 협약 당사국 총회'가 열렸다. 165개 나라의 정부 대표와 관련 국제 기구 등에서 약 2000명의 관계자가 모여들었다. 뿐만 아니다. 창녕에는 세계적으로 보호받는 멸종 위기종이자 대통령이 중국 방문 기념으로 얻어 온 따오기 한 쌍과 그 가족들이 살고 있다. 그렇게 크지 않은 도시에서 이렇게 많은 일이 있을 수 있었던 것은 그곳에 세계적인 늪지, '우포늪'이 있기 때문이다. 창녕은 지금 화려했던 신라 문화 위에 세계적인 환경 도시를 세우기 위해 노력하고 있는 중이다.

'하늘에는 천지(天池), 땅에는 우포(牛浦)'

커다란 짐승 한 마리 수진 숨을 몰아쉰다. / 억만 년 전 죽음 위에 불 지피는 목숨의 끈
역사란 마름 풀의 삶 뿌리 띠를 짜고 있다. / 토평천 흘러와도 출구는 알 수가 없어
먼 하늘 통째로 삼킨 입은 커서 평원이고 / 자연을 자연에 맡긴 하늘 뜻은 초록이다.
우리는 잠시 머물다 떠나야 할 길손일 뿐 / 자라풀 가시연 잎 쇠물닭을 띄워 놓고
섭리라 눈여겨보며 옷깃 여밀 일이다.

위 글은 시조 시인 이상범이 우포늪을 보고 지은 것이다. 시인은 우포늪을 '수

진 숨을 몰아쉬는 커다란 짐승'에 비유했다. 시인이 말한 커다란 짐승이란 소일 것이다. 늪의 이름도 우포牛浦이다. 우포에는 우항산牛項山이라는 산이 있는데, 산의 모양이 마치 소가 늪에 머리를 대고 물을 마시는 모습처럼 보인다하여 옛 사람들은 그곳에 소를 풀어놓고 풀을 뜯게 하면서 그곳을 '소벌'이라고 불렀다. 그런데 일제 강점기가 시작되면서 일제에 의해 지명들이 강제로 개정되는 과정에서 소벌이라는 명칭은 사라지고 우포라 불리게 된 것이다.

또 시인은 우포를 보고, '먼 하늘 통째로 삼킨 입은 커서 평원이고'라고 노래했다. 맞는 말이다. 우포가 얼마나 넓은가 하면, 장마철에 물이 불어날 때면 그 면적이 서울의 여의도 만큼 넓어진다. 실제로 여름에 우포늪을 가서 보면 끝없이 펼

○ 우포늪을 항공 촬영한 사진이다. 우포늪은 우포(①), 목포(②, 비가 많이 오면 주변의 나무들이 떠내려 오던 곳이라고 해서 목포라는 이름을 얻었다. 원래 이름은 나무벌이었다.), 사지포(③, 모래가 많이 있어서 얻은 이름이다. 원래 이름은 모래벌이었다.), 쪽지벌(④, 크기가 가장 작다고 해서 붙여진 이름이다.) 등 4개의 늪으로 이루어져 있다(사진제공: 창녕군청).

○ 늪과 함께 살아가는 사람들. 넓은 초록 융단 밑에서 논우렁이를 캐는 아낙네와 일을 끝내고 어부들이 작은 쪽배를 타고 집으로 돌아오는 모습이다. 우포늪에는 논우렁이나 민물조개가 많은데 주로 4월에서 10월 사이에 잡는다. 특히 7, 8월에는 수확량이 많아 지역 주민들의 좋은 소득원이 된다(사진제공: 창녕군청).

쳐진 초원처럼 보이기도 한다. 그런데 초원의 밑이 땅이 아니라 전부 물이다. 넓은 호수 위를 초록의 수생 식물들이 마치 융단처럼 덮은 것이다. 그래서 이상범 시인은 '자연을 자연에 맡긴 하늘 뜻은 초록이다.'라고 외친 것이다. 초록 융단 밑에는 가물치나 자라, 그리고 각종 물고기들을 포함하여 1000여 종의 생물이 살고 있다. 그래서 이곳 사람들은 '하늘에는 천지, 땅에는 우포'라는 말을 자주 한다.

하지만 우포늪의 과거를 더듬어 보면 우포늪이 예전에는 지금보다 훨씬 더 넓었다는 것을 알 수 있다. 1930년대에 지금의 우포늪 동쪽에 있는 제방을 만들어 땅을 개간하면서부터 우포늪은 크기가 3분의 1로 줄었다. 이 무렵부터 사람들은 우포늪 근처 평평한 곳으로 이주해 와 땅을 일구고 고기를 잡으며 살게 되었다. 그러다가 1970년대에 우포늪은 한 번 더 수난을 겪는다. 1973년에 백조(고니, 천연기념물 제201호)가 오지 않는다는 이유로 우포늪의 천연기념물 지정이 해제되었기 때문이다. 그 후 농경지 확장 사업이 본격화되면서 우포늪 주위의 크고 작은 늪지들이 모두 농경지로 변했다. 아마 우포늪이 사람의 손을 타지 않았다면 지금보다 훨씬 광대한 규모의 자연 습지로 남았을 것이고, 이것 하나만으로 창녕은 더 일찍

◐ 우포늪의 고기잡이 모습(재현). 우포늪에는 다양한 플랑크톤과 어류가 산다. 지역 주민들은 우포늪에서 한때 가물치 양식으로 짭짤한 소득을 얻기도 했으나, 1997년부터 우포늪이 자연 생태계 보전 지역으로 지정되면서 늪에서 일반인의 고기잡이가 금지되고 주민 가운데서도 열다섯 명만 고기잡이를 할 수 있게 되었다. 사진은 옛날 우포에서 고기잡이하던 모습을 재현한 것이다. 늦게라도 우포늪을 보전하지 않았다면 이런 모습은 영영 볼 수 없었을 것이다.

세계적인 자연 도시로 알려졌을 것이다. 우포늪의 가치를 뒤늦게 깨달은 지역 주민과 환경 단체의 노력으로 우포늪은 1997년 7월에 자연 생태계 보전 지역으로 지정되었고, 1998년 람사르 협약에 등록되었으며, 그해 습지 보호 지역으로 지정되었다. 정부는 우포늪 주변의 사유지 20만여 평을 매입하여 오늘날과 같은 규모의 습지로 유지하기 위해 노력하고 있다.

 손영운의 우리 땅 과학 답사기2

수생 식물 생태계의 보물 창고, 우포늪

우포늪 | 늪은 축축한 땅을 일컫는 습지의 한 종류이다. 습지의 종류에는 서해안과 남해안에 많은 갯벌, 그리고 강과 저수지 주변의 늪이 있고, 곡식을 일구는 논도 습지에 포함된다.

습지는 오랜 세월 물이 고였다 흐르는 과정이 반복되면서 형성되는데, 생태계에서 매우 독특한 역할을 담당한다. 습지에는 진흙이 두텁게 쌓여 있어 여러 물풀이 무성하게 자랄 수 있다. 물풀이 무성한 곳은 물의 흐름이 쉽게 빨라지지 않아 비가 많이 오더라도 홍수가 크게 나지 않는다. 또한 비가 오지 않을 때는 습지가 풍부한 물을 주변에 제공하여 많은 생물들이 안심하고 살 수 있도록 해 준다.

습지에서는 다양한 생명체가 태어나고 사라져 간다. 특히 미생물들은 끊임없이

◎ 물풀로 가득 덮인 우포늪. 6월과 8월 사이 기온이 높아지면 물풀들은 짧은 시간 안에 우포늪을 가득 덮는다. 이때 우포늪은 끝없는 초록 융단이 된다. 물풀은 오염된 물을 정화하고 곤충과 물고기에게 먹이와 서식지를 제공하여 건강한 생태계를 일군다.

우포늪과 같은 곳을 배후 습지라고 한다. 배후 습지는 주로 범람원이나 삼각주에 발달한 자연 제방 뒤로 잘 생긴다. 홍수 때에 물이 고이면 물이 잘 빠지지 않아 배후 습지가 형성된다. 낙동강 하류는 우리나라에서 배후 습지가 가장 잘 발달하는 곳이다(그림 출처: www.encyber.com).

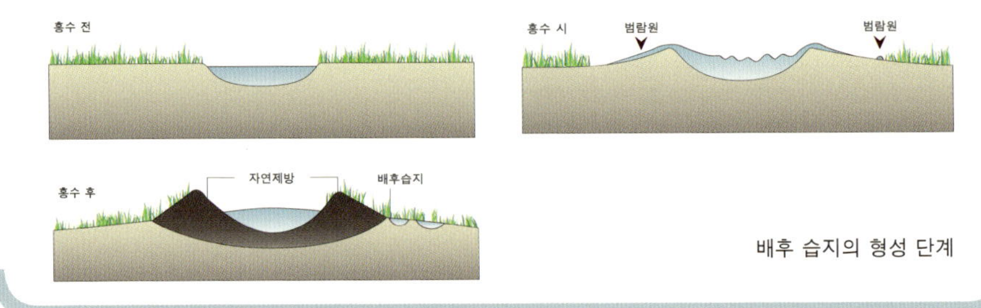

동식물의 사체와 배설물을 분해하여 고인 물이 썩지 않도록 해 주고, 스스로 다른 생물의 영양분이 되어 준다. 습지는 이처럼 놀라운 생명력을 가진 공간이라고 할 수 있다. 우포늪이 바로 그런 곳이다. 우포늪과 같은 배후 습지는 생태계의 모체로서 습지가 가질 수 있는 여러 기능과 생명력을 두루 갖추고 있다.

우포늪에는 면적에 비해 많은 종류의 생물이 살고 있다. 특히 우리나라 전체 식물종의 10퍼센트에 해당하는 430여 종이나 살고 있다. 우리나라에 서식하는 수생 식물의 60퍼센트가 있어 수생 식물 생태계의 보고라 할 수 있는 곳이다.

우포늪의 수생 식물을 대표하는 것은 거대한 가시연이다. 가시연은 이웃나라 일본에서는 이미 멸종했다고 알려진 세계적 멸종 위기 식물이다. 가시연은 물풀의 여왕이라고 할 수 있을 정도로 잎이 크고 꽃이 아름답다. 특히 잎은 솥뚜껑을 떠오르게 할 정도로 크다. 어떤 것은 지름이 2미터에 이르기도 한다.

여름철 우포늪은 그곳이 물인지 풀밭인지 구분이 안 될 정도로 다양한 수생 식

1 우포늪에서 체험 학습 중인 어린이들의 모습. 우포늪의 다양한 수생 식물 생태계는 어린이들에게는 살아 있는 자연 교실이다. 그래서 여름 방학이면 체험 학습을 위해 전국 각지에서 어린이들이 찾아 온다.

2 가시연은 수련과의 한해살이풀로 풀 전체에 가시가 있고 뿌리줄기에는 수염뿌리가 많이 난다. 씨에서 싹터 나오는 잎은 작고 화살 모양이지만 큰 잎이 나오기 시작하면서 아주 크게 자란다. 8월 무렵에 가시 돋친 꽃자루 끝에 한 개의 자줏빛 꽃이 자란다. 가시연의 꽃은 낮에만 잠시 피었다가 금방 지기 때문에 꽃을 보기란 쉬운 일이 아니다.

3 노랑어리연으로 가득 덮인 목포. 노랑어리연은 우리나라에서 가장 흔하게 볼 수 있는 수생 식물 중의 하나이다. 줄기처럼 생긴 뿌리는 연꽃마냥 진흙 속에서 옆으로 길게 뻗는다. 여름이 되면 물 위에 떠 있는 둥근 잎 사이로 긴 꽃대가 올라와 샛노란 꽃을 피운다(사진제공: 창녕군청).

1 물옥잠이 가득한 사지포. 물옥잠은 한해살이풀로 줄기와 잎이 스펀지처럼 되어 있어 물에 잘 뜬다. 특히 물에 잠겨 있는 물옥잠의 뿌리는 물을 맑게 하는 역할을 한다. 물옥잠은 8, 9월에 보라색 꽃을 피운다. 이 무렵 사지포 둑 위에서 물옥잠 군락을 내려다보면 환상적인 보라색의 향연을 만끽할 수 있다.

2 생이가래. 얼핏 보면 잎이 두 개지만 실은 잎이 세 개씩 돌려나는 식물이다. 두 개는 마주 나 물 위로 뜨고, 나머지 한 개는 물 속에서 뿌리 역할을 하기 때문에 보이지 않는다.

3 자라풀. 얼핏 하트 모양처럼 보이는데 잎이 자라의 등처럼 생겼다고 해서 자라풀이라고 한다. 잎의 뒷면에 스티로폼 같은 조직이 있어 쉽게 물에 뜰 수 있다.

4 네가래. 네 개의 잎이 밭 전(田)자와 같아서 '전자초'라고 불리기도 한다. 얼핏 보면 네잎 클로버가 물에 떠 있는 것처럼 보인다.

물이 자란다. 늪가에는 갈대, 줄, 애기부들, 창포 등이 물 밖으로 긴 목을 뺀 채 무성히 자라고 있고, 물 위에는 개구리밥, 마름, 생이가래, 자라풀, 어리연, 노랑어리연, 수련, 네가래 등의 물풀이 떠 있다.

다양한 수생 식물이 번성하는 우포늪은 수생 식물의 정화 작용으로 물이 깨끗하고 게다가 영양 성분이 많아 어종이 풍부하다. 또한 자연적으로 형성된 늪은 흔히 물풀이라고 하는 수생 식물은 살아가는 형태와 모양에 따라 다음과 같이 분류한다.

- 추수식물: 얕은 물가에서 자라며 오염된 물을 걸러 내는 기능을 한다. 갈대, 부들 등이 있다.
- 부엽식물: 뿌리는 물속에 담그고, 잎은 물 위로 떠 있는 식물이다. 수련, 자라풀 등이 있다.
- 침수식물: 식물의 몸 전체가 물속에 잠겨서 자란다. 검정말, 붕어마름 등이 있다.
- 부유식물: 물 위를 자유롭게 떠다녀 비가 오면 모두 쓸려간다. 개구리밥, 생이가래 등이 있다.

1 주홍부전나비. 2 남방제비나비. 3 뿔나비를 사냥한 사마귀. 4 호랑나비 애벌레.

5 . 6 긴꼬리투구새우는 갑각류로 투구게와 모양이 닮았고 긴 꼬리를 가지고 있다. 고생대의 화석으로 발견되기도 하는 살아 있는 화석 생물이다. 우리나라에선 멸종 위기 야생 동물 2급으로 지정되어 있다. 단단한 껍질에 쌓인 알 상태로 가뭄이나 겨울을 나고, 환경이 좋아지면 부화하는 특징을 가지고 있다. 목포 주변 지역에서 많이 볼 수 있다.

동식물이 썩어서 만들어진 흙이 깊게 쌓여 있으므로 식물이 잘 자라며 곤충들에게도 좋은 서식지가 된다. 특히 우포늪에서는 살아 있는 화석으로 알려진 '긴꼬리투구새우'도 쉽게 볼 수 있다.

1 우포늪을 중간 기착지로 삼고 철 따라 이동하는 기러기 무리의 비상하는 모습.

2 겨울철 얼음 주변의 녹은 물에서 잠시 휴식을 취하는 고니 무리들. 천연기념물 제201호인 고니는 흔히 백조라고도 불리는데, 겨울 철새로 10월 하순에 왔다가 겨울을 나고 이듬해 4월에 시베리아 등지로 되돌아간다(사진제공: 창녕군청).

그리고 이들을 먹이로 하는 많은 새들이 찾아와 조류의 종류도 풍부하다. 왜가리는 본래 여름 철새이지만 우포늪이 좋아 아예 이곳에서 월동하며 지낸다. 그 밖에도 고니, 수리부엉이, 곤줄박이, 원앙, 황조롱이와 같은 희귀한 새들도 많이 만날 수 있다.

우포늪의 형성 과정

우포늪은 우리나라에서 가장 넓은 자연 늪으로, 우포늪 외에 목포, 사지포, 쪽지벌 등 4개의 늪으로 이루어져 있다. 이 가운데 우포가 가장 넓고 목포가 그 다음이다. 예전에는 우포늪 주변에 크고 작은 늪들이 꽤 많았다 그렇다면 어떤 과정을 통해 이런 거대한 습지 지대가 형성될 수 있었을까?

처음 우포늪을 연구했던 사람들은 약 1억 4000만 년 전, 그러니까 중생대 백악기 무렵 이곳이 거대한 호수 지역이었다고 추정했다. 백악기 말부터 호수 주변에서 일어난 화산 활동과 강물에 의해 침식된 육지에서 나온 퇴적물이 쌓이면서 호

◎ 우포늪의 가을이다. 가을에는 큰 키의 갈대 군락이 발달하여 매우 아름답다(사진제공: 창녕군청).

수 주변부가 격리되고, 수초가 무성하게 자라면서 점차 늪으로 만들어졌다고 생각했던 것이다. 하지만 최근 들어 다른 방향으로 생각하는 학자들이 많아졌다. 호수를 늪으로 만든 퇴적물이 화산활동이나 강의 퇴적 작용 때문에 생성된 것이 아니라 빙하기가 끝나면서 해수면의 상승으로 생긴 것이라는 설에 더 많은 점수를 주고 있는 것이다. 지질학자 및 지리학자들이 새롭게 밝혀낸 우포늪의 형성 과정을 단계적으로 정리하면 다음과 같다.

1만 5000년 전 신생대 말기는 빙하기가 최대로 발달했을 때였다. 우리나라 근해의 해수면은 지금보다 100미터 이상 낮았다. 당시의 남해는 지금 낙동강 하구가 있는 곳보다 60킬로미터 정도 남쪽에 해안선을 가지고 있었다. 그리고 낙동강과 우포늪은 폭이 좁고 깊은 골짜기였다. 골짜기의 깊이는 지금보다 약 10미터 이상 더 깊었을 것이다. 그때 한반도에 살았던 우리 선조들은 현재의 제주도와 일본

○ 목포에는 왕버들군락이 발달해 있다. 왕버들군락 사이로 사람이 쪽배를 타고 지나가는 모습이다(사진제공: 창녕군청).

그리고 중국을 걸어서 다닐 수 있었다.

이후 빙하기가 끝나면서 빙하가 녹기 시작했다. 약 1만 년 전, 해수면이 1만 5000년 전일 때보다 약 75미터 정도 상승했다. 8000년 전에는 90미터까지 상승했는데, 그래도 오늘날의 해수면과 비교하면 약 10미터 낮았다. 약 6000년 전에 와서야 해수면의 높이가 오늘날과 비슷해졌다. 빙하가 녹으면서 육지의 골짜기였던 낙동강 계곡까지 바닷물이 들어왔다. 낙동강 하구에서 160킬로미터 떨어진 경북 고령군까지 바닷물이 들어온 것으로 추정된다.

바닷물이 들어오기 전에는 낙동강을 따라 흘러내린 돌과 흙이 하구까지 멀리 흘러갔다. 그러나 바닷물이 내륙 깊숙한 곳까지 들어온 후부터는 돌과 흙이 멀리까지 이동하지 못하고 중간에 쌓이게 된다. 이와 같은 과정을 반복하면서 점차 바닥이 해수면보다 높아지고 그 사이를 따라 강이 흐르게 되었다.

그 후 낙동강의 양쪽에 모래와 흙으로 된 자연 제방이 형성되었다. 이때 우포늪은 낙동강 본류에서 동쪽으로 약 7킬로미터 가량 떨어져 있었다. 화왕산에서 시작해 창녕읍을 지나온 토평천의 물이 늪으로 흘러 들어왔다가 낙동강으로 빠져나가야 하는데, 자연 제방 때문에 물길이 막혀 빠져나가지 못한 것이다. 홍수가 나면 낙동강 물이 우포로 역류하고 평상시에도 배수가 원활히 이루어지지 않아 이 일대는 물이 고여 있는 거대한 늪이 되었다.

2008년 람사르 협약 당사국 총회가 열리다

우포늪은 생태계의 작은 우주라고 할 수 있는 곳이다. 과거에는 늪이라고 하면 왠지 음침하고 쓸모없는 땅으로 생각되어 왔

◐ 우포늪의 가을. 푸른 융단처럼 물을 덮었던 물풀들은 사라지고 그 흔적만 남는다. 이 무렵 우포의 생물들은 겨울 준비를 하느라 분주하다(사진제공: 창녕군청).

었다. 하지만 오늘날 늪은 어린이들에게 더할 나위 없는 자연 생태 학습장이 되고, 지역 사회의 경제를 살리는 중요한 관광자원이 되며, 자연 환경을 지키는 지킴이 역할을 하고 있다. 환경부 조사에 따르면 우포늪의 환경 자산을 돈으로 환산한다면 연간 약 560억 원에 이른다고 한다.

세계 각 나라에서는 자국의 습지를 보존하고 보호하기 위해 노력하고 있다. 우리도 우포늪의 생태적 가치를 제대로 보전할 필요가 있다. 다행히 국내의 환경 단체와 지역 주민들의 노력으로 우포늪은 원시 자연 그대로 보존되고 있다. 1998년 국제 습지 보호 조약인 람사르 협약에 의해 보존 습지로 지정되면서 우포늪은 우리나라 생태계의 성지가 되었다.

우포늪의 가치는 단순히 경제적인 가치로만 환산할 수 없다. 우포늪은 지구에 살고 있는 다양한 생명들의 소중한 권리에 대해 다시 고민하게 해 준다. 지구에서 수천만 년, 아니 수억 년을 살아온 생명들을, 등장한 지 몇 백만 년도 채 안 되는 우리 인간들이 훼손하는 일은 아주 오만한 행동이 아닐까? 자라나는 우리 아이들도 우포늪에서 한번쯤 생명의 절대적인 가치와 권리에 대해 깊은 생각을 하도록 해 주어야 한다. 생명을 존중하는 것이 인간의 자연스러운 모습이고, 이것이 우리가 우포늪을 보호하고 지켜야 하는 진정한 이유이다.

이러한 가치를 보전하기 위해 창녕군청과 정부가 적극 나서고 있다. 덕분에 2008년 10월 28일부터 11월 4일까지 8일 동안, 창녕에서 제10차 람사르 협약* 당사국 총회가 개최되었다. 주제는 '건강한 습지, 건강한 인간 Healthy Wetlands, Healthy People' 이었다. 주제가 전달하고자 하는 메시지는 습지가 건강하게 보존될 때 인간도 건

---

* 람사르 협약: 1971년 2월 2일 이란의 람사르(Ramsar)에서 열린 국제 회의에서 채택된 국제 협약이다. 원래 명칭은 '물새 서식지로서 국제적으로 중요한 습지에 관한 협약(The Convention on Wetlands of International Importance Especially As Waterfowl Habitat)'으로 매우 길지만 줄여서 '국제 습지 협약'이라고 부르기도 한다. 이 협약은 1975년부터 효력이 발효되었는데, 생물의 종 다양성을 지키며 인간의 복지를 위해서 매우 중요한 역할을 하는 습지를 보존하는 데에 주된 목적을 두고 있다. 우리나라는 1997년 7월 28일에 전 세계에서 101번째로 가입했으며, 당시 강원도 양구군 대암산 용늪을 신청하여 람사르 협약의 보호를 받는 습지로 지정받았고, 그 후 창녕의 우포늪도 보호 습지로 지정받았다. 최근에는 보존의 영역을 확대하여 어류의 서식지, 산호초, 연안 지역의 습지, 석회 동굴 등도 습지에 포함시키고 있다.

강하게 살 수 있다는 것이다. 이 총회를 계기로 우리나라가 습지의 중요성을 깨닫고 한발 앞서 가는 환경 중심 국가로 자리매김할 수 있게 되기를 바란다.

화왕산과 화왕산성

화왕산은 창녕읍과 고암면의 경계를 이루는 창녕의 진산이다. 해발 고도가 756미터로 그리 높은 산은 아니지만 낙동강 하류의 넓은 평야 지역에 우뚝 솟아 있어 상대적으로 높아 보인다. 화왕산火旺山은 이름에서도 알 수 있듯이 '화火가 왕성旺盛한 산', 즉 '불의 기운이 매우 강한' 산이다. 그 이유는 화왕산이 화산 활동으로 형성된 산이기 때문이다. 그래서 옛날 사람들은 이 산을 '큰불뫼'라고 부르기도 했다.

화왕산은 옛 창녕 사람들에게 큰 위로가 되었던 산이기도 하다. 음양의 조화를 중히 여기는 우리 조상들은 유달리 습지가 많이 발달하여 물의 기운이 센 창녕에 불기운이 왕성한 화왕산이 기를 중화시켜 준다고 생각했기 때문이다. 하지만

○ 화왕산과 화왕산성. 화왕산 정상 부근은 키가 큰 나무들이 보이지 않는 것이 특징이다. 정상의 가장자리를 따라 약 2킬로미터의 산성이 축조되어 있는데, 이 산성은 선조 29년(1596)에 홍의 장군 곽재우가 왜적을 막기 위해 쌓은 것이라고 한다.

가끔 불의 기운이 더 세어질 때는 산불이 나기도 했다. 그래서 키가 큰 나무들은 거의 사라지고 키 작은 관목들만 자라고 있다. 봄에는 진달래와 철쭉 그리고 가을에는 억새가 화왕산을 뒤덮는다.

한편 화왕산 정상 부근에서는 안산암 계통의 화산암이 발견된다. 아주 오래전 화왕산에는 화산 활동이 있었던 것으로 보인다. 그래서 일부 사람들은 정상부의 움푹 들어간 부분을 화구로 여기기도 한다. 하지만 사실은 그렇지 않다. 화왕산을 이루고 있는 주된 암석은 중생대 중기 무렵 경상 분지의 퇴적층에 관입했던 흑운모 화강암이다. 흑운모 화강암은 그 주위에 분포하는 화산암보다 침식 작용을 빨리 받아 먼저 깎여 나갔고, 단지 그 부분이 분화구와 비슷한 모양을 이룬 것뿐이다. 그러므로 화왕산 정상은 분화구가 아니라 암석의 차별 침식에 의해 형성

1 화왕산 억새를 태우는 모습. 정월 대보름날 억새를 태우는 모습이다. 언제부터 전해진 풍습인지 모르지만 창녕에 홍수가 자주 발생하는 이유를 드센 물 기운 때문이라 생각하고 이 기운을 누르기 위해 불을 지르기 시작했다고 한다. 하지만 안타깝게도 2008년 행사 때 인명 피해가 발생하여 당분간 이 장관은 보기 힘들게 되었다(사진제공: 창녕군청).

2 화왕산 억새. 화왕산성 안쪽으로 약 6만 평의 면적에 억새가 군락을 이루고 있다. 단일 억새 군락지로는 우리나라에서 가장 넓다. 걸어서 약 10리 길을 가야 억새 군락지를 벗어날 정도로 장관을 이루고 있어 해마다 가을이면 이 억새를 보기 위해 많은 관광객이 찾는다.

3 화왕산과 관룡산 주변에서 볼 수 있는 흑운모 화강암 덩어리들. 침식과 풍화 작용을 받아 큰 바위에 균열이 가 있고 가장자리는 둥글게 깎여 있다.

○ 신라 진흥왕 척경비. 국보 제33호이다. 지금의 창녕은 한때 빛벌가야였다. 진흥왕 21년(560)에 진흥왕은 이곳을 신라의 영토로 편입시킨 후 비를 세웠다. 비는 원래 목마산성 기슭에 있었던 것을 지금의 자리로 옮겨 왔다. 이 비를 세우고 1년 후 진흥왕은 대가야를 멸망시켰다.

된 침식 분지라 함이 더 타당할 것이다.

정상에 올라가기 전 해발 고도 600미터 지대에 1963년 사적 제64호로 지정된 화왕산성이 있다. 이곳은 삼국 시대부터 있던 성으로 임진왜란 때 의병장 곽재우가 보강 공사를 하여 거점으로 삼고 왜적들과 싸운 곳이다. 한편 화왕산 정상에서 서쪽 아래로 가면 사적 제65호로 지정된 목마산성이 있고, 좀 더 내려가면 진흥왕 척경비가 있다.

원효가 화엄경을 전파했던 관룡사

화왕산의 억새풀을 보려면 창녕 여자중학교 옆길로 들어가서 동쪽으로 난 도로를 따라 가면 된다. 이때 이 도로 중간에 꼭 들러야 할 곳이 있는데 바로 관룡사이다.

관룡사에는 보물 제212호인 대웅전, 보물 제146호인 약사전, 보물 제519호인 석조여래좌상 등 보물급 문화재가 여럿 있다. 그중에서도 가장 인상에 남는 것은 보물 제295호로 지정된 '용선대 석조석가여래좌상'이다. 관룡사 대웅전 왼쪽 산길로 능선을 따라 오르면 등산로가 숲 터널을 이룬다. 거기서 20분 남짓 더 올라가면 용선대 석조석가여래좌상을 만날 수 있다. 아마 흔히 볼 수 있는 다른 곳에서 부처님 상과는 사뭇 다른 느낌을 받을 수 있을 것이다. 이곳의 부처님은 비와 바람, 눈보라 그리고 세월을 온몸으로 다 받아 주며 중생을 내려다보고 있는 부처님이기 때문이다.

1 관룡사는 대한 불교 조계종 제15교구의 본사인 통도사의 말사이다. 신라 8대 사찰의 하나로, 신라 내물 마립간 39년(394)에 창건되었다고 하나 확실하지는 않다. 삼국 통일 후 원효가 중국에서 온 승려 1000명에게 화엄경을 설법하여 대도량을 이루었다고 전해진다.

2 용선대 석조석가여래좌상. 통일 신라 시대에 만들어진 것으로 알려져 있다. 관룡산 수십 길 낭떠러지 위에 홀로 앉아 1000년이 넘는 세월을 견디어 왔다. 멀리 화왕산이 보이고, 아래로 토평천이 흐르고 있다.

천년의 전설이 깃든 비양도가 있는 제주도 북서부 지방

비양도는 북제주군 한림읍의 북서쪽 바다에 떠 있는 화산섬이다. 한림항에서 작은 어선을 개조하여 만든 도항선을 타고 약 20분이면 갈 수 있다. 비양도는 동서간 길이가 1020미터, 남북간 길이가 1130미터인 원형의 화산체로, 섬 중앙부에 2개의 화구와 함께 해발 114미터의 비양봉이 솟아 있다. 비양도에는 우리나라의 다른 곳에서 볼 수 없는 호니토와 거대한 화산탄, 그리고 아아 용암 동굴이 있다. 사진은 협재 해수욕장에서 바라본 비양도이다.

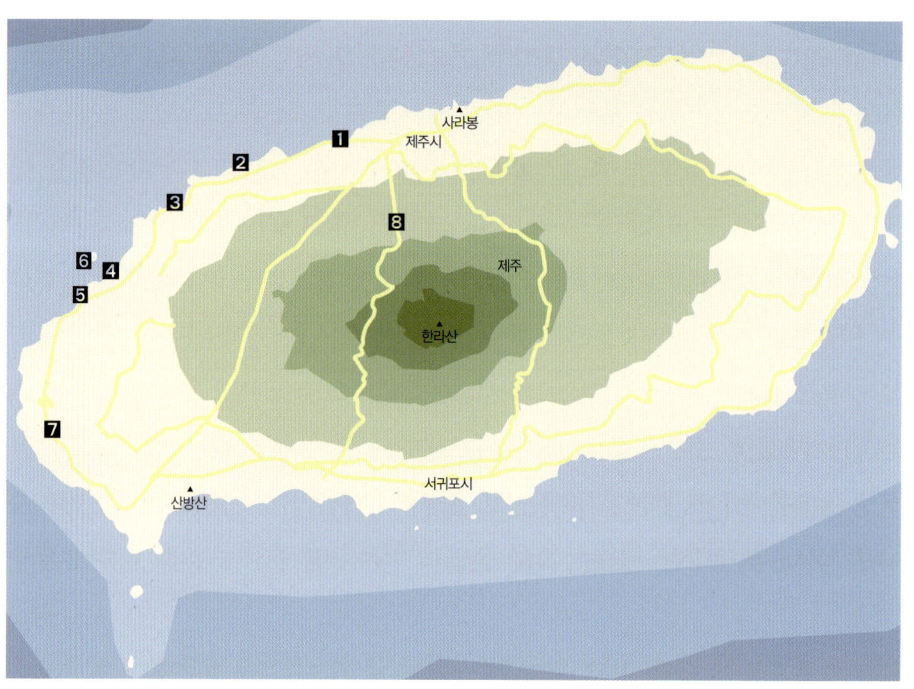

1 이호 해수욕장　2 구엄리 소금 빌레　3 곽지 노천탕과 곽지 패총　4 협재 해수욕장
5 월령리 선인장 군락지　6 비양도　7 수월봉　8 도깨비 도로

제주도 북서부 지방

제주도에 가면 다른 나라에 온 것 같은 느낌을 받는다. 본토와는 다른 기온과 습도 그리고 식물군들 때문일 것이다. 땅도 마찬가지이다. 육지에서는 보기 힘든 특이한 지질 생성물들이 참 많다. 대표적인 곳이 비양도이다. 비양도는 가장 최근에 화산 활동이 있었던 땅으로, 그곳에 가면 굴뚝 모양을 한 호니토(hornito), 거인국의 고구마 같이 생긴 화산탄, 수세미처럼 생긴 화산암 등을 볼 수 있다. 뿐만 아니다. 제주도 해안 곳곳에는 한여름에도 얼음처럼 시원한 물이 솟아오르는 용천수가 있고, 돌담을 쌓아 물고기를 잡았던 흔적이 남아 있으며, 돌밭에 바닷물을 담아 소금을 만들어 먹었던 소금 빌레(너럭바위의 제주도 방언)라고 하는 곳이 있다. 또 마치 남태평양 휴양지와 같은 옥빛 바다색을 보여주는 해수욕장도 있다. 이 모든 것이 모여 있는 제주도가 우리나라 땅이라는 것은 정말 행운이다.

이호 해수욕장

용천수와 원담 | 이호梨湖 마을의 옛 이름은 '백개'로 하얀 모래로 된 포구라는 의미를 가지고 있는데, 이름에 걸맞게 새하얀 모래가 가득한 해수욕장이 이호 마을 앞에 있다. 그러나 마을 앞의 방파제를 넘어 동쪽 해안으로 가면 모래의 색깔이 갑자기 검은색으로 달라진다. 그래서 방파제 넘어서부터는 '검은 모래 마을'이라는 뜻으로 현사玄沙 마을이라고 불린다. 하얀 모래를 만든 것은 조개껍데기이고, 검은 모래를 만든 것은 용암이다. 이호 마을 앞 해수욕장에는 용천수를 담기 위해 만든 돌담과, 물고기를 잡기 위한 돌담이 잘 보존되어 있다.

짠물뿐인 바닷가에 민물을 담기 위한 돌담을 쌓은 이유는 무엇일까? 제주도는 연간 강수량이 1400밀리미터 이상으로 우리나라의 다른 지역보다 비가 많이 오

○ 이호 해수욕장 해안의 2개의 돌담. 안에 있는 돌담은 지하수인 용천수를 담기 위한 '문수물'이고, 바깥쪽에 보이는 돌담은 물고기를 잡기 위한 것으로 '원담'이라 한다. 용천수와 원담은 모두 제주도에서만 볼 수 있는 것이다. 예전 제주의 가난한 백성들이 먹을 물을 얻고 생계를 꾸리기 위해 만든 것들이다. 지금은 몇 곳만 남아 관광용으로 보존되는 추억이 되었다. 뒤쪽의 방파제 위에는 빨간색과 하얀색의 말 모양을 한 이색적인 쌍둥이 등대가 있다.

는 편이지만 제주도의 내륙 지역에서는 늘 물이 귀하다. 제주도의 지질 특성상 물이 고이거나 지표로 흐르지 못하고 대부분 지하로 빠져나가기 때문이다. 하지만 해안에서 가까운 일부 지역에서는 그 물이 다시 솟아오른다. 이를 용천수라고 하는데, 이 물을 이용하기 위해 제주의 해안 마을들은 대부분 용천수가 솟는 지점을 중심으로 분포한다. 이호 마을도 그중의 하나이다. 수돗물이 공급되기 전까지 제주 사람들은 바닷가 돌담 안에 모여 있는 용천수를 가져다가 밥을 짓고 빨래를 했다.

　한편 문수물 바깥으로 크게 원을 그리듯 쌓은 돌담을 원담이라고 한다. '원'은 해안과 육지 사이의 조간대*潮間帶를 일컫는 말인데, 원에 쌓은 돌담이라고 하여 원

담이라는 이름을 얻었다. 원담은 바닷가의 자연 지형과 조차^{潮差}를 이용하여 고기를 잡는 일종의 돌 그물이다. 밀물 때 바닷물을 따라 들어온 물고기들이 썰물이 되면서 바닷물이 빠져나갈 때 돌담에 갇혀 쉽게 빠져나가지 못하는 원리를 이용한 것이다. 이와 같이 원담을 이용하여 고기를 잡는 것을 '바롯잡이'라고 하는데, 조선 시대 때부터 최근까지 이용했던 제주의 고기잡이 방법이다. 이런 방법으로 물고기를 잡는 것이 제주도에서만 있었던 일은 아니다. 다른 해안 지방에서도 대나무나 갈대로 담을 세워 물고기를 잡는다. 하지만 제주도의 원담은 다른 지방의 것과는 좀 다르다. 다른 지방은 이런 그물이 대부분 개인 소유이지만 제주도의 원담은 마을 사람들이 공동으로 소유한다.

원담은 제주의 해안선을 따라 곳곳에 있었으나, 안타깝게도 대부분 관리가 잘되지 않아 자취를 감추었다. 다행히 이호 마을의 원담은 보존이 잘 되어 지금도 바롯잡이를 할 수 있다. 바롯잡이에서 중요한 점은 물때를 제대로 아는 것이다. 썰물 시간을 맞추어 가야 하는데, 밀물 시간 때 가면 하릴없이 기다려야 하기 때문이다. 원담에서 주로 잡히는 물고기는 멸치이고, 멸치를 따라 들어온 큰 물고기들도 가끔 잡을 수 있다.

구엄리 소금 빌레 | 이호 해수욕장에서 1132번 해안 도로를 따라 서쪽으로 5분 정도 가면 구엄리가 나온다. 구엄리로 이어지는 해안선에서 볼 수 있는 암석은 용암이 굳어서 만들어진 현무암으로, 신엄리 현무암으로 불린다. 신엄리 현무암의 표면은 연한 회색을 띠며 장석 반정*^{長石 斑晶}이 많이 보이는데 덕분에 주상절리가 잘 형성된다.

---

* 장석 반정 : 화산암 등에 작은 알갱이 모양으로 포함되어 있는 장석 결정. 장석은 암석을 구성하는 조암 광물 중 하나이다.

○ 구엄리 돌 염전. 구엄리 포구의 해안선을 따라가 보면 평평한 암반이 잘 발달되어 있는 것을 볼 수 있다. 옛 사람들은 이 암반에 바닷물을 부어 물을 증발시키는 방식으로 소금을 얻었다. 소금을 생산하던 평평한 암반을 자세히 보면 대부분 오각형 또는 육각형으로 된 무늬가 있다. 이곳이 주상절리의 윗부분으로 파도에 의해 침식된 파식대지이기 때문이다.

구엄리 해안의 주상절리는 오랜 세월 파도의 침식 작용을 받아 윗부분이 모두 깎여 나가 파식대지가 되었다. 파식대지를 위에서 내려다보면 각이 진 도형들이 보이는데 이것은 주상절리의 단면이다. 제주 사람들은 이곳을 '소금 빌레'라고 한다. 옛 주민들이 이곳에서 소금밭을 일구어 소금을 얻었기 때문이다.

이 주변 해안을 따라 나란히 있는 마을의 이름이 구엄리, 중엄리, 신엄리라고 하는데 이는 '엄쟁이', 즉 소금을 만드는 염장이들이 많이 산다고 해서 붙여진 이름일 것이다. 이 중에서 돌소금 생산지로 가장 유명했던 곳은 구엄리였다. 구엄리에서 생산되는 소금의 맛과 농도가 뛰어나서 예전에는 이곳 염전의 매매가가 비옥한 농토보다도 훨씬 높았다고 한다.

곽지 과물 노천탕 패총

곽지 해수욕장에는 '과물'이라고 부르는 제법 규모가 큰 용천수 노천탕이 있다. 과물은 수량이 풍부하고 차갑기로 유명하다. 여름철에는 해수욕장을 찾은 피서객들이 바닷물과 모래를 씻어 내는 샤워장으로도 이용된다. 물이 마치 폭포수처럼 쏟아지는데 웬만한 사람은 1분 이상 견디기 힘이 들 정도로 물이 차고 시원하다.

곽지 해수욕장에서 내륙 쪽으로 10여 분 걸어가면 제주도에서 가장 넓은 분포지를 가진 곽지 패총이 있다. 곽지 패총은 1973년에 발견된 후, 수차례 제주대학교 박물관에서 발굴 조사를 실시했다. 패총은 주로 곽금 초등학교를 중심으로 마을 중심부에 집중적으로 분포되어 있는데, 단독 유적으로는 드물게 발굴이 여러

◎ 과물 주변을 네모지게 돌담으로 둘러 노천탕으로 만든 것이 과물 노천탕이다. 내부는 다시 2개의 공간으로 나누어 여탕과 남탕으로 구별했다.

◎ 곽지 패총. 패총(貝塚)은 선사 시대 사람들이 사용한 토기, 도기 등 생활 용품과 먹고 나서 버린 음식물 등이 쌓인 조개더미를 일컫는다. 곽지 패총은 제주도에서 발견된 패총 중에서 규모가 가장 크다.

번 이루어졌다. 그 결과 청동기 시대, 철기 시대를 거쳐 탐라국 시대에 이르는 제주도 역사의 흔적을 이곳에서 찾을 수 있었다.

가장 밑바닥에서는 초기 철기 시대(기원전 300년 전후)의 것으로 보이는 구멍무늬 토기 문화층이 확인되었다. 그 위로는 삼국 시대 항아리형 적갈색 토기 문화층, 통일신라 시대 바리형 적갈색 토기 문화층 및 고려·조선 시대의 각종 도자기와 질그릇 등도 잇달아 확인되었다. 패총이 형성되었던 중심 시기는 통일신라에 해당하는데, 이때 제주도는 탐라국이 지배하던 시대였다. 패총 주변 지역에서는 교역 활동이 있었음을 보여주는 여러 종류의 유물도 함께 발견되어 당시 활발했던 제주도의 대외 무역도 엿볼 수 있다.

협재 해수욕장과
해일이 만든 모래 사구

협재 해수욕장은 하얀 모래와 옥빛 바다로 유명한 곳이다. 해수욕장에는 양옆으로 까만색의 현무암이 넓게 퍼져 있고, 그 사이의 백사장에는 조개껍데기가 부서지고 퇴적되어 형성된 하얀 모래가 쌓여 있다. 하얀 모래가 얕은 바닷물 속에서 반사되어 바다는 옥빛으로 빛난다. 마치 비행기를 타고 멀리 날아와 남태평양 휴양지에 와 있는 것 같은 기분이 들게 한다.

그러나 하얀색의 모래를 걷어 내면 지금 겉으로 보는 것과는 사뭇 다른 모습이 보일 것이다. 왜냐하면 원래 이곳은 파호이호이 용암이 넓게 퍼져 현무암 대지를 이룬 곳인데, 오랜 세월 바다에 사는 조개나 소라 등의 석회질 껍데기가 침식되고

◎ 협재 해수욕장. 제주도 서부 지역을 대표하는 해수욕장이다. 제주도 북서 해안에 위치한 이곳은 겨울철 계절풍의 길목에 있어 강한 바람에 의한 모래 날림이 심각하다. 그래서 겨울철에는 모래 날림을 방지하기 위하여 해빈 사면에 까만 천을 깔아서 보호한다.

◎ 파호이호이 용암이 만든 지형. 용암을 뜻하는 '라바lava'는 이탈리아 어에서 나온 말로 '떨어지고 미끄러진다'는 의미를 가진다. 반면에 용암이 굳은 후 표면의 모습에 따라 사용되는 '파호이호이pahoehoe'와 '아아aa'는 하와이 토착 주민의 말에서 딴 것이다. '파호이호이'는 표면이 반들반들하다는 의미를, '아아'는 그 반대 의미를 가지고 있다고 한다. 파호이호이 용암이 흐른 후 형성되는 현무암 암반은 표면이 넓고 평평하며 층을 이룬다. 또한 곳곳에 용암이 흘러간 물결 모양이 있는데, 물결 모양을 잘 보면 용암이 흘러간 방향을 알 수 있다.

● 손영운의 과학지식   파호이호이 용암과 아아 용암

용암은 구성 성분이나 온도에 따라 지표에 분출하여 움직이는 모습이 달라 크게 두 종류로 나뉜다. 파호이호이 용암은 높은 온도와 낮은 점성을 가지므로 넓게 골고루 잘 퍼져나간다. 그래서 파호이호이 용암이 흐른 곳은 넓은 지역에 걸쳐 평탄한 지형을 이룬다. 반면에 아아 용암은 상대적으로 온도가 낮고 높은 점성을 가지므로 멀리 퍼져 나가지 못하고 거친 표면과 암석 부스러기로 구성된 두꺼운 클링커 층을 갖는 지형을 형성한다.

◎ 아아 용암이 만든 지형. 아아 용암은 비교적 점성이 높아 천천히 흐르며, 흐르는 동안 상부와 하부는 굳게 된다. 표면은 굳어 있는데 반해 내부는 계속 흐른다. 이때 표면의 굳은 암석은 쉽게 깨져서 용암과 함께 운반된다. 이렇게 용암의 상부에 굳어 있는 암석이 깨진 것을 클링커(clinker)라 한다. 오른쪽 아래 사진에 클링커가 보인다. 아아 용암은 겉이 매우 거친 것이 특징이다. 자칫 구경하다가 넘어지기라도 하면 큰 상처를 입을 수 있으므로 주의해야 한다.

❶ 제주도는 흔히 쓰나미라고 불리는 지진 해일의 피해 지역이 될 가능성이 높다. 때문에 모든 제주도 해안에는 사진과 같은 지진 해일, 즉 쓰나미 대비 안내판이 세워져 있다.

❷ 협재 해수욕장 모래 사구. 오른쪽으로 도로가 보이는데, 협재 해수욕장은 그 너머로 한참 아래쪽에 있다. 해변에서 먼 이곳에 사진과 같이 모래 사구가 잘 발달한 것은 해안의 모래를 이곳까지 옮긴 지진해일과 같은 자연 현상이 있었기 때문이라고 과학자들은 생각한다. 지진해일의 강력한 힘이 해안의 모래를 밀어서 이곳까지 옮긴 것이다.

❸ 천연기념물 제429호로 지정된 제주 월령리 선인장 군락. 선인장의 모양이 손바닥을 닮아 손바닥 선인장이라고도 하는데, 멕시코가 원산지이다. 남반구로부터 쿠로시오 해류를 타고 이곳 해안가까지 전파되었다고 한다.

운반되어 쌓여 검은색의 현무암 대지를 덮었기 때문이다. 그 증거로 해수욕장의 양 옆으로 발달한 평평한 검은색 현무암을 들 수 있다. 검은색 종이 위에 하얀색 크레파스로 색을 덧입혔다고 상상해보면 이해가 쉽다.

한편 협재 해수욕장에서는 사람의 혀 모양으로 내륙까지 길게 형성된 해안 사구를 볼 수 있다. 이 모래가 협재 용암 동굴군을 덮고 있으며 동굴 속에서 종유석과 같은 2차 생성물을 만드는 원인을 제공한다. 내륙으로 길게 침입한 모래층은 화산성 해저 지진에 의해 발생한 지진해일地震海溢이 옮긴 퇴적물일 가능성이 높다.

협재 해수욕장에서 신창리 쪽으로 가다 보면 월령리가 있다. 월령리 해안에는

◉ 비양도 가운데에 있는 쌍둥이 화구. 비양도 중앙에는 2개의 화구가 있는데 중앙에 있는 큰 화구를 '큰 암메', 북쪽에 있는 작은 화구를 '작은 암메'라고 한다. 큰 암메는 깊이가 80미터로 비교적 깊은 깔때기형 화구이며, 작은 암메는 깊이가 26.5미터인 화구이다. 특히 작은 암메의 화구 바닥에는 우리나라에서는 유일하게 이곳에서만 자생하고 있는 비양나무 자생지가 있다.

풍력 발전 연구 시설이 있는데, 이곳에 4기의 풍력 발전기가 운영되고 있다. 이 월령리는 선인장 자생지로 유명한 곳이다. 월령리 해안 선인장 자생지는 우리나라에서 유일한 야생 선인장 자생지이다. 해안선의 암반이나 민가, 어디를 가나 현무암 사이의 흙에 뿌리를 내린 선인장을 볼 수 있다. 주민들은 이 선인장을 집 울타리 주변에 심어 뱀이나 쥐를 쫓는 데 이용한다. 선인장은 심한 가뭄에도 좀처럼 말라 죽지 않고 여름철에는 노란색 꽃을 피우며 자주색 열매를 맺는다.

천년의 전설을 품은
비양도

제주도 사람들은 비양도가 천년 전에 생긴 섬이라고 이야기한다. 그 근거는 두 가지이다. 첫째는 중종 25년(1530)에 발간된 『신증동국여지승람新增東國輿地勝覽』 38권의 기록이다. 기록을 보면 '고려 목종 5년(1002) 6월에 산이 바다 한가운데서 솟아 나왔는데, 산꼭대기에 4개의 구멍이 뚫려 붉은 물이 솟다가 닷새 만에 그쳤으며 그 물이 엉키어 모두 기와돌이 되었다.'라고 되어 있는데, 여기에 나오는 산을 비양도로 보는 것이다. 둘째는 1925년에 일본 학자가 실시한 지질 조사의 결과이다. 당시 교토 대학의 나카무라 교수가 처음으로 제주도의 화산 지질을 조사하면서 비양도가 약 천년 전에 형성된 화산섬으로 추정한 것이다.

만약에 이 두 가지 내용이 사실이라면 비양도는 1000년 전에 형성된 섬으로 우리나라에서 가장 나이가 어린 땅이며, 우리나라에서 유일하게 역사책에 화산 활동이 기록되어 있는 섬이 되는 셈이다. 그래서인지 비양도 포구에 세워져 있는 '비양도 천년기념비飛揚島 千年紀念碑'에는 '비양도 생성 천년을 기념하기 위해 이 비를 세운다. 2002년 7월 21일.'이라는 글이 새겨져 있다.

그런데 일부 학자들은 비양도가 과연 1002년에 분출했던 화산인가라는 의문

1, **2** 비양도 선착장에서 동쪽 해안을 따라 30분 정도 가면 해안에 굴뚝처럼 서 있는 암석인 호니토(화살표로 표시)가 보인다. 큰 것(화살표 1)은 굴뚝 모양인데, 멀리서 보면 마치 애기 업은 여인의 모습을 하고 있어 비양도에서는 '애기 업은 돌'로 불린다. 작은 것(화살표 2)은 팽이버섯 다발 모양인데, 가스와 용암이 분출하던 화구가 막히면서 여러 갈래로 분출하여 팽이버섯 다발 모양을 만든 것이다. 비양도 북부 해안에 동서 방향으로 100미터 가량의 거리에 호니토가 줄지어 나타나며, 이는 이곳이 굳은 용암 대지의 표면에 틈이 있었던 지역임을 알 수 있다.

을 품는다. 왜냐하면 비양도가 1000년 전에 분화한 화산임을 확실하게 말해 주는 지질학적인 증거가 충분하지 않고, 『신증동국여지승람』에서도 바닷속에서 솟은 산이 비양도라고 정확하게 표현하지는 않았기 때문이다. 더욱이 최근 비양도에서는 신석기 시대의 유물인 '압날 점렬문 토기(한반도에서 가장 오래된 신석기 유적지인 고산리 유적에서 출토된 토기와 비슷한 양식을 한 토기)'의 파편이 출토되었는데, 이것은 비양도가 신석기 시대인 4000~5000년 전에 이미 존재하고 있었음을 의미한다. 따라서 비양도가 1000년의 섬이 아니라고 할 수 있는 것이다.

◑ 비양도의 화산탄. 이곳에서 발견되는 대형 화산탄들은 그 크기 때문에 유명해졌다. 큰 것은 길이가 4미터에 이르며 무게는 10톤 정도로 추정된다. 이렇게 큰 화산탄들이 이 지역 해변에 집단을 이루면서 분포해 있는데, 이 화산탄들이 터져 나올 때 화산 폭발이 얼마나 강렬했을지 짐작할 수 있다.

하지만 비양도가 1000년 전에 생긴 섬이 아니라고 단정을 짓기에도 증거가 부족하다. 만약에 신석기 시대 비양도에 용암 분출에 의해 형성된 현무암 대지가 있었고, 그 위에 사람들이 살았으며 한참 세월이 지난 후인 지금으로부터 약 1000년 전에 다시 화산 활동이 있어 비양봉이 형성되었다고 가정해 보면, 신석기 토기가 발견되는 것과 비양도 탄생 천년설은 어느 정도 앞뒤가 맞는 가정이 될 수 있기 때문이다. 비양도가 제주도에서 가장 최근에 형성된 화산섬임에는 틀림이 없으나, 1000년 전에 만들어진 땅이라는 것을 과학적으로 확실하게 인정받기 위해서는 좀 더 정확한 지질 연구가 필요하다.

비양도는 최근에 형성된 화산섬답게 다른 곳에서는 쉽게 찾아보기 힘든 화산 생성물들이 다양하게 있다. 가장 대표적인 것이 호니토 hornito 이고 다음으로 화산탄과 스코리아 scoria 그리고 찢어진 현무암 기공氣孔을 들 수 있다.

호니토는 마그마에 있던 휘발 성분이 폭발하여, 용암을 화구 주변에 쌓아 넓이에 비해 높이가 높은 굴뚝 모양의 화산 생성물이다. 용암이 굴뚝 모양을 한 호니토 내부 통로를 따라 흘러내리기도 하고 외벽에 흘러내리기도 하는데, 점점 휘발 성분의 양이 줄어들면 폭발력이 약해져서 호니토 내부의 통로를 막는다. 그러면 키가 작은 팽이버섯 모양의 호니토가 생기기도 한다.

호니토 분포지에서 계속 해안을 따라가면 고구마 모양의 커다란 암석 덩어리들이 나타나는데, 이것은 화산이 분출할 때 나온 화산탄이다.

엄청난 화산탄의 크기로 볼 때 화구가 가까이 있었음을 짐작할 수 있다. 하지만 화산탄 주변을 아무리 살펴도 화구는 쉽게 찾을 수 없다. 층리를 보이는 분석구(화산 활동이 일어날 때 용암이나 기존 암석의 조각 등으로 만들어진 원뿔 모양의

1 비양도 해안 도로 옆에 스코리아가 두텁게 쌓여 있다. 스코리아는 화산분출물 중에서 기공이 검정, 갈색, 빨강 등의 색을 띠고 지름이 4밀리미터 이상인 암석 덩어리를 말한다. 화산이 폭발할 때 마그마가 대기 중으로 방출되어, 그 속의 휘발성 성분이 빠져나가 많은 기공이 생긴 것이라고 추정된다.

2 구멍이 숭숭 난 화산암 사이로 작은 동굴이 보인다. 동굴 천장에서 덜 굳었던 용암이 밑으로 뚝뚝 떨어지면서 고드름 모양으로 굳어 있다.

3 휘발성이 매우 강했던 용암이 식어서 만든 화산암 표면. 원래 휘발성 기체가 빠져 나간 구멍은 둥글었으나 용암이 흘러내리면서 구멍의 모양을 변형시켰다.

작은 언덕)의 일부가 도로변에 남아 있고, 층리가 화산탄 분포 지역의 반대쪽으로 경사를 갖는 것으로 보아 분석구의 대부분은 바닷물에 의해 깎여 나가고 무거운 화산탄만 그 자리에 남은 것으로 추정된다. 이로 미루어볼 때 화구도 바다 쪽에 있었고, 바닷물의 침식에 의해 지금은 흔적도 없이 사라진 것으로 짐작할 수 있다.

한편 화산탄에서 조금 떨어진 해안 지역이나 해안 도로 옆으로, 짙은 갈색 또는 약간 붉은 빛을 띠는 암석인 스코리아가 무더기로 쌓여 있는 것을 볼 수 있다. 이것은 이미 깎여 나간 분석구의 외곽 부분에 해당하는 것으로 생각된다. 스코리아는 기공이 많아 대단히 가벼우나 부석^{浮石}과는 달리 물에 뜨지는 않는다.

또 비양도에는 다른 곳에서 보기 힘든 매우 특이한 용암 생성물이 있다. 호니토 분포지에서 비양도 선착장으로 가는 길 왼편에 용암의 표면이 굳은 뒤에 내부에 굳지 않은 용암이 흘러 내려 빠져나간 작은 규모의 아아^{aa} 용암 동굴이 바로 그것이다. 용암 동굴 주위에는 마치 그물을 뭉쳐 놓은 듯한 기이한 모양을 한 암석을 볼 수 있다. 이것은 용암이 흐르면서 여러 모양으로 늘어진 기공의 흔적이다. 이것도 비양도에서나 볼 수 있는 용암 생성물이다.

수월봉의 탄생

제주도 서쪽 해안의 고산 포구 가까이에는 수월봉이 있다. 수월봉은 응회환이라는 화산 구조물이다. 응회환은 뜨거운 마그마가 물과 접촉할 때 생기는 수증기의 폭발적인 팽창에 의해 형성된 지형으로 성산 일출봉이 대표적인 예이다. 수월봉 근처 해안 절벽에서는 수중 폭발의 흔적들을 쉽게 살펴볼 수 있다. 절벽을 이루고 있는 퇴적 지층에는 격렬한 화산 활동으로 분출된 많은 양의 화산

○ 수월봉 해안 절벽에서는 여러 겹의 지층을 뚫고 만들어진 탄낭 구조를 볼 수 있다. 건조한 화쇄난류에 의해 형성된 지층은 물렁물렁하기 때문에 다른 곳에서 날아와 떨어진 암석 조각이 쉽게 여러 겹의 지층을 뚫게 된다. 사진에서 암석 조각은 왼쪽에서 오른쪽 화살표 방향으로 날아왔다. 해안을 따라 100미터 남쪽으로 내려오면 얇은 평행층리가 발달한 지층을 볼 수 있는데, 화구로부터 멀리 떨어진 곳이어서 탄낭 구조가 많지 않고 알갱이도 작다.

재가 만든 층리가 잘 형성되어 있다. 그 층리 곳곳에 크고 작은 암석들이 떨어져 만든 탄낭^{bedding sag}이 발달해 있다. 탄낭을 만든 암석의 크기와 숫자를 보면 얼마나 화산 활동이 격렬했는지를 짐작할 수 있다.

수월봉을 이루고 있는 퇴적 지층은 황갈색 화산재로 된 응회암이다. 이 응회암은 수월봉이 형성되기 직전에 있었던 활발한 수성화산활동이 만든 화쇄난류(화산재, 화산 자갈과 같은 화산쇄설물이 화산 가스와 수증기 등에 뒤섞여 흐르는 것)에 의해 형성되어서 경사가 비교적 완만하다. 화구 가까이에는 크고 작은 돌 부스러기들이 쌓여 있어 층의 두께가 두껍고, 화구에서 멀어질수록 화산재 알갱이는 작아지고 지층의 두께도 얇아진다. 이 지층에는 또 탄낭 구조가 잘 발달해 있다. 탄낭 구조는 화산 폭발에 의해 하늘로 올라갔던 큰 암석 조각들이 화산재가 쌓여 있는 곳 위에 떨어져 형성된다. 큰 암석 조각은 화구 가까이 떨어지고, 작은 암석 조각은 멀리 날아가 떨어진다. 수월봉에 있는 탄낭은 여러 개의 지층을 뚫고 있는데 다른 지역의 응회환에서는 좀처럼 볼 수 없는 현상이다. 이러한 탄낭 구조는 수월봉을 형성하고 있던 지층이 물렁물렁한 상태로 쌓여 있었음을 알려 준다. 수월봉 육각정 해안에 탄낭 구조가 많이 형성되어 있는 것으로 보아, 이 지역이 화구에서 가장 가까웠던 곳으로 추정된다.

도깨비
도로의 비밀

제주시 노형동 제2횡단 도로(1100번 도로) 입구의 200~300미터 구간을 흔히 '도깨비 도로'라고 부른다. 차를 타고 한라산 쪽에서 제주시 쪽으로 오다 보면 분명히 눈에는 오르막길로 보이는데 실제로는 내리막인 도로가 있다. 자동차의 브레이크에서 발을 떼면 자동차가 저절로 오르막길로 올

1 붉은색 화살표로 표시한 곳이 도깨비 도로 구간이다. 위의 사진에서도 도로가 오르막길로 보인다. 우리 눈에는 자동차가 저절로 올라가고, 물을 떨어뜨리면 앞으로 흘러가는 것으로 보이지만 실제로 이곳은 내리막길이다.

2. **3** 도깨비 도로의 휴게소에서 빌린 막걸리 병을 길에 놓으면 정말로 오르막길로 병이 굴러 올라가는 것처럼 보인다.

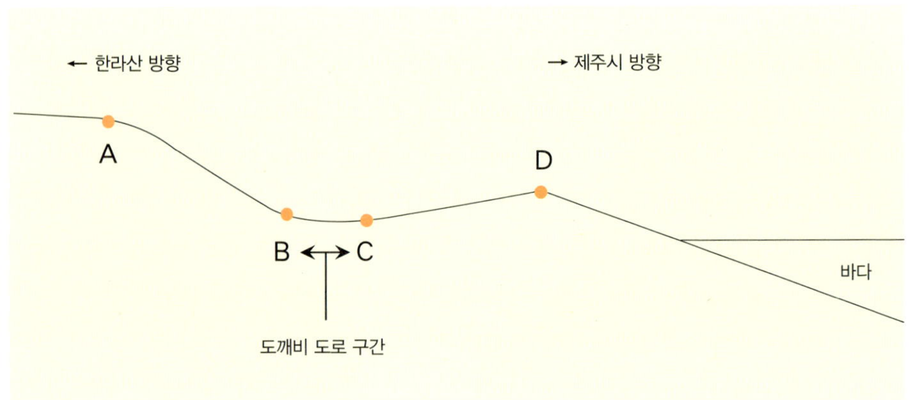

◎ 도깨비 도로 주변 도로의 단면도

라가는 것처럼 보인다. 만약 이것이 사실이라면 중력의 법칙을 무시하는 신비한 현상이 아닐 수 없다. 하지만 중력의 법칙을 어길 수는 없는 법으로 이는 순전히 우리 눈의 한계로 인해 생기는 착시 현상이다. 눈을 감고 도깨비 도로를 왔다 갔다 해보면 오르막으로 보였던 길이 내리막처럼 느껴진다. 도깨비 도로에서 우리가 착시를 일으키는 까닭은 무엇일까? 우리 눈은 착시 현상 때문에 믿을 수 없으니 사진으로 그 비밀을 풀어 보자.

앞의 사진은 한라산에서 제주시 쪽으로 가는 방향을 찍은 것이다. 우리 눈에는 오르막으로 보이는 부분이다. 사진으로 볼 때도 약간 오르막으로 보인다. 사진의 윗부분을 종이로 가려보자. 종이로 사진의 윗부분을 가리면 오르막이 아니라 평지처럼 보인다. 즉 사진의 뒤쪽 도로를 가리면 전과 다르게 보이는 것이다.

도깨비 도로 주변의 도로 상황을 간단한 그림으로 나타내면 위쪽과 같다. 멀리 앞에서 제주시로 가는 도로 쪽으로 보이는 봉긋 솟아 있는 오르막 경사로, 즉 C~D 구간이 도깨비 노릇을 하여 도로의 착시를 일으키는 것이다. 경사 하나 때문에 전체가 헷갈리게 보이는 것이다. 하지만 이 지역 주민들의 입장에서 보면 이 도로는 참 착한 도깨비 노릇을 하고 있다. 사람들을 불러 모아 제주도의 관광 수입을 올리는 큰일하고 있는 것이다. 도깨비 도로 여기저기서 페트병을 굴리고 있는 일본과 대만 관광객을 쉽게 볼 수 있다.

우리 눈은 보이는 대로 뇌에 그 정보를 전달하기 때문에 쉽게 속는 특징을 가지고 있다. 그래서 어떤 물체를 볼 때 주위의 선과 형태에 따라 착시 현상이 일어나 실제 물체의 모양이나 색을 다르게 느끼기도 한다. 착시 현상은 우리 눈의 세포 구조 때문에 일어나는 현상이다. 우리 눈에는 빛을 받아들이는 세포가 수억 개 있다. 하지만 이 세포들이 받아들인 정보를 뇌로 전달해 주는 신경은 아주 작고 가늘다. 외부로부터 엄청나게 많은 정보를 받지만 그 정보를 해석

* 착시 현상으로 똑바른 선들이 경사져 보인다

하는 뇌로 전달하는 통로는 상대적으로 아주 좁은 편이다. 이러한 신체적 조건 때문에 눈은 시각 세포가 받아들인 정보를 되도록 간단한 기호로 만들어 뇌에서 시각을 담당하는 영역에 전달한다. 뇌는 이 신호를 다시 해석해야 하는데 이 과정에서 비어 있는 정보는 원래 가지고 있는 정보로 대신한다. 이러한 과정에서 선입견이 작용하고 뇌가 잘못된 해석을 내려 우리 눈에 착시 현상을 일으킨다.

"
세계 자연 유산
용암 동굴들이 있는 제주도
북동부 지방"
30

한라산과 기생화산의 모습이다. 제주도는 최근까지도 화산 활동의 기록을 갖고 있는 화산섬이다. 그 화산섬 한가운데에 1950미터의 높이로 우뚝 솟아 있는 한라산은 우리나라에서 백두산 다음으로 높은 산이다. 한라산 기슭에는 360개가 넘는 기생화산(오름)이 분포하고 있다. 사진은 산굼부리에서 한라산을 향해 찍은 것으로 사진 오른편의 크고 높은 산이 한라산이고, 나머지는 모두 기생화산이다.

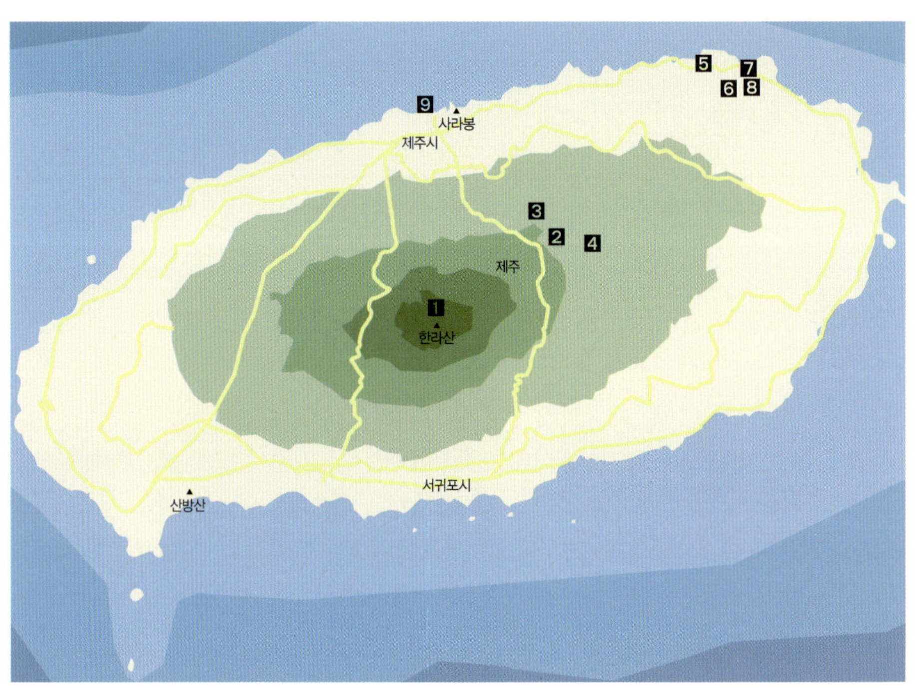

1 한라산　**2** 산굼부리　**3** 민오름　**4** 성불오름　**5** 김녕해수욕장　**6** 만장굴　**7** 당처물 동굴

8 용천 동굴　**9** 용두암

제주도 북동부 지방

제주도는 신화가 많은 섬이다. 제주도의 여러 섬들과 오름 그리고 특이한 모양을 가진 지형들에는 대부분 신화가 깃들어 있다. 이런 지형들은 대부분 화산활동으로 만들어졌으니 제주도의 수많은 신화는 화산 활동과 관련이 있는 셈이다. 또 다른 측면으로 생각해보면, 제주도는 화산 활동으로 만들어졌기 때문에 물이 귀하고 땅이 척박하여 농사만으로 생계를 이어 나가기가 어려운 곳이었다. 게다가 해마다 찾아오는 태풍으로 많은 사람이 바다에서 목숨을 잃었다. 그래서 제주도 사람들은 믿고 의지할 신을 찾았고, 신들의 이야기를 신화로 만들었던 것이다. 하지만 오늘날 제주도는 많이 달라졌다. 수많은 화산 지형들이 천혜의 관광 자원이 되었고, 덕분에 세계적인 관광지로 거듭나고 있기 때문이다. 제주도를 대표하는 관광지인 한라산과 산굼부리와 용두암 그리고 세계 자연 유산에 빛나는 만장굴에 대해 알아보자.

제주도와 한라산의 형성

제주도는 신생대 제3기 말부터 약 1000년 전, 비양도가 형성되었던 시점까지 여러 차례의 화산 활동으로 형성된 섬이다. 1000년이라는 시간은 지질학에서는 매우 짧은 시간으로, 이는 최근까지 화산 활동이 있었다는 것을 의미한다. 그러므로 가까운 시일 내에 언제 다시 제주도에서 화산 활동이 일어날지 예상하기는 어렵다. 그래서 지질학자들은 제주도를 사화산이 아니라 휴화산이라고 주장한다.

화산 활동이라고 하면 주로 판과 판의 경계에서 일어나는 것으로 알려져 있다. 실제로 지구상에서 일어나는 화산 활동의 70퍼센트 이상이 판과 판의 경계에서 일어난다. 대표적으로 일본의 경우가 그렇다. 일본은 밀도가 큰 태평양판이 상대적으로 밀도가 작은 유라시아판 밑으로 파고 들어가면서 생기는 마찰에 의해 마그마가 분출되면서 일어난 화산 활동으로 형성된 땅이다.

그러나 모든 화산이 판의 경계 부근에서 생기는 것은 아니다. 하와이나 갈라파고스처럼 판 내부에서 일어나는 곳도 있다. 판의 내부에서 일어나는 화산을 열점 화산이라고 한다. 제주도는 하와이처럼 열점 화산에 속한다. 제주도가 어떻게 형성되었는지 아직 확실하게 정립된 정설은 없다. 하지만 지금까지 밝혀진 연구 결과에 따르면 대략 다음과 같은 과정을 거쳤을 것으로 추정된다.

지금으로부터 약 170만 년 전, 지금의 남해가 있는 자리는 진흙과 모래로 된 넓은 벌판이었다. 어느 날 벌판 한가운데에서 화산이 분출하기 시작했다. 많은 양의 용암이 화구에서 흘러나왔고, 그 용암이 식어 땅을 이루기 시작했는데 이것이 제주도를 이루는 땅의 기본이 되었다. 지질학자들이 이렇게 생각하는 근거는 제주도의 해수면 아래로 약 70미터 되는 지점에서 모래와 진흙으로 구성된 퇴적층이 나타나고, 이 층에 들어 있는 현무암 자갈의 나이를 연대 측정해보면 약 170만 년

열점이란 '뜨거운 곳'으로 지각 깊은 곳에 있는 마그마가 분출하는 구멍을 뜻하는 용어다. 지질학자들은 병원에서 의사들이 사람의 몸속을 검사할 때 사용하는 CT(Computed Tomography, 단층 사진)의 원리를 적용한 탐사 기계를 이용하여 지구 내부를 연구한다. 특히 지진파를 이용한 것을 '지진파 단층 사진 (Seismic tomography)'이라고 한다. 최근 지질학자들이 지진파 단층 사진을 이용하여 지구 내부를 연구한 결과, 지구 내부에는 핵과 연결된 여러 개의 열 통로(Plume, 열 기둥)가 있고, 이 열 통로가 지표에 닿는 점이 바로 열점이라는 사실을 밝혀냈다. 현재 열점은 지구 표면에 약 50개 이상 분포하고 있는 것으로 알려져 있다.

전의 것으로 측정되기 때문이다.

진흙과 모래로 이루어진 제주도 하부의 퇴적층은 물을 많이 함유하고 있었다. 그 두께는 대략 250미터로 추정되는데, 지하에서 마그마가 퇴적층을 뚫고 나오면서 자연스럽게 이 퇴적층이 머금고 있는 물과 만났다. 섭씨 약 1000도에 가까운 뜨거운 마그마가 차가운 물과 만나면서 한꺼번에 엄청난 양의 수증기를 발생시키자 화산 폭발은 매우 격렬해졌다. 마치 뜨거운 기름에 물이 떨어지면 사방으로 튀듯이, 마그마가 물과 함께 공중으로 날아 흩어지면서 수많은 작은 돌 알갱이들이 만들어졌다. 이와 같은 과정을 통해 형성된 화산을 수성 화산이라고 하는데, 지질학자들은 제주도 땅 밑에는 이런 수성 화산체가 적어도 150개 정도 있을 것으로 추정하고 있다. 지하 심부 시추를 통한 지질 탐사를 해보면, 제주도 곳곳에는 이때 생성된 화산 퇴적물이 숨어 있다.

약 40만에서 20만 년 전, 제주도에서는 여러 차례 많은 양의 용암이 분출되었다. 이 무렵 흘러내린 용암은 현재의 제주도 모양을 만들 만큼 넓게 퍼져 나갔다. 이 시기는 신생대 제4기로 빙하기와 간빙기가 반복되던 때였다. 간빙기로 해수면이 높아진 시기에는 용암이 바닷물 속으로 들어가 급하게 식으면서 베개 모양의 화산암을 만드는데, 지금도 이때의 화산 생성물을 곳곳에서 찾아볼 수 있다.

이후 빙하기가 되어 해수면이 낮아지면서 제주도는 육지와 연결되었다. 바닷물이 많이 물러났을 때는 한반도와 일본 열도 그리고 중국 대륙까지 연결되었을 것이다. 이 시기에 육지에 사는 동물들이 이동해 와서 제주도에 둥지를 틀었고, 덕분에 지금은 바다 한가운데에 있는 제주도에 다양한 동물들이 살게 된 것이다. 그후 이 용암 대지 위 한가운데서 다시 화산 활동이 일어났고 한라산이 높이 솟아오르기 시작했다.

약 10만 년 전에서 2만 5000년 전, 한라산이 점점 더 높아졌다. 한라산의 화

1 철쭉이 한창인 한라산 정상. 한라산은 멀리서 보면 경사가 완만하여 오르기에 쉬워 보이지만 실제로 등반해 보면 다르다. 정상에 가까울수록 경사가 급해지기 때문이다. 경사가 급한 것은 한라산 형성 마지막 단계에서 점성이 높은 용암이 화구를 통해 흘러나왔기 때문이다. 사진의 왼쪽에 높이 솟아오른 것이 한라산 정상이고 그 안에 백록담이 있다(사진 제공: 장용익).

2 백록담의 사진이다. 사진의 위쪽(한라산 정상부의 북쪽)에 해당하는 암석은 한라산 조면암이며, 사진의 아래쪽(사진을 찍은 조망대가 있는 지역)은 백록담 현무암이다. 한라산 조면암은 높은 점성을 가진 화산암으로 돔(dome) 모양으로 솟아 한라산을 더욱 웅장하게 만들었다. 백록담 현무암은 가장 최근에 흘러나온 용암으로 오늘날 우리가 보는 한라산의 형태를 결정지었다(사진 제공: 장용익).

3 노을을 배경으로 찍은 성산 일출봉의 모습이다. 성산 일출봉은 제주도 형성의 마지막 단계에 바다 밑에서 수성 화산 활동으로 형성되었다(사진 제공: 최영진).

구를 통해 솟아나온 용암의 성질이 달라졌기 때문이다. 그동안 점성이 작은 용암이 분출되어 넓게 퍼져 나가 순상 화산체^{shield volcano}를 이루다가 이 무렵부터는 점성이 큰 용암이 분출하기 시작했다. 그러면서 꾸역꾸역 흘러나오는 용암이 아니라 격렬한 폭발과 함께 용암이 터져 나오기 시작했다. 용암은 멀리까지 가지 못하고 화구 가까운 곳에 떨어져 쌓였다. 이 무렵 한라산을 중심으로 동서 능선을 따라 수많은 기생화산, 즉 오름이 형성되었다.

약 5000~4000년 전, 한라산이 지금과 같은 모양을 이루었다. 일부 지질학자들은 성산 일출봉과 송악산을 형성시킨 수성 화산 활동이 이 무렵에 있었다고 본다. 당시 제주도에는 구석기 선사 인류들이 살고 있었으니 이들은 성산 일출봉과 송악산이 만들어지는 장엄한 화산 폭발의 광경을 직접 보았을지도 모를 일이다.

함몰형 분화구
산굼부리

산굼부리는 제주도의 대표적인 기생화산이다. '굼부리'는 화산체의 분화구를 가리키는 제주의 방언으로 산굼부리는 '산신의 주둥이'라는 뜻을 지니고 있다. 산굼부리에는 다음과 같은 옛날이야기가 전해지고 있다.

아주 옛날 '한감'이라고 하는 신선이 산굼부리에서 산짐승들을 돌보며 살고 있었다. 이곳 사냥꾼들은 이곳에서 사냥할 때 미리 산신제를 지내야 그날 사냥에서 큰 성과를 올릴 수 있다고 믿었다. 지금도 사람들은 산굼부리에서 큰 소리를 지르거나 부정한 행동을 하면 안 된다고 믿는다. 산신의 노여움을 사면 갑자기 주변에 안개가 뒤덮여 지척도 분간할 수 없게 된다고 한다.

산굼부리는 가까이 가서 보면 몸뚱이는 없고 아가리만 벌어져 있는 것 같은 기이한 모양을 하고 있다. 이와 같은 형태를 한 화구를 마르[Maar]라고 한다. 마르는 화구 둘레가 둥근 모양의 낮은 언덕으로 둘러싸인 화구를 말한다. 산굼부리가 마르 지형이 된 것은 화산 활동 초기에 화산이 분출한 후에 활동이 중지되고 일정 기간 가스만 분출되었다가, 마그마가 빠져 나간 후 생긴 지하의 빈 공간이 가라앉았기 때문이다. 그래서 산굼부리를 지질학적 용어로 함몰형 분화구[pit crater]라고도 한다. 만약에 함몰 구조의 지름이 1킬로미터를 넘었다면 백두산의 천지처럼 칼데라[caldera]가 되었을 것이다.

산굼부리를 둘러싸고 있는 구릉은 높이가 낮다. 산굼부리 관리사무소에서 제

○ 전망대 왼쪽에서 내려다 본 산굼부리. 한라산 동쪽 기슭에 있는 기생화산으로 용암 분출이 일어난 후 마그마의 공급량이 갑자기 줄어들었거나 마그마가 다른 곳으로 이동함으로써 지하에 공간이 형성된 후, 그 위에 있던 화산암들의 무게를 못 이겨 지금의 깊이로 무너져 내린 함몰 분화구이다. 천연기념물 제263호로 지정되었다.

일 높은 곳까지의 높이가 31미터밖에 안 된다. 반면에 화구 바닥까지의 깊이는 132미터로 주차장이 있는 지면보다 100미터나 낮다. 백록담의 깊이(115m)와 비교해 보면 산굼부리가 오히려 더 깊다. 제주도에서 가장 깊은 화구인 셈이다. 화구의 크기는 바깥 둘레 약 2070미터에 밑 둘레가 750미터에 이른다. 오랜 세월 동안 이처럼 깊고 넓은 화구의 형태를 그대로 유지할 수 있었던 것은 구릉 사면이 초목으로 우거져서 토사의 유입이 거의 없었기 때문이다.

또한 산굼부리는 독특한 식생을 가진 분화구 식물원이기도 하다. 상록수, 낙엽수, 활엽수 등 식생을 달리하는 나무들이 자생란과 같은 희귀 식물과 함께 한 울타리 안에 있다. 또한 식생에 있어 남쪽 면과 북쪽 면이 현저히 다르고, 깊이에 따라서도 다르게 나타나는데, 사면^{斜面}의 방위에 따라 일사량과 일조 시간, 기온 등에 차이가 있기 때문이다. 산굼부리의 식물 생태계는 매우 희귀한 경우라서 식물학자들의 좋은 연구 대상이 된다.

민오름과 성불오름

산굼부리는 고도가 높은 지역이다. 그래서 시야가 멀리까지 트여 제주도의 기생화산들을 살피기에 좋다. 산굼부리 전망대에서 북동쪽과 북서쪽으로 다양한 모양의 분석구^{噴石丘, cinder cone}를 가진 기생화산들이 분포하고 있는데, 이 중 대표적인 것이 '부대악'과 '부소악' 그리고 '민오름'이다. 이들 분석구들은 모두 한쪽이 형체를 잃어 말발굽 모양을 하고 있다.

제주도의 기생화산은 분석구로 되어 있다. 분석구는

말발굽과 초승달 모양의 오름이 형성되는 과정

(출처: 한국지질연구원)

◑ 민오름. 북동쪽에서 보면 말굽형을 하고 있다. 민오름은 나무가 없고 풀밭으로 덮인 민둥산이라는 뜻에서 붙여진 이름이라고 한다. 서쪽 사면에는 이승만 전 대통령의 별장이었던 귀빈사(貴賓舍)가 있는데 지금은 관리가 되지 않아 거의 폐가가 되어 있다.

화산 분출에 의해 터져 나온 스코리아 scoria 가 쌓여 형성된 원추형의 지형이다. 화구를 통해 용암이 계속 흘러나오면 용암이 분석구 가운데에 모여 용암호 lava lake 를 이룬다. 분석구 안에 갇힌 용암의 양이 많아지면 용암은 스코리아 층의 구릉을 붕괴시키면서 바깥으로 흘러 내려가게 된다. 스코리아는 용암에 비하여 가볍기 때문에 분석구에서 흘러나온 용암은 이들 스코리아를 싣고 꽤 멀리까지 흘러간다. 그 결과 원추형의 분석구는 제 모양을 잃게 되어 말발굽이나 초승달 모양을 갖게 되는데 제주도에 분포하는 360여 개의 기생화산의 모양이 모두 제각각인 것은 이런 과정을 겪었기 때문이다.

1 스코리아. 사진에서 붉게 보이는 흙무덤이 모두 스코리아로 된 것이다. 스코리아는 화산 분출물 중에서 공기 구멍이 많고, 갈색이나 붉은색 또는 검은색을 띠고 있으며, 지름이 4밀리미터 이상인 암석 덩어리이다.

2 성불오름. 오름의 매력은 보는 방향에 따라 그 모양새를 달리하는 것이다. 성불오름은 남쪽 봉우리에 박혀 있는 돌이 공양하는 승려의 모습을 닮아 성불이라고 지었다고 한다. 화구는 왼쪽 봉우리에서 오른쪽 봉우리에 이르는 등성마루에 에워싸여 있는데, 사진에서는 숲에 덮여 보이지 않는다. 일반적으로 제주의 오름은 나무가 없고 풀밭으로 덮인 민둥 오름인데 성불오름은 숲을 가지고 있는 것이 특징이다.

김녕 해수욕장의 파호이호이 용암

제주도의 지질 및 지형을 제대로 이해하려면 먼저 용암의 성질을 잘 알아야 한다. 용암은 구성 성분이나 온도에 따라 지표에 분출하여 움직이는 모양이나 형성하는 지형이 다르다. 파호이호이 용암과 아아 용암이 바로 그것이다.

제주도 해안을 따라 가다 보면 암석이 빵처럼 부풀어 있기도 하고, 장판을 깔아 놓은 것처럼 넓고 평평한 지형도 쉽게 볼 수 있는데, 이들은 모두 파호이호이 용암이 식어서 형성된 것이다. 김녕 해수욕장 주변에 가면 잘 발달된 파호이호이

■ 김녕 해수욕장 주변에서 흔히 볼 수 있는 투물러스. 투물러스는 아아 용암에서는 볼 수 없다. 투물러스는 넓고 길게 흐르는 파호이호이 용암이 장애물을 만나 굳은 표면을 밀어 올리거나 굳은 표면 속에 갇힌 가스가 팽창하면서 형성된다.

❷ 밧줄 구조(ropy structure). 파호이호이 용암은 낮은 점성과 높은 온도를 가지고 분출하면서 표면이 얇게 굳는다. 용암이 흐르면서 굳은 표면이 밀리기 때문에 주름이 만들어지는데, 이렇게 주름진 모양을 밧줄 구조라고 한다. 마치 뜨거운 팥죽이 어느 정도 식었을 때 그릇을 기울이면 팥죽 껍질이 주름지는 현상과 비슷하다.

❸ 거북등 절리(tortoise shell joint). 파호이호이 용암이 만든 암석에는 거북등 모양으로 작은 크기의 절리가 형성되는데 이를 거북등 절리라고 한다.

용암 지형이 분포한다.

파호이호이 용암이 낮은 지형으로 흘러가 모이면 용암 연못^{lava pond}을 만든다. 용암 연못에 고인 용암은 작은 충격에도 쉽게 출렁거려 용암 표면이 커다란 판 조각으로 갈라진다. 이렇게 만들어지는 대표적인 화산 지형이 바로 투물러스^{tumulus}이다.

우리나라 최대의 용암 동굴, 만장굴

산굼부리에서 북동쪽 방향으로 약 1킬로미터 떨어진 곳에 천연기념물 제444호인 거문오름이 있다. 거문오름은 제주시 조천읍과 제주시 남원읍의 경계에 있는 높이 717미터의 기생화산으로 신생대 제3기와 제4기에 걸쳐 형성된 것이다. 거문오름이 천연기념물로 지정되고 지질학자들의 관심을 받게 된 이유는 바로 이 화산체가 대규모의 용암 동굴 구조를 만들어 낸 근원지이기 때문이다.

약 30만~10만 년 전에 거문오름에서 흘러나온 많은 양의 용암은 기울어진 지형을 따라 북동쪽 방향으로 약 13킬로미터를 흘러 구좌읍 해안으로 흘러 내려갔

○ 만장굴의 내부는 사진처럼 조명이 어둡게 되어 있다. 동굴 내부를 빛으로부터 보호하기 위해서이다. 바닥이 평평하여 다니기는 힘들지 않지만, 동굴의 길이가 상당히 길어 입구까지 되돌아 나오려면 한참 걸린다. 1977년부터 1986년까지 일본 학자들과 함께 공동 연구가 이루어졌다. 용암 종유석, 용암 석주 등의 용암 동굴 생성물이 잘 발달되어 있고, 농발거미, 가재벌레 등의 동굴 생물이 서식한다. 관광객에게는 일부 구간만 개방되어 있다.

1 사진의 왼쪽에 보이는 것이 만장굴의 낙반이다. 낙반은 용암 동굴이 가지는 특징 중의 하나이다. 용암이 식으면서 암석으로 굳은 후 시간이 흘러 수축하면서 주상절리를 만드는데, 이 주상절리는 갈라진 틈을 따라 부서져서 바닥으로 떨어지기 쉽다. 또 용암 동굴 자체가 지표면으로부터 깊지 않은 곳에 형성되기 때문에 지표면으로 부터의 충격으로 동굴 천장의 암석은 쉽게 무너져 내릴 수 있다. 그러므로 용암 동굴 내부에는 낙반이 잘 생긴다.

2 용암 동굴의 선 구조. 용암 동굴이 형성되는 과정에서 동굴 속을 흐르는 용암의 양이 줄어들거나 한 번 용암이 흘렀던 곳으로 나중에 다시 용암이 동굴 속을 흐를 경우, 흐르는 용암의 가장 윗부분이 사진처럼 벽면에 선으로 흔적을 남긴다.

3 용암 종유석. 미처 굳지 못한 용암이 천장에서 떨어지거나 동굴 내에 다시 용암이 지나갈 때 천장에 있는 암석이 부분적으로 녹으면서 마치 상어 이빨과 같은 모양으로 만들어지는 용암 동굴 생성물이다. 용암 종유석은 주로 높이가 낮고 폭이 좁은 통로에서 많이 발견된다.

4 용암 동굴의 틈 구조. 용암 동굴을 형성한 용암이 급속히 식으면 현무암이라는 암석이 되는데, 현무암이 식으면서 수축할 때 암석 내에 틈이 벌어져 틈 구조가 생긴다.

다. 그러면서 총 길이 36킬로미터, 개수만 20여 개에 달하는 대규모의 용암 동굴 군을 형성했다. 벵뒤굴, 대림동굴, 만장굴, 김녕굴, 당처물동굴, 용천동굴 등이 여기에 해당한다. 지질학자들은 이들을 '거문오름 용암 동굴계'라고 부른다. 이곳은 용암 동굴이 형성되고 진화하는 과정을 잘 보여 주며, 앞으로 더 많은 용암 동굴이 발견될 가능성도 높은 곳이다.

만장굴은 거문오름 용암 동굴계를 대표하는 동굴이다. 총길이가 거의 9킬로미터에 이르고 천정 높이도 20~30미터에 이르러 용암 동굴로는 규모가 큰 편에 속한다. 주민들 사이에는 오래전부터 '만쟁이 굴'로 알려졌으나 정식으로 세상에 알려진 것은 1958년 이후였고, 1962년에 천연기념물 제98호로 지정되었다. 용암 동굴은 화산이 폭발할 때 분출한 용암으로 형성되지만 용암이 흐르는 곳에 모두 용암 동굴이 생기는 것은 아니다. 화산이 폭발한 후에 흘러내리는 용암의 성분과 성질에 따라 용암 동굴이 형성되지 않을 수도 있기 때문이다.

만장굴과 같은 동굴을 만든 것은 김녕 해수욕장 주변 등지에서 볼 수 있는 파호이호이 용암이다. 화산이 폭발하여 용암이 아래로 흘러내릴 때 용암의 바깥쪽

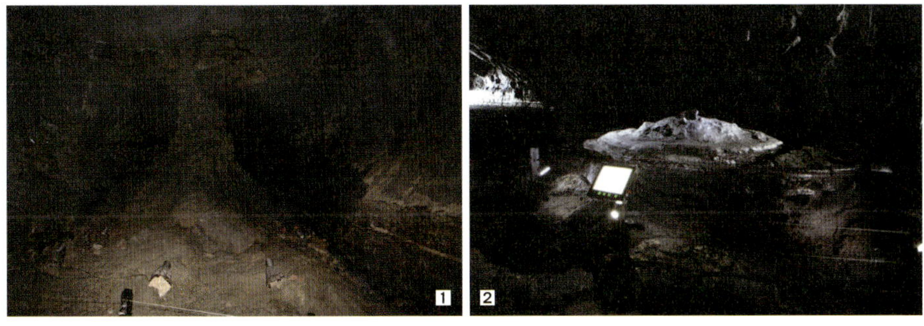

1 용암주. 천장에 있는 용암이 바닥으로 흘러내리면서 기둥 모양으로 만들어진 동굴 생성물이다. 국내에서는 만장굴의 용암주가 유명하다.

2 용암구. 용암이 흐르는 동안 용암이 부분적으로 굳으면 굳은 용암은 중간에 멈추게 되고, 굳지 않은 용암이 굳은 용암의 주위를 계속 흐르면서 용암구가 만들어진다. 만장굴의 거북바위가 바로 대표적인 용암구다.

은 낮은 온도 때문에 냉각되어 굳지만, 안쪽은 온도가 높고 점성이 낮아 여전히 용암으로 흘러 밖으로 빠져 나오면서 속이 빈 동굴이 만들어지는 것이다. 파호이호이 용암이 용암 동굴을 만드는 과정을 간단한 그림으로 나타내면 오른쪽과 같다. 용암 동굴 내부에는 다양한 '동굴 생성 지형'이 형성된다. 흔히 볼 수 있는 동굴 생성 지형으로는 용암주석, 용암선반, 선 구조, 용암 폭포 등이 있다.

겉과 속이 다른 당처물 동굴과 용천 동굴

거문오름 용암 동굴계 중에서 세계적으로 사례를 찾아보기 어려운 특이한 용암 동굴이 있다. 형성 과정이나 겉모양을 볼 때는 용암 동굴이 분명한데, 내부는 석회 동굴에서나 볼 수 있는 '석회 동굴 생성물'이 발달해 있기 때문이다. 바로 '당처물 동굴'과 '용천 동굴'이다. 당처물 동굴과 용천 동굴 내부에는 천장과 바닥을 화려하게 장식하고 있는 다양한 모양의 석회 동굴 생성물을 볼 수 있다.

당처물 동굴이나 용천 동굴 내부에 석회 동굴 생성물이 발달한 것은 동굴 위쪽의 지표에 쌓인

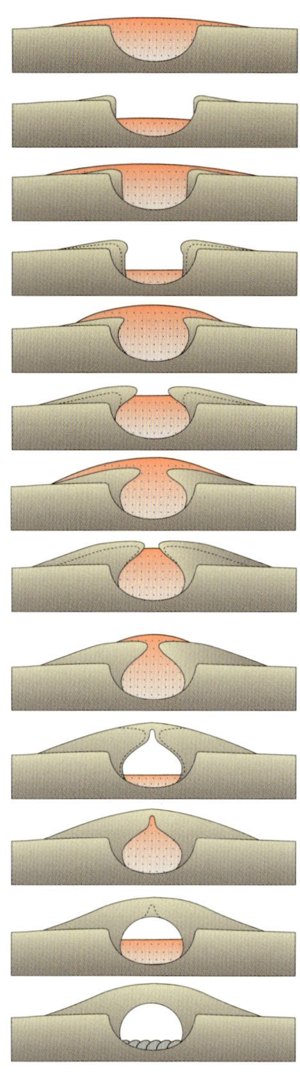

○ 용암 동굴이 형성되는 과정

만장굴은 그림처럼 용암이 흐른 곳이 굳어졌다가 그곳에 다시 용암이 흐르고 굳어지는 현상을 반복하면서 형성되었다. 이때 흘렀던 용암은 주로 점성이 약한 파호이호이 용암이다(출처: 한국지질연구원).

모래에 함유된 조개껍데기에서 나온 탄산칼슘(석회암의 주성분) 성분 때문이다. 바람에 의해 탄산칼슘이 함유된 모래가 해안으로부터 지속적으로 공급되어 지표를 덮고, 그 위로 비가 내려 동굴 천장의 틈을 따라 탄산칼슘이 침투하면서 석회질

○ 당처물 동굴의 내부. 천장에서 짙은 황토색으로 보이는 부분을 제외하고 종유관, 종유석, 석주, 석순 모두 석회질로 되어 있다. 겉만 용암 동굴이고 내부는 석회 동굴인 셈이다. 동굴의 규모는 작지만 학술적 가치가 매우 높아 천연기념물 제384호로 지정하여 보호하고 있다. 아래 사진은 석회 동굴에서만 볼 수 있는 동굴 진주로 왼쪽은 구슬 모양이고, 오른쪽은 막대 모양이다(사진제공: 제주시청).

○ 용천 동굴. 길이가 약 2.5킬로미터로 당처물 동굴보다 규모가 훨씬 크다. 2005년 11월에 전신주 교체 작업을 하다가 우연히 발견되었고, 천연기념물 제466호로 지정되었다. 동굴 내부에서 발견된 깊이 12미터 이상의 호수가 마치 용틀임하며 솟아오르는 용의 모습과 닮았다 하여 용천 동굴이라는 이름을 얻었다. 당처물 동굴과 마찬가지로 일반인에게는 아직 공개되지 않고 있다. 용천 동굴에서는 석회 동굴에서도 쉽게 찾아보기 어려운 석화가 발견된다(사진제공: 제주시청).

종유석과 석순 그리고 석주를 만든 것이다. 특히 당처물 동굴은 동굴 생성물의 모양이 매우 특이한데, 강원대학교 지질학과 우경식 교수의 연구에 따르면 이것은 동굴 천장을 뚫고 내려온 지상의 풀뿌리를 따라 탄산칼슘 성분이 많은 지하수가 동굴로 침투하면서 생성물이 자랐기 때문이라고 한다.

아아 용암이 만든 용두암

지금까지 살펴 본 제주도의 지형들은 주로 파호이호이 용암이 만든 것이었다. 지금부터는 아아 용암이 만든 지형들을 알아보자. 대표적인 것이 바로 제주도의 유명한 관광지 용두암이다. 용두암은 제주시 용담동 해안에 있는 바위를 말한다. 제주 공항에서 가까워서인지 항상 외국인 관광객들로 붐비는 곳이다. 10미터 정도의 높이에 옆에서 보면 이름 그대로 용머리 모양을 하고 있다. 화산에서 흘러내린 용암이 식은 후 바닷물의 침식 작용을 받아 이런 모양을 갖게 된 것이다.

◎ 용두암은 제주시의 해안 도로가 시작되는 동쪽 해안에 있다. 용머리에 가장 가까운 모양으로 보려면 100미터쯤 서쪽으로 떨어진 곳에서 보면 된다. 용두암 전체가 아아 용암으로 되어 있어 표면이 매우 거칠고 날카롭다. 사진을 찍기 위해 가까이 갈 때는 긴 바지를 입고 장갑을 끼는 것이 좋다.

용두암을 절벽에서 내려다보면 판상(널빤지 모양)으로 길게 뻗어 있고(①), 오른쪽으로는 용두암과 평행하게 또 다른 판상의 암석(②)이 낮은 높이로 분포한다. 이 판상의 암석은 용암 벽으로서 그 사이에는 꿈틀거리는 모양의 암석(③)들이 놓여 있는데 이 암석이 용암 벽 사이를 흘렀던 용암이다. 이들 판상의 암석 표면에는 주먹 크기의 둥근 돌들이 박혀 있는데 이들은 아아 용암이 흐를 때 생긴 클링커(용암의 표면에 굳어 있던 암석이 깨지고 뒤틀린 것)로 먼 거리를 용암에 의해 밀려오는 동안 크기가 작아지고 둥근 모양을 띠게 되었다.

　제주도의 한라산과 거문오름 용암 동굴계, 그리고 성산 일출봉은 세계 자연 유산에 등재되었다. 세 곳이나 세계 자연 유산으로 등재될 정도로 제주도의 자연사

○ 용암 벽이 만든 용두암. 용암 벽을 이루는 클링커 층이 단열 역할을 하여 클링커 층의 안쪽에 있는 용암은 굳지 않고 계속 흐르게 된다. 용암 벽이 굳고 그 안에 흐르던 액체 상태의 용암이 빠져 나가면 대나무를 반쪽으로 자른 모양을 이루게 되는데, 이를 용암 통로(lava channel)라고 한다. 용두암은 용암 통로를 이루고 있던 암석의 일부가 판자 모양으로 남은 것이다.

적인 가치는 높다. 그러므로 이곳을 소중하게 보호하고 관리하여 자손 대대로 물려줄 책임이 우리에게 있다. 어떤 것에 대한 책임감은 책임져야 할 대상을 깊이 이해하는 데에서 시작한다. 이 책에서 소개한 제주도의 모습이 제주도를 이해하는 데에 조금이라도 도움이 된다면 기쁠 것이다.

"
백제의 혼이 살아 숨쉬는 곳
31
충청남도 공주
"

신공주대교에서 동쪽을 향해 촬영한 금강의 모습이다. 금강은 덕유산 서쪽의 전북 장수에서 발원해 옥천계 변성암으로 된 가파른 산악 지대 사이의 계곡을 굽이쳐 흐르다가 대전, 공주, 부여를 지나 서해로 빠져나간다. 공주 분지를 지날 때는 비교적 천천히 흘러 곳곳에 충적층으로 된 퇴적 지형을 형성했다. 금강은 공주의 젖줄이 되어 수만 년 전 구석기인들이 이곳에 터를 잡고 살게 해 주었고, 공주가 찬란한 백제 문화의 중심지가 되는 데에도 큰 역할을 했다.

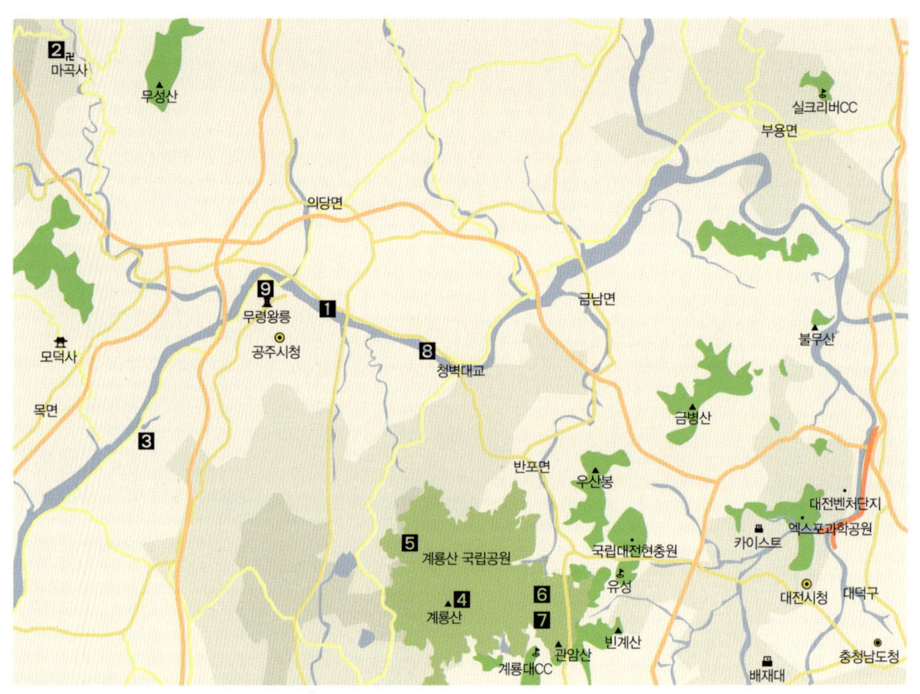

1 금강　2 마곡사　3 이인면 만수리　4 계룡산(천황봉)　5 갑사　6 동학사　7 계룡산 자연사박물관
8 석장리 구석기 유적지　9 송산리 고분군(무령왕릉)

충청남도 공주

공주시는 충청남도의 동쪽에 위치한다. 공주시의 북쪽으로는 차령 산맥, 남쪽으로는 계룡산이 있고 그 사이에 공주 분지가 있으며 그 가운데로 금강이 흐른다. 면적은 약 940제곱킬로미터로 충청남도 15개 시와 군 중에서 가장 넓다. 백제의 전성기 때는 금강을 통해 중국과 교역하며 일본에 선진 문화를 전파하기도 했다. 그리고 조선 선조 14년(1581), 충청감영이 충주에서 공주로 이전하면서 공주는 충청도의 중심지가 되었다.

공주시를 이루는 지질은 형성 시기와 종류가 다양하다. 지질은 선캄브리아 시대에 형성된 변성암이 기반을 이루고, 여기에 중생대 쥐라기 때 관입한 화강암이 분포하고 있다. 그리고 변성암과 화강암을 부정합으로 덮은 퇴적암 등이 있다. 덕분에 산지와 구릉이 골고루 분포하고 그 사이로 강이 흐르는 아름다운 지형을 이루고 있다.

백제 웅진 시대 불교의 상징, 마곡사

공주 여행은 마곡사에서부터 시작하는 것이 좋다. 마곡사는 찬란했던 웅진 시대 백제 불교의 총본산이기 때문이다. 서기 475년, 그러니까 백제 제22대 임금인 문주왕 때 백제 왕실은 위례성(경기도 하남)에서 웅진(충남 공주)으로 왕도를 옮겼다. 그러다가 백제의 중흥을 이룬 성왕 때(538년) 사비성(부여)으로 수도를 옮겼다. 왕이 다섯 번 바뀌는 64년 동안 웅진(공주)은 백제의 도읍이었다. 웅진 시대 백제는 금강을 통해 중국, 일본과 활발한 무역을 했는데, 주로 중국으로부터는 문물을 받아들이고 일본에게는 전해주었다. 그 문물 교류의 중심에 불교가 있었다. 그래서 공주에는 백제 불교와 관련된 사찰과 유적이 많다.

1 마곡사의 가을. 마곡사가 언제 창건되었는지는 정확한 기록이 없다. 643년 또는 640년에 자장율사가 창건했다는 이야기가 유력하게 전해질 뿐이다. 사진에서 보이는 하천은 희지천이라고 하는데, 마곡사는 이 하천을 중심으로 두 가람으로 나누어진다. 북쪽 가람은 교화를 주로 하고 남쪽 가람은 수행을 주로 한다(사진제공: 공주시청).

2 마곡사의 부처님 오신 날 풍경이다. 연등 가운데로 우뚝 솟은 탑은 티베트 불교 양식으로 건축된 보물 제799호 마곡사 오층석탑이다. 그 뒤로 보물 제802호인 마곡사 대광보전이 보인다. 대광보전 뒤로는 보물 제801호인 마곡사 대웅보전이 있는데 사진에서는 보이지 않는다(사진제공: 공주시청).

대표적인 곳이 마곡사이다. 마곡사는 현재 대한불교조계종의 제6교구 본사로서 동학사, 갑사, 신원사와 같은 명사를 말사末寺로 두고 있다. 마곡사는 창건 당시 30여 칸의 큰 절이었다. 그러나 창건 후 한때 폐사

○ 백범 선생의 초상화가 걸려 있는 마곡사 응진전.

가 된 채 도둑 떼의 소굴로 전락하는 비운을 겪었다. 고려 명종 2년(1172)에 왕명으로 보조국사 지눌이 이곳을 중건했다. 전해지는 이야기에 따르면, 지눌은 마곡

○ 신원사. 백제 의자왕 11년(651)에 보덕화상이 창건하고 그 뒤 여러 번의 중창을 거쳐 지금의 모습을 갖추었다. 뒤로 멀리 계룡산이 보인다.

● 신원사는 국보 제299호 신원사 노사나불괘불탱(盧舍那佛掛佛幀)이 유명하다. 사진에서 선풍기 뒤로 보이는 탱화가 바로 노사나불괘불탱이다.

사를 중건하기 위해 마곡사에 찾아가 도둑들에게 물러갈 것을 명했다. 그때 도둑들이 오히려 지눌을 해치려 덤벼들자, 지눌은 공중으로 몸을 날려 도술로 많은 호랑이를 만들어 도둑들을 쫓아냈다고 한다.

마곡사는 한때 백범 김구 선생이 불문에 귀의해 승려로 은거 생활을 했던 곳이기도 하다. 명성황후 사건으로 분개한 김구 선생이 일본군 특무 장교를 처단한 뒤, 이곳으로 와서 상하이 임시 정부로 망명을 떠나기 전까지 약 3년 동안 수도 생활을 했다고 한다. 백범이 사용하던 방이 아직도 남아 있고 그가 심었다고 전하는 향나무도 그대로 자라고 있다.

한편, 계룡산의 연천봉 자락 남쪽에 있는 신원사는 마곡사의 말사 중 하나이다. 대웅전으로 들어가는 사천왕문을 언덕 위에 지어 놓아 계단을 가쁘게 올라야 다다를 수 있다. 사천왕문을 지나면 절 마당까지 약 50여 미터 정도 기다란 복도 모양의 진입로가 이어진다. 진입로 끝에서 한 단 높이 오르면 신원사 마당에 들어서게 된다. 신원사 마당에서 서서 남동쪽을 우러러보면 멀리 계룡산이 보인다.

팥죽이 붉게 만든 흙으로 가득한 공주 분지

1992년도에 발간된 『공주公州의 맥脈』이라는 책의 9편을 보면 다음과 같은 설화가 소개되어 있다.

백제 시대의 일이다. 지금의 공주군 이인면 만수리 자리에 있던 한 마을에 소녀가 늙은 아버지와 함께 살고 있었다. 부녀는 너무 가난하여 굶기를 밥 먹듯 했다. 하지만 소녀는 지극한 효성으로 아버님을 보살펴 드렸다. 그러다가 아버지가 큰 병에 걸리자 소녀는 날마다 새벽 일찍 부처님 앞에 불공을 드리기 시작했다. 어느 날 꿈에 도승이 나타나 그의 도움으로 소녀는 깊은 산골에서 약초를 캐다가 아버지를 살려 냈다. 그 후로도 계속 가난했지만 부녀는 서로를 아껴 주며 열심히 살았다.
어느 겨울 동짓날이었다. 소녀는 이웃 마을에 가서 일을 해 준 대가로 팥죽 한 그릇을 얻었다. 그녀는 팥죽이 식기 전에 아버지께 드리고자 바쁜 마음으로 집으로 향했다. 그런데 고개를 넘어오다가 돌부리에 채여 그만 넘어지고 말았고, 손에 들었던 팥죽은 모두 땅에 쏟아졌다. 소녀는 그 자리에 쓰러져 하염없이 울었다. 그러나 소용없는 일이었다. 그 후 팥죽이 쏟아진 자리의 흙과 돌은 팥죽빛으로 붉게 변했다고 한다. 마을 사람들이 이르기를 이는 소녀의 효심이 땅에 맺혀 그렇게 되었다는 것이다. 사람들은 붉은 흙과 돌을 볼 때마다 소녀의 아름다운 효심을 기억하게 되었다.

전해 내려오는 이야기대로 이인면 만수리 일대의 흙과 돌은 온통 붉은색이다.

◑ 이인면 만수리 일대는 팥죽처럼 붉은 셰일로 덮여 있다. 마을을 돌아다니면 풀이나 나무가 없는 곳은 온통 붉은색이다. 이 붉은색 계통의 퇴적암은 중생대 백악기에 형성된 것이다.

공주 시내에서 만수리로 가는 만수교를 지나면 풀이나 나무가 없는 곳은 모두 붉은색 흙과 돌로 덮여 있는 것을 볼 수 있다. 이처럼 만수리 일대를 붉게 물들인 흙과 돌은 그곳에 분포하는 셰일이나 사암과 같은 쇄설성 퇴적암이 풍화를 받아 생긴 것이다. 이 지역에 쇄설성 퇴적암이 분포하는 까닭은 이 일대가 분지 지역이기 때문이다. 지질학자들은 이곳을 공주 분지*라고 부르는데, 지금으로부터 약 1억 년 전 중생대 백악기 때 철을 함유한 셰일이나 사암 등이 원래 기반암으로 있던

---

* 주위가 산지로 둘러싸여 주변보다 낮은 지형을 말한다. 형성된 원인에 따라 침식 분지와 구조 분지로 나누는데 구조 분지는 다시 요곡 분지와 단층 분지로 구분된다. 공주 분지는 단층 분지로 추정된다.

선캄브리아 시대의 변성암과 쥐라기 화강암을 덮어서 형성된 지역이다.

　이곳에 분지가 발달한 까닭은 한국지질자원연구원에서 2001년에 발간한 『한국 지체구조도』를 보면 쉽게 알 수 있다. 공주가 있는 곳은 한반도의 중앙부에 해당하는데, 이 지역에는 북동 방향으로 발달한 육괴나 습곡대가 분포한다. 공주 분지가 있는 곳을 보면 북으로는 경기 육괴가, 남으로는 옥천 습곡대가 나란히 분포하고 있고 분지는 그 사이에 있다. 분지의 모양은 마름모꼴이고 길이는 약 25킬로미터, 폭은 약 4킬로미터이다. 대부분 표고 200미터 내외의 낮은 산지로 되어 있고, 그 사이에 곡저 충적 평야를 비롯해 100미터 이하의 구릉지들이 발달해 있다.

　공주 분지의 중앙으로는 분지와 평행하게 금강이 흐르고 있으며, 유구천, 청룡천, 혈지천 등의 하천이 흘러든다. 이들 하천은 공주 분지 내에서는 직각 또는 격자 모양의 수계를 이루는데, 북쪽으로는 나뭇가지가 갈래를 벌이는 모양으로 물이 흐른다. 공주 분지 안에서 이렇게 물이 다양한 형태의 여러 갈래로 나뉘어 흐르는 까닭은 단층대가 발달했기 때문이다. 이러한 단층대가 발달한 까닭은 중생대 쥐라기 대보 조산 운동을 전후로 주향 이동 단층이 활발하게 일어났기 때문이다.

　한편 오른쪽의 ‘공주 지역 지질도’를 보면 경기 육괴가 있는 북부 지역, 옥천 습곡대가 지나는 남쪽 지역, 그리고 가운데 지역의 지질이 다름을 알 수 있다. 경기 육괴를 이루고 있는 암석은 선캄브리아

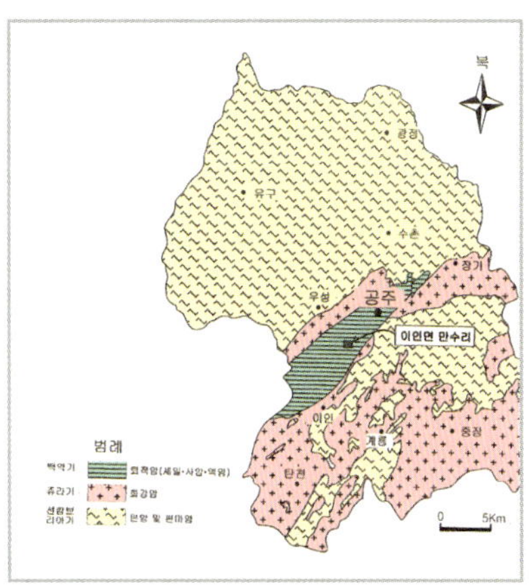

공주시의 지질은 크게 세 가지이다. 가장 오래된 것은 지금으로부터 약 13억 년 전 선캄브리아 시대에 형성된 편암 및 편마암류로 주로 북부에 분포한다. 다음은 약 2억 년 전 중생대 쥐라기에 관입한 화강암으로 남쪽에 분포한다. 마지막은 약 1억 년 전 중생대 백악기에 공주 곰나루 부근에서부터 금강 변을 따라 남서쪽으로 뻗어서 발달한 퇴적암으로, 주로 붉은색 점토와 모래 및 자갈로 구성된 셰일과 사암 및 역암으로 이루어져 있다.

시대에 형성된 변성암으로 주로 호상 편마암과 운모 편암, 그리고 규암 등이다. 반면에 남쪽의 화강암은 주로 흑운모 화강암과 홍색 장석 화강암으로 이루어져 있는데, 중생대 쥐라기에 만들어진 화강암이 선캄브리아 시대에 형성되어 있던 변성암에 관입한 것이다. 공주분지 가운데 지역의 퇴적암은 붉은색을 띠는 쇄설성 퇴적암으로 변성암과 화강암의 위를 부정합으로 덮고 있다.

한국 4대 명산 중의 하나인 계룡산

계룡산(845m)은 옥천 습곡대에 위치하는데, 북동 방향으로 뻗은 약 400미터 이상의 고지대로 이루어져 있다. 계룡산의 지형적인 특색은 능선이 일정한 방향을 가지고 발달되어 있으며, 특히 정상 부분은 화강암으로 된 가파른 지형이라는 점이다.

흔히 충청도 사람들에게 충청도를 대표하는 자연을 꼽아 보라고 하면 단연 계룡산을 가장 많이 꼽는다. 풍수지리를 하는 사람들도 계룡산을 한국의 4대 명산 중 하나로 꼽는다. 그래서 조선 왕조 개국 직전에 계룡산 남단의 신도안이 조선의 왕도 후보지로 추천되기도 했다. 또한 『정감록鄭鑑錄』에는 계룡산 일대를 이른바 십승지지十勝之地, 즉 큰 변란을 피할 수 있는 장소라 기록하고 있다. 한때 온갖 종교인과 무속인들이 이곳에 모여들었다가 1984년 군사 정권 때 종교 정화 운동의 일환으로 정리되기도 했다.

계룡산의 지질은 대체로 중생대 쥐라기와 백악기에 형성된 화강암으로 되어 있다. 차령 산맥이 금강에 의해 침식되면서 형성된 잔구성 산지*로서 산세가 웅장

○ 관음봉에서 본 계룡산. 높이 845미터로 공주시와 논산시, 그리고 대전시 등에 걸쳐 있으며, 그 일대가 국립공원으로 지정되었다. 주봉인 천황봉을 비롯해 연천봉, 삼불봉, 관음봉, 형제봉 등 20여 개의 봉우리가 줄을 선 듯 나란히 있다. 이러한 전체 능선의 모양이 마치 닭의 볏을 쓴 용의 형상을 닮았다 하여 계룡산이라고 불린다.

하고 경관이 뛰어나다. 계룡산은 여러 차례의 화성암 관입이 있었던 탓에 곳곳에 절리가 잘 발달되어 있다. 그러나 주능선은 풍화와 침식에 강한 그래노파이어Granophyre로 되어 있고, 아래 부분도 역시 흑운모 화강암이나 홍색 장석 화강암 등 비교적 풍화에 강한 암석으로 되어 있어 차별 침식에도 잘 견딘 덕분에 웅장한 산세를 지킬 수 있었다. 계룡산의 지형적인 특징을 지형 발달 단계로 살펴보면, V자 계곡과 폭포의 발달이 왕성하고 험준한 지형이 남아 있어 계룡산은 장년기 지형로 생각된다.

계룡산의 지질은 화강암이지만 좀더 자세히 살펴보면 종류가 조금씩 다르다. 가장 오래된 것은 중생대 쥐라기 때 관입한 편상 화강암이다. 이 화강암에 백악기 때 흑운모 화강암이 관입했고, 이어서 홍색 장석 화강암이 관입한 것으로 보인다.

1 석영반암. 계룡산 등산로에서 볼 수 있는 암석으로 화강암에 해당한다. 특히 암석에 현미경으로 관찰해야 볼 수 있는 미세한 조직이 현저히 발달한 것을 문상반암(그래노파이어)이라고 하는데 계룡산의 능선에 주로 많이 분포한다.

2 은선 폭포. 홍색 장석 화강암과 석영반암이 나타나고 석영반암 내에는 석영 맥이 관찰된다. 폭포 주위 암석에는 절리가 발달되어 있다.

3 계룡산의 주봉인 천황봉. 깎아 지른 듯한 그래노파이어 능선으로 되어 있는데, 지금은 자연보호와 군사 시설 보호를 위해 일반인 출입이 통제되고 있다.

그리고 백악기 말에 석영반암이 남북 방향으로 곳곳에 관입하여 주로 현재 계룡산의 높은 곳에 있는 날카롭고 뾰족한 능선을 차지하고 있다. 그 후 계속 침식을 받아 심성암의 노출을 초래했으며 시간이 흘러 결국 오늘날과 같은 지형으로 만들어졌다.

갑사, 남매탑, 동학사

계룡산 등반길은 여러 갈래이지만 나는 갑사를 계룡산 등반의 시작점으로 잡았다. 갑사 계곡은 계룡산 국립공원에 있는 7개 계곡 가운데 하나이다. 여름에는 우거진 나무 그늘이 드리워져 서늘하고 가을에는 계곡 일대가 추갑사(秋甲寺)라고 불릴 만큼 단풍이 아름답다. 가던 길에 잠시 용문 폭포 앞에서 차가운 물바람을 쐬며 쉬고 다시 계곡 옆길을 따라 정상을 향해 올랐다. 이 길을 따라 계속 오르면 남매탑을 만날 수 있다.

갑사 지역은 편마상 화강암이 우세하게 분포되어 있다. 특히 연천봉 남동쪽에는 대규모 석영반암의 암맥들이 존재한다. 그러나 이렇듯 단단한 암석도 오랜 세월 식물의 뿌리가 일으키는 풍화작용에 의해 조금씩 부서지고 있다. 이를 기계적

◑ 갑사의 아침. 갑사는 계룡산 연천봉 아래에 있는 사찰로, 마곡사의 말사 중 하나이다. 조선 시대 임진·정유 두 병란으로 모든 건물이 불에 타 폐사된 것을 선조 37년(1604) 대웅전과 진해당을 중건하고 효종 5년(1654)에 개축하는 등 여러 차례 중수가 있었다.

1 갑사에서 계룡산을 넘어 동학사로 가는 길에서 만난 곰 모양을 한 나무이다. 줄기는 마치 반달곰처럼 변형되었고, 곰의 다리에 해당하는 뿌리는 바위 사이로 굵게 내려와 있다. 아무리 단단한 화강암이라 할지라도 식물 뿌리의 힘은 이길 수 없다. 역시 산 것이 죽어 있는 것보다 센 모양이다.

2 테일러스(talus). 계룡산 등산로 곳곳에는 사진과 같이 암석 조각들이 모여 있는 일종의 너덜겅을 볼 수 있다. 화강암 등의 암석이 쪼개져 산 사면을 따라 흘러내린 것을 사람들이 한쪽에 모은 것이다. 이런 것을 테일러스라고 하는데 화강암의 절리가 쪼개져 생긴 것이다.

풍화 작용이라고 하는데, 갑사에서 동학사로 넘어 가는 길 중간중간에 그 흔적이 잘 남아 있다.

아침 일찍 산을 오른 덕분에 번잡하지 않게 혼자서 남매탑으로 향했다. 남매탑으로 가는 길은 경사가 조금 급하고 돌계단으로 되어 있어 쉬엄쉬엄 올랐다. 잠시 후 남매탑에 이르렀는데 그 이름만으로 사연을 쉽게 상상해 볼 수 있는 곳이다. 남매탑의 오누이 이야기는 옛날 국어 교과서에서 읽었던 기억이 있어 낯설지 않았다. 남매탑에 얽힌 설화는 대략 이렇다.

옛날에 어느 스님이 이곳에 암자를 짓고 수도 생활을 하다가 짐승의 뼈가 목에 걸린 호랑이를 구해 주었다. 그 호랑이는 스님의 은혜를 잊지 않고 저 멀리 상주까지 가서 한 규수를 업고 와서는 스님 앞에 내려놓고 갔다. 도를 닦는 수도승이 호랑이의 은혜 갚음을 받아들일 수 없어 규수를 집으로 다시 보냈으나, 규수의 아비가 아직 혼인도 못한 규수가 호랑이에게 물려 갔으니, 이제 다시 돌아

온들 다른 곳에 시집 보낼 수 없게 되었다며 규수를 다시 스님에게 돌려보냈다. 내심 규수의 아비는 인연으로 알고 두 사람이 같이 살아 주기를 바라는 마음이었다. 하지만 이때부터 두 사람은 부부가 아닌 오누이의 연을 맺고 수도에 정진하다가 한 날 한시에 열반에 들었다. 사람들이 탑을 쌓아 두 스님의 사리를 모셨으니 이것이 오늘의 남매탑이다.

1 뒤에 있는 키가 큰 오라비탑의 원래 이름은 청량사지 칠층석탑이고, 보물 제1285호이다. 앞에 있는 키가 작은 누이탑은 청량사지 오층석탑이라 하고 보물 제1284호이다. 청량사지라는 이름이 붙은 것은 근처에서 청량사라는 글이 새겨진 박새기와가 발견되었기 때문이다. 두 탑 모두 백제식 석탑의 영향을 받은 것으로 고려 시대의 작품으로 추정된다.

2 계룡산 북동쪽 골짜기에 있는 동학사. 신라 성덕왕 23년(724)에 상원조사(上願祖師)가 조그만 암자를 지은 것에서 유래한다. 935년 신라가 망하자 이곳에서 신라의 시조(始祖)와 충신 박제상(朴堤上)의 초혼제(招魂祭)를 지낸 후 사찰이 커졌고, 그때부터 동학사로 불렀다고 한다.

어느 탑이 누이이고 어느 탑이 오라비인지는 한눈에 봐도 느껴진다. 5층 석탑이 여성스러운 반면 7층 석탑은 남성스럽다. 불교의 도를 지키기 위해 남매의 연을 맺고 하나 된 마음으로 서로 한곳을 바라보며 평생을 수도에 정진했다는 애틋한 전설이 산을 내려오는 동안 내 마음을 깨끗하게 해 주는 듯했다.

남매탑을 뒤로 하고 동학사까지는 내리막 길이므로 비교적 쉽게 갈 수 있다. 처음엔 조금 급한 돌계단 길이 이어지지만 나중에 완만한 등산로가 되면서 동학사까지 산책하듯 걸을 수 있다. 동학사는 주로 여승들이 머물던 절로, 고려의 역대 충신들과 조선 시대 비운의 왕 단종을 모시는 위패가 있는 특이한 사찰이다.

계룡산 자연사 박물관

계룡산 아래에는 국내 최대 규모의 자연사 박물관인 '계룡산 자연사 박물관'이 있다. 2004년 9월 21일에 개관했는데, 국내는 물론 전 세계의 동식물, 광물, 보석이 전시되고 있다.

대표적인 전시물은 '청운이'다. 청운이는 미국 와이오밍 주에서 캔자스 대학의 연구팀과 계룡산 자연사 박물관의 운영 기관인 청운문화재단이 공동으로 발굴해 복원한 용각류 초식 공룡 브라키오사우루스의 화석이다. 원본 보존율이 85퍼센트로 세계 최고 수준을 자랑하는 공룡 화석이다. 현재 전시되어 있는 화석은 몸 전체의 길이가 25미터, 키는 아파트 4층 높이인 16미터에 이른다. 살아 있을 당시의 몸무게가 약 80톤에 이르렀을 것으로 추정된다.

브라키오사우루스는 '앞발 도마뱀'이란 뜻으로 앞다리가 뒷다리보다 길어 붙여진 이름이다. 성격은 온순했고 거대한 몸집을 유지하기 위해 하루에 2톤 가까이 나뭇잎을 먹었을 것으로 추정한다. 특이한 점은 네 다리 모두 360도 가까이 돌아

■1 계룡산 자연사 박물관 1층에 전시되어 있는 브라키오사우루스 화석. 박물관에서는 청운이로 불린다(사진제공: 계룡산 자연사 박물관).

■2 매머드와 동굴 사자 화석. 가운데 화석은 시베리아 투펜 지역의 약 10만~7만 5000년 전의 지층에서 발굴된 높이 3.5미터, 길이 5.3미터의 매머드이다. 이 매머드 화석은 진품 보존율이 90퍼센트 이상이라고 한다. 그 옆으로 현재 아프리카 사자의 조상으로 추정되는 동굴사자 화석이 있다. 동굴사자는 약 7만 5000년쯤에 살았던 포유류로 세계적으로 몇 안 되는 희귀 화석이다(사진제공: 계룡산 자연사 박물관).

간다는 것인데, 이는 큰 몸 전체를 돌리지 않고 측면의 나뭇잎을 먹기 위한 기능으로 생각된다.

박물관 관계자의 말에 따르면 청운이는 발굴 과정부터 국내 연구진이 참여했고, 우리나라에서는 최초로 대전보건대학 박물관과에서 직접 모든 과정을 보존 처리한 진품 공룡 화석 표본이라고 한다. 또 흥미로운 점은 청운이의 어깨뼈에서 육식 공룡 알로사우루스의 이빨이 발견된 것이다. 이는 청운이가 알로사우루스의 공격을 받은 흔적으로 보이는 데 이 이빨 역시 박물관에서 소장 중이다.

송산리 고분과 무령왕릉

공주에 가면 반드시 가 봐야 할 곳이 있다. 고대 왕국 백제의 신비의 베일을 벗긴 곳, 송산리 고분군이 바로 그곳이다. 송산리 고분군은 백제 웅진 도읍기의 왕과 왕족의 무덤이 모여 있는 곳이다.

송산리에는 총 일곱 기의 고분이 있는데 벽돌무덤과 돌로 만든 돌방무덤 두 가지 유형으로 분류된다. 지금까지 발굴된 왕릉의 분포를 보면 서쪽에는 무령왕릉과 5~6호분, 동쪽으로는 1~4호분이 분포되어 있다. 1~5호분은 돌방무덤이다. 6호분과 무령왕릉(7호분)은 터널형 천장을 가진 벽돌무덤인데 백제 시대의 벽돌무덤으로는 현재 이 두 무덤만 남아 있다.

6호분은 벽 네 면의 일부에 진흙을 바르고 그 위에 횟가루로 청룡, 백호, 주작, 현무의 사신도를 그려 넣은 벽화 고분이다. 벽돌의 무늬와 축조 방법상 무령왕릉보다 시대가 조금 앞선 6세기 초의 것으로 보인다.

송산리 고분군에서 가장 유명한 것은 역시 7호분으로, 우리에게는 무령왕릉이라는 이름으로 더 많이 알려져 있는 무덤이다. 무령왕릉은 1971년, 송산리 6호분

배수로 공사를 하다가 우연히 발견되었다. 묘실 전체를 벽돌로 쌓은 벽돌무덤으로 무덤의 통로와 시신이 안치되어 있는 현실이 구분되어 있다. 무령왕릉의 발견으로 그동안 베일에 싸여 있던 백제의 장묘 문화가 세상에 드러나게 되었다. 특히 주목할 만한 점은 무덤 주인의 신분을 자세하게 기록해 놓은 묘지석의 발견이다. 묘지석에 따르면 이 무덤의 주인은 무령왕(462~523)과 그의 왕비이다. 왕은 523

1 송산리 고분군의 5호분. 벽돌 모양으로 다듬은 자연석을 쌓아서 만든 것으로, 이런 유형의 무덤을 돌방무덤이라고 한다.

2 6호분의 내부 모습. 6호분은 벽돌을 구워 차곡차곡 쌓은 벽돌무덤이다. 앞의 돌방무덤보다 훨씬 세련되고 고급스러워 보인다. 당시 세련된 백제의 장묘 문화를 엿볼 수 있다.

3 무령왕릉의 내부. 이 무덤의 주인인 무령왕은 501년 40세의 나이로 즉위하여 523년 62세까지 23년 간 재위했다. 백제의 국력을 크게 신장시켜 그의 아들 성왕으로 하여금 백제의 중흥을 이룩하게 했다.

4 무령왕릉에서 출토된 유물인 국보 제55호 왕비 금제관 장식.

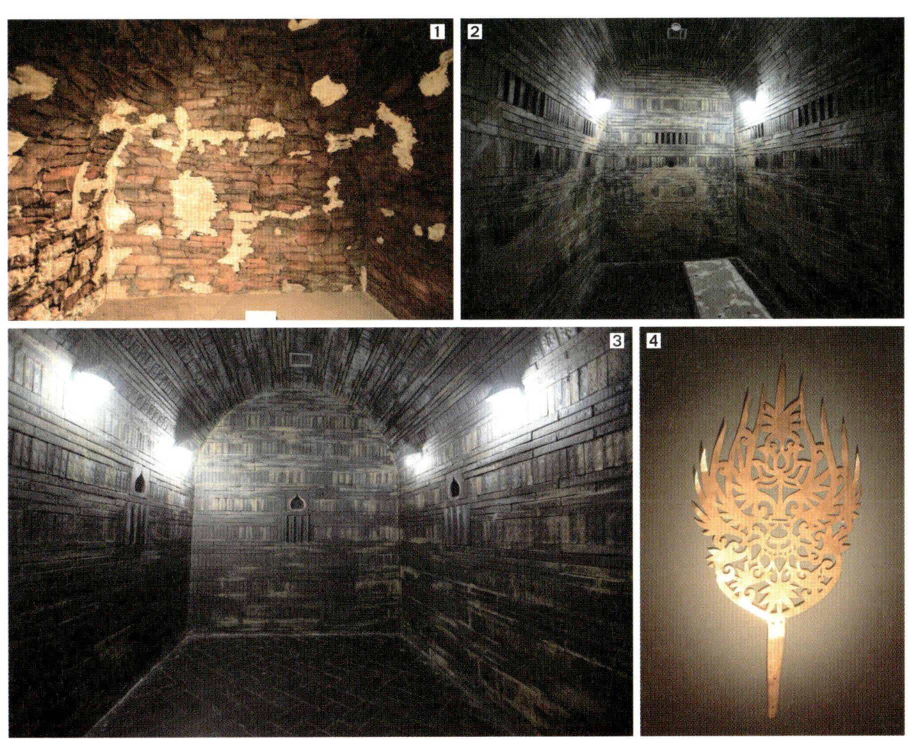

년 5월 7일에 돌아가셨고 그로부터 3년째 되는 525년 8월 12일에 안장하였으며,
왕비는 526년 12월에 돌아가셨고 529년 2월 12일에 안장하였다고 쓰여 있다.

또 무령왕릉은 당시 활발했던 중국, 일본 등과의 국제 교류 그리고 생활 문화의
비밀까지 고스란히 담고 있어, 1500년 만에 우리 앞에 나타난 고대 백제의 타임
캡슐이라 할 만하다. 무령왕릉에서는 관 장식품이나 귀걸이 등 금으로 만든 각종
장신구를 포함하여 약 3000점의 유물이 출토되었고 그중 국보로 지정된 것만 해
도 12종에 이른다. 발굴 이후 무령왕릉은 일반에 공개되었으나 지난 1997년 정
밀 조사한 결과 누수 현상 등으로 훼손이 우려되어 원형 보존을 위해 영구 폐쇄
하고 고분군 내에 모형관을 재현하여 관람객에게 전시하고 있다.

석장리 구석기 유적지

공주에서 송산리 고분군 다음으로 꼭 가야 할 곳이 하나 더 있는
데 중·고등학교 역사 교과서에 등장하는 '석장리 구석기 유적지'이다. 석장리 박
물관은 우리나라의 첫 선사 박물관으로 1964년부터 1992년까지 12차례에 걸
친 학술 발굴 조사의 결
과를 토대로 세워진 박
물관이다. 석장리 유적
지 발굴은 우리나라 선
사 문명에 대한 새로운
관점을 던져 주었다. 먼
저 우리나라에서 처음
발굴 조사한 구석기 유

○ 다양한 형태의 석기들. 선사 시대의 다양한 석기들을 시대별, 종류별로 잘 분류하여 전시하고 있다.

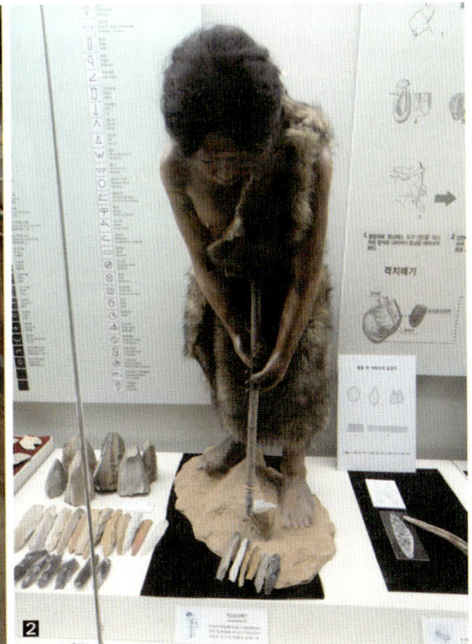

1 석장리 유적지에서 발견된 선사시대의 집터.

2 발견된 석기들에 대한 연구를 토대로 당시 구석기인들이 어떻게 석기를 제작했는가를 재현한 모형이다.

3 선사 시대의 석기 제작에 사용되었던 암석들이다. 석기를 만드는 암석은 대부분 단단한 변성암들로 대표적으로 규암이 사용되었다.

적으로, 단군 시대(청동기 시대)보다 앞서는 구석기 시대부터 이 땅에서 사람이 살아왔다는 귀중한 사실을 밝혀 주었다. 다음으로 한반도에서 구석기 시대 전기, 중기, 후기 등 각각의 문화층이 발견되었고 이어서 신석기, 청동기 시대의 유물도 출토되어 선사시대 전 시기에 걸쳐 한반도에 사람이 살았음을 입증해 주었다.

" 예술과 의혈의 빛고을

입석대를 이루고 있는 주상절리의 모습이다. 무등산의 정상 남서쪽에는 넓은 고산 초원 지대인 장불재가 있다. 장불재에서 동쪽으로 바라보면 입석대, 서석대 등의 주상절리대가 보인다. 입석대를 가까이에서 보면 10~15미터 높이의 주상절리 돌기둥들이 깎아 세운 듯이 서 있다.

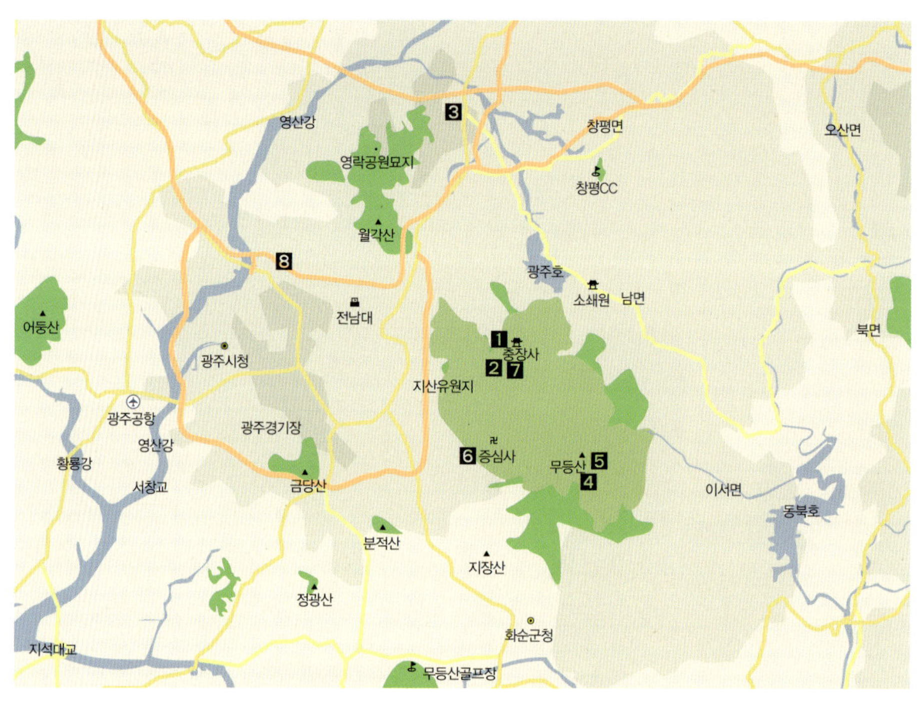

1 충장사 **2** 충민사 **3** 국립 5.18 민주묘지 **4** 중머리재 너덜겅 **5** 입석대와 서석대 **6** 증심사 **7** 원효사 **8** 광주디자인비엔날레 전시관

광주광역시는 호남 최대의 도시이며, 우리나라에서 여섯째로 큰 도시이다. 광주는 군사와 교역에 유리한 산지(남동쪽의 무등산)와 평야(북쪽의 전남 평야)가 만나는 경계 지역에 위치하여 예로부터 호남지방 행정, 군사, 경제, 문화의 중심지 역할을 해 왔다. 또한 이곳은 서해 연안을 따라 흐르는 따뜻한 난류와 남서쪽에서 불어오는 이동성 저기압의 영향을 받아 기후가 온화하고 강수량이 풍부하여 예로부터 농업이 발달한 지역이다. 광주의 지질은 중생대 백악기 때 있었던 화산 활동으로 형성된 화산암과 응회암이 무등산을 중심으로 발달되어 있으며, 극락천 주변으로 화강암도 일부 분포하고 있다. 무엇보다 광주는 우리 민족이 어려움에 처했을 때마다 백성들이 분연히 떨쳐 일어나 역사의 물줄기를 바꾼, 의로운 피가 흐르는 곳이다. 더불어 빼어난 글과 소리가 끊이지 않는 예향이기도 하다.

의혈(義血)의 빛고을, 광주

광주광역시는 삼한 시대 때 마한에 속했다가, 백제가 건국된 이후에는 백제 3주의 하나인 무진주武珍州가 되었다. 광주光州라는 이름은 고려가 건국되고 군현이 정비될 때 처음 사용되었다. 광주를 우리말로 풀면 '빛고을'이다. 그래서일까? 광주는 우리나라가 역사적으로 어두움에 처해 있을 때마다 빛을 발했다. 광주 곳곳에 그 흔적이 널려 있는데, 대표적인 곳이 충장사와 충민사이다.

충장사는 임진왜란 때 의병을 일으켜 국난을 극복한 의병장 충장공忠壯公 김덕령金德齡 장군의 묘와 사당이 있는 곳이다. 김덕령 장군(1567~1596)은 선조 25년(1592)에 임진왜란이 일어나자 담양에서 의병 5000여 명을 모집하여 출정했다. 충무공 이순신 장군과도 연합하여 진해와 고성 지방을 방어하는 데에 혁혁한 공

○ 어스름 저녁, 전등이 하나 둘 켜질 무렵에 무등산에서 내려다 보고 찍은 광주의 전경이다. 무등산은 광주 남동쪽에 높이 솟아 있어 그곳에 오르면 광주시를 한눈에 내려다 볼 수 있다(사진제공: 사진 작가 조규민).

을 세웠다. 또 의병장 곽재우 장군과도 힘을 합쳐 여러 차례에 걸쳐 왜군을 무찌르기도 했다.

그러나 김덕령 장군은 선조 29년(1596)에 충청도 순찰사의 모함을 받아 감옥에 갇혔다가 그대로 옥에서 세상을 떠나고 만다. 정조 12년(1788) 조정은 장군의 드높은 충효 정신을 기리고자 사당을 건립했고 충장공이라는 시호를 내렸다.

한편 충장사에서 시내 쪽으로 조금 가다 보면 충민사를 볼 수 있다. 충민사는 전상의全尙毅 장군의 사당이다. 전상의 장군(1576~1627)은 조선 중기의 무신으로, 선조 때 무과에 급제한 후 인조 때 정묘호란에서 큰 공을 세운 분이다. 1616년 후금(훗날의 청나라)은 만주에서 나라를 건국한 후 명나라와 대치 관계에 있었다. 그런데 광해군의 뒤를 이은 인조가 '향명배금向明排金' 정책을 내세우자 후금은 이를 빌미로 조선을 침략했다.

1627년 1월, 후금군 3만 명은 압록강을 건너 의주를 공략하고 청천강을 넘었다. 그들은 계속해서 안주와 평양을 점령했는데, 전상의는 바로 안주성 전투에서 닷새 동안 분전하다가 전사했다. 정묘호란이 끝난 후 사람들은 장군의 시신을 출생지인 광주로 옮겨 와 사당을 지어 모셨는데 그곳이 바로 충민사이다.

1 충장사. 김덕령 장군은 조선 선조 원년(1568)에 현재 충장사가 있는 광주광역시 북구 충효동에서 태어났다. 당대 최고의 석학 우계 성혼 선생으로부터 학문을 배웠고, 임진왜란이 일어나자 분연히 일어나 나라와 민족을 구하는 데 앞장섰다.

2 충민사는 광주광역시 북구 화암동에 있다. 정묘호란 당시 안주성에서 후금(청나라)군과 싸우다 목숨을 잃은 전상의 장군의 영정과 위패가 있다.

3 국립 5·18 민주 묘지. 1980년 5월, 군사 독재에 의해 희생당한 사람들이 잠들어 있는 곳이다. 5·18 광주 민주화 운동은 깨어 있는 시민들이 민주 사회 발전의 원동력임을 확인하는 계기가 되었고, 우리나라 민주주의를 확립하는 결정적인 분수령이 되었다.

4 추모관 2층에는 5·18 광주 민주화 운동의 과정을 자세하게 살필 수 있는 전시물이 있다. '한줄기 눈물이 정의의 강물 되어 흐르는' 모습을 생생하게 실감할 수 있는 곳이다.

김덕령과 전상의 장군이 보여 준 충^{忠}과 의^{義}의 역사는 근대와 현대에 와서도 그대로 이어졌다. 1894년에는 동학 혁명이, 1929년 11월에는 광주 학생 운동이 이곳 광주에서 일어났다. 그리고 우리 현대사의 가장 큰 전환점이 된 '5·18 민주화 운동'이 바로 광주에서 일어났다. 광주는 그 이름 그대로 늘 역사의 고비마다 참다운 평화의 정신을 실현했다. 5·18 광주 민주화 운동은 30여 년 전의 일이지만 '국립 5·18 민주 묘지'에 가 보면 5·18은 지금도 진행 중임을 알 수 있다. '말하지 않고 기억하지 못한 역사는 되풀이 된다.'라고 선명하게 적혀 있는 방명록의 머리글이 조용히 그 사실을 방문객들에게 알려 주고 있다.

흙산과 돌산의 두 얼굴을 가진 무등산

광주의 진산^{鎭山}은 무등산(1187m)이다. 진산은 '고을을 지키는 큰 산'을 일컫는 말인데, 무등산은 광주시 중심지에서 불과 10킬로미터 거리에 위치하기 때문에 광주의 진산이라 불릴만 하다. 무등산은 광주와 담양군과 화순군의 경계에 있는 산으로 소백산맥 자락에 높이 솟아 있으며, 산세가 웅대하다. 하지만 멀리서 보면 동서남북 어느 방향에서 보더라도 둥그스름한 모습을 하고 있어 마치 마음씨 좋은 이웃집 아주머니처럼 편안하게 느껴진다. 그래서 무등산을 처음 접하는 사람들은 이 산을 흙산(주로 흙으로 된 토산으로, 육산이라고도 한다)으로 생각한다. 봄과 가을의 무등산에 가 보면 더욱 그렇다.

그런데 실상은 다르다. 무등산은 깎아지른 암반들이 이어지는 능선을 가진 돌산(주로 바위로 이루어진 산을 가리킬 때 사용하는 용어로 악산이라고도 한다)의 모습도 가지고 있기 때문이다. 겨울에 무등산을 등반한 사람들은 이러한 사실을 단박에 알 수 있다.

1 무등산의 봄. 무등산은 사계절이 모두 아름다운 산이다. 봄이면 철쭉 군락이 장관을 이룬다. 철쭉 군락 사이로 보이는 무등산 정상 부분은 완만한 것이 전형적인 흙산(土山)의 형태를 보인다(사진제공: 조규민).

2 무등산의 가을. 무등산은 10월 초순부터 11월 말까지 억새의 아름다운 은빛 춤사위로 장관을 이룬다. 무등산 억새 군락지는 전국에서 손꼽히는 억새 군락지 중의 하나이다(사진제공: 조규민).

3 무등산의 겨울. 무등산 서석대의 설경이다. 겨울이면 꽃과 억새로 가려졌던 무등산이 알몸을 드러낸다. 하얀 속옷만 걸친 무등산은 본래 가지고 있던 돌산으로서의 모습을 보여 준다(사진제공: 조규민).

무등산이 이처럼 흙산과 돌산의 두 얼굴을 가지게 된 까닭은 무엇일까? 그것은 무등산이 본래 화산 폭발 때 분출한 화산암으로 형성된 산이고, 그 다음 수천만 년이라는 오랜 세월 동안 비바람에 노출되어 풍화와 침식을 받아 그 모양이 달라진 산이기 때문이다.

무등산의 돌산으로서의 위용을 볼 수 있는 곳은 무등산 정상의 입석대, 서석대, 규봉 등이다. 이곳은 용암 분출의 장엄한 흔적이다. 입석대는 용암이 식어 형성된 단단한 석영 안산암 덩어리로 이루어져 있다. 석영 안산암은 주상절리의 모습으로 서서 오랜 세월 모진 풍파를 견뎌내고 오늘에 이르렀다.

반면에 무등산의 산자락과 계곡, 그리고 능선 곳곳은 흙산의 모습을 하고 있다. 산자락과 계곡에는 거인의 뼈대처럼 단단하게만 보이던 석영 안산암 주상절리가

○ 무등산의 너덜겅. 무등산 곳곳에는 사진과 같은 너덜겅(테일러스)이 흩어져 있다. 사진은 중머리재에서 장불재로 가는 도중에 찍은 것이다. 산길을 가운데로 산 위(위 사진)와 아래쪽(아래 사진)으로 광범위하게 너덜겅이 발달되어 있다. 가운데 사진의 파란색 화살표로 표시된 부분을 보면 이 너덜겅을 이루고 있는 바위들이 모두 주상절리가 부서져 형성된 것임을 알 수 있다. 무등산 곳곳에 이와 같은 너덜겅이 널려 있는 것을 보면, 과거 무등산에는 지금보다 훨씬 많은 주상절리가 있었음을 알 수 있다.

힘없이 무너져 내려 있다. 그 돌들로 이루어진 너덜겅을 곳곳에서 볼 수 있다. 또 이 너덜겅들이 긴 세월 동안 바람과 물에 의해 더욱 작은 돌멩이로, 또 흙으로 변한 모습도 볼 수 있다.

무등산의 너덜겅은 다른 산의 너덜겅과는 다른 특징이 있다. 다른 산의 경우 너덜겅을 이루고 있는 바위들이 산 위에서 굴러서 내려오는데 무등산의 경우는 그렇지 않다. 무등산의 너덜겅을 이루고 있는 바위들의 장축(바위에서 가장 긴 축)은 대부분 산 사면과 나란하게 놓여 있다. 이는 거대한 바위들이 산 사면을 타고 그대로 미끄러져 내려왔다는 것이다. 이처럼 바위가 미끄러져 내려온 것은 과거에 무등산이 빙하로 뒤덮여 있었음을 보여주는 중요한 단서가 된다.

천연의 신전 입석대와 서석대

19세기 말 우리나라를 비롯하여 중국과 일본의 지질을 연구했던 미국의 지질학자들은 소백산맥을 노령산맥, 차령산맥과 함께 중국 방향(NE-SW 방향)의 산맥으로 분류했다. 이들 산맥이 중국 화남 지방의 산맥들과 이어져 있다고 본 것이다.

또 지질학자들은 이들 산맥이 중생대 쥐라기* 말 한반도에서 있었던 가장 큰 조산 운동인 대보 조산 운동**의 결과로 형성된 것이라고 생각하고 있다. 대보 조산 운동이 일어난 후, 그러니까 중생대의 마지막 지질 시대인 백악기가 끝나갈 무렵인 9000만 년 전에서 약 6600만 년 전 사이에, 우리나라 곳곳에서는 대규모 화

---

* 중생대는 트라이아스기, 쥐라기, 백악기의 3기로 나누어지는데, 쥐라기는 이 중에서 둘째 기로 약 1억 8,000만 년 전부터 약 1억 3,500만 년 전 시기에 해당한다.

** 중생대 쥐라기부터 백악기 초까지 우리나라 땅 전역에서 일어난 대규모 지각 변동이다.

1 무등산 백마 능선. 능선을 지나면 입석대와 서석대로 가는 입구인 장불재가 있다. 무등산의 능선들은 대부분 중국 방향으로 되어 있다(사진제공: 조규민).

2 무등산 입석대를 장불재에서 바라본 모습이다. 입석대는 용암이 식어서 만들어진 주상절리이다. 입석대를 촬영하기 위해 무등산 장불재에 올랐을 때 마침 장대같은 비가 내려 운무에 휩싸인 입석대를 렌즈에 담았다.

산 활동이 여러 차례 일어났다. 화산 활동은 지하의 마그마가 지표의 약한 부분을 뚫고 나오는 것인데 무등산도 이러한 화산 활동에 의해 형성되었고 입석대와 서석대가 바로 그 화산 활동의 증거이다.

입석대와 서석대는 용암이 식으면서 형성된 주상절리로 이루어져 있다. 입석대는 모양이 단단하고 위용이 당당하여 육당 최남선은 이곳을 '천연의 신전'이라고 불렀다. 주상절리를 이루고 있는 암석은 화산암의 일종인 석영 안산암이다. 석영 안산암은 석영이 많이 포함되어 있고 나머지는 사장석이나 각섬석, 흑운모 등의 광물로 이루어진 화산암이다. 색은 회색 또는 어두운 회색을 띤다. 석영 안산암은 화산암 중에서는 매우 단단한 편에 속하며 일반적으로 화강암보다 풍화에 강하다.

입석대와 서석대를 만든 무등산의 화산 활동은 언제쯤 일어난 것일까? 무등산에서 화산 활동이 일어난 시기는 직접적으로 정확하게 측정된 적이 없다. 하지만 무등산에서 화순과 강진, 완도 등으로 이어지는 동일한 화산 지역에 대한 연구를 바탕으로 무등산 지역의 화산 활동 시기를 대략 9000만 년 전 전후로 추정하고

◐ 주상절리와 기둥 터의 흔적. 입석대에서 서석대로 가는 길에서 만난 주상절리들이다. 주상절리의 단면 곳곳에 둥근 구멍이 패여 있는데, 과거 이곳에 있었던 정자의 기둥을 세우기 위한 주춧돌로 사용했기 때문이다. 기록에 따르면 입석대 주변에는 입석암, 상원등암, 상일암을 비롯한 10여 개의 자그마한 암자들이 바위 사이사이에 함께 어우러져 있었다고 한다.

있다. 그렇다면 입석대와 서석대가 무려 9000만 년이라는 긴 세월 동안 지금의 모습으로 서 있었을까? 그것은 아니다. 석영 안산암이 아무리 단단한 암석이라고 할지라도 근 1억 년 가까운 긴 시간 동안 저렇듯 위풍당당하게 주상절리의 형태를 유지할 수는 없기 때문이다. 주위에서 백두산이나 한라산처럼 화구나 화산 분출물 등을 쉽게 찾아볼 수 없는 것도 무등산이 상당한 긴 세월 동안 풍화와 침식 작용을 받았기 때문일 것이다.

그러면 모진 풍파 속에서 입석대와 서석대 등의 주상절리가 원형을 유지할 수 있었던 까닭은 무엇일까? 일부 지질학자들은 단지 석영 안산암이 화강암이나 일

1 승천암. 입석대에서 서석대로 가는 도중에서 볼 수 있는 주상절리로 옆으로 누운 형태이다. 옛날 이곳에서 이무기가 승천했다는 전설이 있어 승천암이라는 이름을 얻었다고 한다.

2 서석대의 병풍바위는 청명한 날이면 광주 시내에서도 그 장엄한 모습을 볼 수 있다. 서석대는 사진처럼 겨울에도 멋있지만 5월 하순쯤 연분홍 철쭉꽃이 만개했을 때 가장 아름답다.

부 변성암보다 풍화에 강하기 때문이라고 한다. 하지만 사실은 이보다 더 중요한 요인이 있다. 그것은 화산 활동이 끝난 뒤 용암이 흘러나와 빈 공간이 된 땅 밑으로 석영 안산암으로 이루어진 화산체가 다시 가라앉았기 때문으로 짐작된다. 이는 석영 안산암체의 두께가 약 600미터에 이르는 것을 통해 추정해볼 수 있다. 이 석영 안산암체는 꽤 긴 시간 동안 함몰된 상태에서 지냈고, 석영 안산암체를 덮은 지층이 오랜 세월 동안 침식에 의해 벗겨지면서 지금과 같은 모습으로 서서히 드러난 것이다.

입석대를 지나 북동쪽으로 좀더 올라가면 마치 거대한 병풍을 둘러 쳐놓은 것 같은 장엄한 돌무더기가 기둥처럼 서 있는 서석대를 볼 수 있다. 특히 겨울이면 서석대는 마치 수정 병풍이 서 있는 것처럼 보인다. 서석대를 덮은 눈과 얼음 조각이 햇빛에 반사되면, 수정처럼 강한 빛을 내며 반짝거리기 때문이다. 한때 무등산을 서석산이라고 부른 것도 바로 이와 같은 서석대의 신비로운 경치 때문이었다. 서석대의 병풍바위는 청명한 날이면 광주 시가지에서도 그 수려한 모습을 볼 수 있다. 5월 하순쯤이면 이곳에 만개한 연분홍 철쭉꽃과 기암절벽이 어우러져 초여름 무등산에서 가장 아름다운 경관을 이룬다.

증심사와 원효사

| 호남은 영남 지역에 비해 규모가 큰 사찰의 수가 적다. 이는 광주도 마찬가지다. 광주를 대표하는 절로 증심사證心寺와 원효사元曉寺가 있는데, 보유하고 있는 유적이나 문화재 등을 다른 지역과 비교해 보면 상대적으로 단출하다.

증심사는 통일신라 시대 때 중국에서 유학하고 돌아온 승려 도윤이 창건했다가 고려 시대인 1094년에 혜조 국사가 중창한 절이다. 정유재란으로 절이 모두 불타버린 뒤 광해군 때 다시 중창했으나, 한국전쟁 때 또 불에 타 버리는 비운을 겪었다. 즉 증심사는 1000년의 역사를 지닌 절이지만 현재 이곳에서 볼 수 있는 건물은 대부분 최근에 지어진 건물인 것이다.

증심사에서 관심을 가지고 볼만한 문화재는 보물 제131호인 증심사 철조비로

◎ 증심사는 무등산 서쪽 기슭에 있는 절로 광주를 대표하는 불교 도량이다. 화순에 있는 쌍봉사를 개창한 통일신라 시대의 고승 철감 선사 도윤이 창건했다고 전해지는 절로 1000년이 넘는 오래된 역사를 가진 사찰이다.

1 증심사 철조비로자나불좌상. 사진의 가운데 모셔져 있는 것이 증심사 비로전의 주불(主佛)인 증심사 철조비로자나불좌상이다. 부처의 손 모양은 오른손 검지를 왼손이 감싸 쥐고 있는 것이 특징이며 신체 비례가 인체와 비슷한 등신상이다.

2 원효사는 조계종 제21교구인 송광사의 말사이다. 대표적인 문화재로는 유형문화재 제7호인 동부도가 있다. 조각 기법이 매우 우수하고 조선 후기의 작품이라고 전해진다.

자나불좌상이다. 이 철조비로자나불좌상은 원래 증심사의 것이 아니라 전남 도청 뒤에 있던 대황사의 것인데, 대황사가 문을 닫으면서 증심사로 옮겨온 것이다. 이 불상은 통일신라 시대인 9세기에 만들어진 불상으로 우리나라 철불 연구에 매우 중요한 작품이다.

한편 원효사는 광주 시내에서 약 12킬로미터 떨어진 무등산 북쪽 원효 계곡에 있는 절이다. 원효가 무등산의 물이 맑고 산이 수려하여 이곳에 절을 지었다고 전해져 원효사라는 이름으로 부른다고 한다. 창건 시기는 출토된 유물을 볼 때 통일신라 시대로 보이고, 정유재란 때 모두 소실된 것을 광해군 때 중수했다. 지금 가서 볼 수 있는 대웅전은 1980년대에 중창한 것이고 나머지 건물도 대부분 최근에 증축된 것이다.

 | 우리는 흔히 광주를 예술의 도시 또는 예향藝鄉이라고 부른다. 예로부터 시가 문학과 판소리, 그리고 대동제 등을 통해 권력에 대한 저항 정신을 풍자와 해학으로 풀어내는 남도 문화의 원형을 품고 있는 곳이 바로 광주다. 광주는 이러한 전통을 이어받아 현대 미술계를 대표하는 작가들과 함께 광주비엔날레 등 국제적 문화 행사를 개최하며, 우리나라를 넘어 세계적인 예술의 도시로 도약하고 있다.

광주에서는 짝수 해에는 광주비엔날레가 홀수 해에는 광주디자인비엔날레가 개최되고 있다. 저자가 광주를 찾아갔던 2009년 가을에는 마침 제3회 광주디자인비엔날레가 열리고 있었다. 광주디자인비엔날레는 미래 디자인의 흐름을 한눈

◎ '2009 광주디자인비엔날레'(9월 18일~10월 11일)가 열린 광주디자인비엔날레 전시관. 제3회 광주디자인비엔날레의 주제는 'The Clue_ 더할 나위 없는'이다. 세계 디자인의 새로운 가치를 선도하는 비전을 제시하고, 광주가 국제적인 디자인 도시로 문화적 기반을 다지는 기회로 삼기 위해 개최되었다

에 파악할 수 있는 전시 행사로 아시아의 문화 중심 도시, 한국의 문화 수도를 표방하는 광주에서 개최하는 세계 최초의 종합 디자인 전시 행사이다. 2년마다 열리는 이 행사에서는 전시 행사 외에도 다양한 축제와 국제회의 워크숍 이벤트 등이 함께 열린다.

초대 문화부 장관이었던 이어령 교수는 '깜깜한 밤바다를 항해하는 수부들이 별자리를 통해서 방향의 단서를 찾는 것처럼, 아니면 목동들이 양떼를 몰고 가다가 새로운 초원으로 향한 오솔길을 찾는 것처럼 우리 자신의 삶이 새로워지고, 우리가 의지해서 살아온 문명들이 무너지면서 새로운 다른 공간으로 향한 출입문이 열리는데, 광주디자인비엔날레의 전시실은 바로 현실 공간과 가상공간을 이어주는 인터페이스이자 미래의 운명을 읽는 수정구'라는 축하 메시지를 보냈다. 이곳 광주디자인비엔날레에서 나도 디자인에 대한 새로운 시각과 철학을 가지게 되었다.

○ 천 개의 인형, 천 개의 한복. 천 개의 인형은 근·현대의 우리 옷의 역사를 재현했다. 저마다 다른 얼굴과 캐릭터를 지닌 1000여 개의 광목 인형들이 다양한 우리 옷의 모습을 보여주고 있다.

1 글자는 내용의 반영이자 상징이며 또한 문화이다. 사회적으로 약속된 기호체계인 글자는 사용자들의 태도나 매체의 변화에 따라 그 형태와 방향이 바뀌기도 한다. 바람직한 한글의 꼴은 무엇일까? 300여 종의 한글 꼴로 설치된 공간 '한글 숲'에서 미래 한글의 실마리를 찾아보았다.

2 창작 음악의 방. 소리를 내는 악기들이 공중에 매달려 있다. 그곳에서 자연이 내는 소리와 사람이 내는 여러 소리를 만날 수 있었다.

제3회 광주디자인비엔날레의 주제전으로는 '옷, 맛, 집, 글, 소리'가, 프로젝트전으로는 '살림, 살핌, 어울림'이 구성되었는데, 한국 문화의 원형으로부터 세계적으로 새로운 디자인의 가치를 창출하기 위한 시도가 돋보였다. 디자인이 곧 미래라는 사실을 실감나게 하는 기회였다. 먹고, 입고, 사는 것, 의식주가 전부는 아니다. 삶에서 지켜야 할 근본적인 물음과 디자인이 지향해야 할 궁극적인 답은 다르지 않았다. 또한 디자인이 우리 삶에 없어서는 안 되는 것이라는 사실도 깨닫게 되었다.

"
동학과 단풍, 그리고
문학의 도시 전라북도 정읍시
"

33

내장사로 들어가는 길에서 본 내장산 국립공원의 전경이다. 내장산 단풍이 절정을
이룬다는 10월 말에 이곳을 찾았다. 그러나 새벽부터 눈비가 내리고, 심지어 우박
까지 내렸다. 오후에 다시 찾았을 때도 날씨가 좋지 않았는데, 아주 짧은 시간 하늘
이 개었을 때 찍은 사진이다. 내장산 기슭은 붉은색, 노란색으로 한껏 물이 올랐고,
산꼭대기는 오전에 내린 눈으로 하얗다.

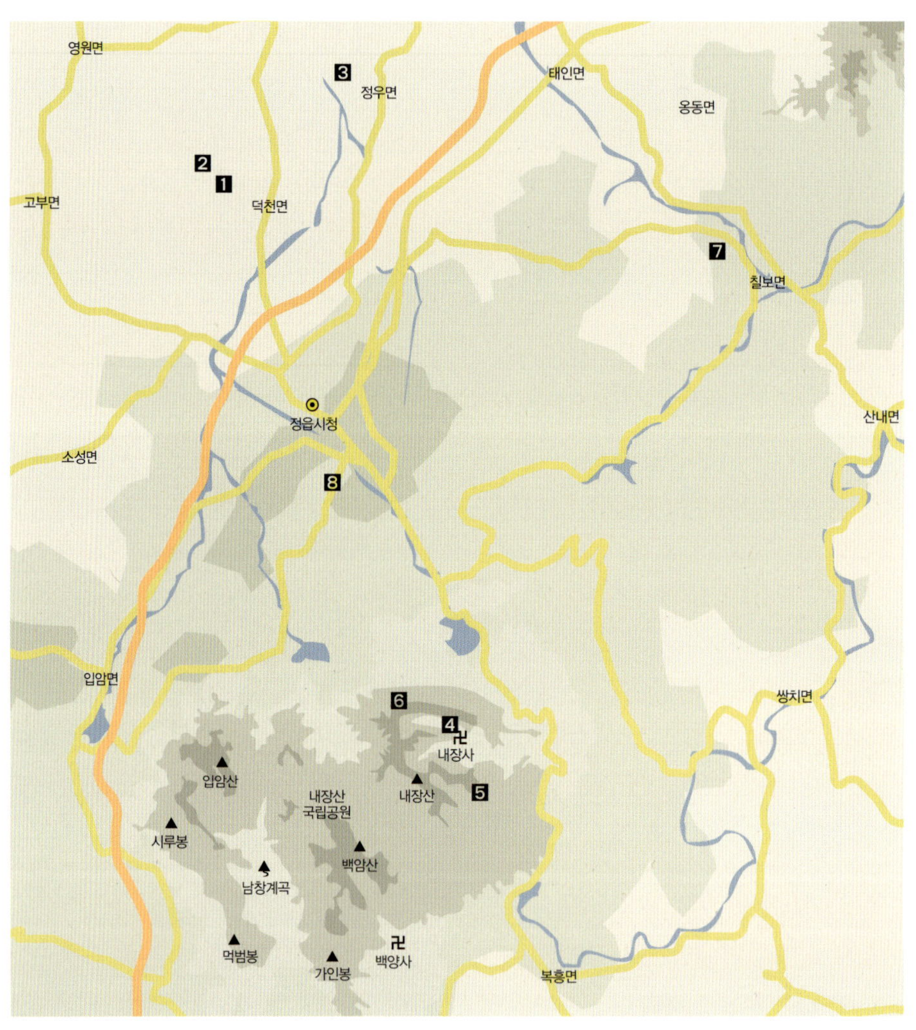

1 동학농민혁명기념관　**2** 황토현 전적지　**3** 만석보 유지비　**4** 내장사　**5** 우화정　**6** 서래봉
7 무정서원　**8** 정읍사 공원

전라북도 정읍시

정읍시는 인구가 약 12만 명이고, 면적은 전라북도의 8.6퍼센트를 차지하여 수도권 밖에서는 꽤 큰 도시에 속한다. 특히 가을 단풍을 대표하는 내장산이 있어, 해마다 가을이 되면 전국 각지에서 수많은 사람들이 찾는 곳이다. 정읍시가 위치한 곳은 노령산맥의 서쪽인데, 바탕을 이루는 땅은 중생대 쥐라기에 형성된 대보 화강암이다. 화강암이 풍화에 약하기 때문에 시의 대부분이 해발 고도 100미터 내외의 낮은 구릉 지대로 이루어져 있다. 그 사이로 동진강과 고부천이 흘러 충적 평야가 넓게 발달해 있어서 예로부터 논농사가 발달하였으며, 지금은 호남선 철도와 고속도로 및 국도 등이 지나고 있어 서해안 지방의 교통 중심지 역할을 하고 있다. 또 정읍시는 백제의 가요인 정읍사와 최초의 가사로 알려진 상춘곡의 탄생지이며 우리 근대사에서 중요한 의미를 지닌 동학농민운동의 중심지이기도 하다.

동학농민운동과 전봉준

지금으로부터 백여 년 전, 전라도 고부 땅(지금의 정읍시 고부면)에 조병갑이라는 관리가 군수로 부임했다. 조병갑은 조정이 혼탁한 틈을 타 사리사욕을 채우기 위해 온갖 방법을 동원하여 양민들의 재산을 수탈하였다. 그는 농민들에게 황무지를 개간하여 농사를 지으면 세금을 면해 주기로 약속해 놓고, 추수를 한 후에는 그 약속을 지키지 않았다. 또 양민들에게 없는 죄를 만들어 덮어씌우고, 죄를 면해 주는 조건으로 재산을 강탈했다. 뿐만 아니라 태인 군수를 지낸 적이 있는 부친의 송덕비각을 짓는다는 명분으로 백성들을 못살게 굴었다. 그리고 만석보가 제 기능을 다 하고 있는데도 농민들을 강제로 동원하여 새로운 보를 쌓게 했다. 급기야 가을에 받은 백성들의 조세를 개인적으로 착복했다.

1 동학농민운동을 이끈 전봉준 장군의 동상이다. 전봉준은 조선 후기에 일어난 동학농민운동의 지도자로 부패한 관리를 처단하고 개혁을 도모했다. 전라도 지방에 집강소를 설치하여 동학 조직의 강화에 앞장섰고, 일본군의 침략과 맞서 싸우기도 했다. 하지만 부하의 밀고로 1895년 사형을 당했다.

2 만석보 유지비. 뒤로는 정읍천이 흐르고 있는 '배들 평야'가 보인다. 고부 군수 조병갑은 만석보가 있는데도 정읍천과 태인천이 합류하는 지점에 새로 보를 쌓으라고 명하여 자신의 사리사욕을 채웠고, 이 보는 농민들의 원성의 대상이 되었으며 동학농민운동의 발단이 되었다.

3 황토현 전적지. 사적 제295호인 황토현 전적지는 동학농민운동이 일어날 당시 태인과 고부를 연결하던 교통의 요지였다. 농민군이 처음 관군과 전투를 벌여 대승을 거둔 자리이다. 이 전투를 계기로 자신감을 얻은 동학농민군은 그 후 한달 만에 호남 지방을 점령했다.

조병갑의 탐욕을 보다 못한 전봉준은 농민 수십 명과 함께 여러 차례 조병갑을 찾아가서 만석보 수세를 깎아 달라고 요구했다. 하지만 조병갑은 꿈쩍도 하지 않았다. 전봉준은 갈수록 생활이 피폐해지는 양민들을 불쌍히 여겨 탐관오리 조병갑을 처단하기로 결심하고, 1894년 1월 10일 약 1000명의 동학교도 및 농민들을 이끌고 고부 관아를 습격했다. 그리고 불법으로 약탈한 곡식을 농민들에 돌려

주었는데, 이 사건이 바로 그 유명한 고부민란古阜民亂이다.

조병갑은 간신히 목숨을 부지하여 전라감영으로 달아났다가 조정에 의해 체포되었다. 조병갑 대신 새로 부임한 군수는 사태를 잘 수습하는 것으로 보여 전봉준과 농민들은 자진해서 집으로 돌아갔다. 하지만 이것이 끝이 아니었다. 조정으로부터 파견된 안핵사 이용태가 민란을 조사한다는 명목으로 죄 없는 농민들을 잡아들이고, 부녀자를 능욕하며 재산을 강탈하기 시작했다. 그러자 전봉준이 다시 동학군을 조직했고, 이번에는 조정과 전면전에 돌입했는데 이것이 바로 동학농민운동의 시작이었다. 우리나라에서 벌어진 가장 규모가 컸던 농민 혁명이 바로 이곳 정읍에서 시작된 것이다.

동학은 원래 철종 11년(1860) 최제우崔濟愚에 의해 시작된 종교이다. 당시 조선은 정치적으로 국권이 외세에 흔들려 위기에 처해 있었고, 사회적으로는 가톨릭교를 위시한 서학西學이 번성하였다. 이러한 상황에서 민족의 주체성과 도덕의식을 바로 잡는 것만이 조선과 조선인의 살 길이라고 생각한 최제우는 새로운 도道를 세우고 동학이라고 했다. 동학은 서학에 대응할 만한 조선의 종교라는 뜻으로, 기본 사상은 '인내천人乃天' '천심즉인심天心卽人心'이다. '인내천'은 인간의 주체성을 강조하고 만민 평등의 이상을 나타내는 것으로, 퇴폐한 양반 사회의 질서를 부정하는 혁명적인 성격을 포함하고 있었다. 이 사상은 동학농민운동의 근간이 되었다.

1894년 3월 말, 전봉준은 손화중 등과 함께 뜻을 모아 전국에 격문을 띄우고, 4월 1일에는 태인을, 4월 4일에는 부안 관아를 점령했다. 걷잡을 수 없이 커지는 동학농민군 세력에 놀란 조정은 전라 감영으로 하여금 이들을 진압하라는 명을 내렸고, 전라 감영에서는 관군과 보부상들을 동원하여 동학농민군과 전투를 벌였다. 그러나 4월 7일 새벽 황토현 넓은 들판에서 관군은 농민군에게 패했고, 관군을 이끌던 이경호는 체포되어 처단되었다. 이 승리로 농민군의 사기가 충천하여 전주로 진격하는 등 동학농민혁명의 횃불이 드높아지게 되었다. 그러나 농민들의 혁명 의지는 조정이 일본군을 끌어들이는 바람에 그 세력을 떨친 지 1년여 만에 실패로 끝나고 만다. 패배한 동학 농민군을 상대로 관군과 일본군의 잔인한 학살이 벌어졌고, 전봉준은 순창에서 체포되어 한양으로 압송된 후 일본 공사의 재판을 받아 사형되었다.

가을 내장산의 오색찬란한 단풍

매년 10월 중순 이후가 되면 각종 신문이나 텔레비전 등에서 전국의 가을 단풍 소식을 전해 주는데 그중 가장 많이 소개되는 곳이 바로 정읍의 내장산이다. 사실 단풍은 세계 어디서나 볼 수 있는 현상이 아니다. 우리나라와 같이 계절의 변화가 있는 나라에서만 볼 수 있는 현상이다. 적도 지역에서는 단풍을 구경할 수 없다는 뜻이다. 특히 우리나라의 단풍은 세계적으로 아름답기로 유명하다. 봄, 여름, 가을, 겨울의 사계절 변화가 뚜렷하기 때문이다. 이중에서도 내장산의 단풍은 단연 인기가 높다. 내장산의 단풍이 유난히 아름다운 이유는 무엇일까? 이를 알기 위해서는 먼저 가을에 단풍이 드는 까닭을 알아야 한다.

가을에 단풍이 드는 것은 식물의 생명 활동 때문이다. 가을이 되어 기온이 떨어지기 시작하면 나무는 겨울나기 채비를 한다. 나무의 겨울나기는 먼저 가지에 붙어 있는 잎들을 제거하는 일로부터 시작된다. 나무가 스스로 나뭇잎을 떨어뜨리는 이유는 수분을 아끼고 체온을 유지하려는 전략으로 오래된 진화의 산물이다. 겨울이 되면 나무가 살아가기에 충분한 수분을 공급받을 수 없기 때문이다. 겨울 가로수가 앙상한 가지만 보이는 까닭은 사실 힘든 탈수 상태를 견디면서 봄

1 내장산 국립공원의 가을. 내장산의 가을은 마치 한 폭의 수채화와 같다. 내장산의 가을 단풍은 예부터 아름다웠는지 우리 조상들은 조선 팔경의 하나로 이곳을 꼽았다. 내장산이 단풍으로 물들 때면 하루 10만 명 이상의 등산객이 이곳을 찾는다. 내장산은 1971년 11월에 국립공원으로 지정되었다.

2 우화정. 내장산 단풍은 물과 어울리면 더욱 아름답다. 우화정(羽化亭)은 내장산 국립공원 안에 있으며 정자에 날개가 돋아 승천했다는 전설이 있어 붙여진 이름이다. 연못가에는 당단풍, 수양버들, 두릅나무, 산벚, 개나리, 산수유, 복자기 나무 등이 자라고 있어 가을이면 맑은 연못에 울긋불긋한 단풍이 비쳐 한 폭의 그림을 연상하게 만든다(사진제공: 최영진).

을 기다리는 나무의 지혜로운 전략 때문인 것이다.

나무는 기온이 내려가는 가을이 되면 가지에 붙어 있는 잎을 떨어 내기 위해서 스스로 잎과 줄기의 연결을 차단한다. 그러면 우선 줄기에서 잎으로 가던 물의 공급이 차단된다. 그런데 잎에서는 아직 조금 남아 있는 물을 이용하여 광합성 활동을 계속한다. 하지만 이 광합성으로 생산된 포도당은 줄기로 이동할 수 없다. 이미 통로가 차단되었기 때문이다. 따라서 잎에는 포도당이 계속 쌓이게 되고, 포도당의 양이 많아지면 잎의 산성도가 증가한다. 산성도가 증가한 잎에서는 초록색을 띤 엽록소가 파괴된다. 대신 본래 잎 속에 있던 카로틴이라는 물질이 변해 노란색을 드러나면서 은행나무는 노랗게 물든다. 단풍나무는 붉은색소인 안토시아닌이 드러나면서 붉게 물든다. 그 결과 가을이 깊어 갈수록 숲은 오색찬란해지는 것이다.

나뭇잎이 여러 가지 색으로 물드는 일은 기온의 일교차가 클수록 더욱 잘 일어나는데, 내장산의 경우가 바로 여기에 해당한다. 내장산은 다른 산에 비해 상대적으로 일교차가 심하다. 또 내장산에는 다른 산보다 단풍이 드는 나무의 종류가 훨씬 많다. 소백산은 5종인데 비해 내장산은 13종으로, 해마다 다양한 빛깔의 단풍나무가 내장산을 장식하는 이유가 여기에 있다.

내장산의 서래봉과 용굴

내장산 국립공원 일대는 한반도의 서남부에 위치한 노령 산맥의 중앙부로, 북동 방향으로 발달해 있고, 정읍시를 이루고 있는 중생대 쥐라기의 화강암 지질과는 다르게 중생대 백악기의 화산 활동과 관련이 깊은 지질로 이루어져 있다. 그래서 중서부와 동남부의 극히 일부를 제외하고는 대부분

1 내장산 서래봉과 내장사. 내장산(內藏山)의 원래 이름은 영은산이었다. 하지만 굴곡진 계곡으로 수많은 사람들이 몰려와 계곡 속에 들어가면, 어느 골짜기에 그 많은 사람이 다 들어갔는지 알 수 없는 것이 마치 양의 내장 속에 숨어 들어간 것과 같다 하여 내장산이라 불리게 되었다고 한다. 사진의 봉우리는 내장산의 대표적인 암봉인 서래봉이다. 마치 내장사를 감싸고 있는 듯하다(사진제공: 최영진).

2 송이바위. 내장산으로 들어가는 입구에서 볼 수 있는 독립 암봉으로, 서래봉과 같은 비슷한 과정을 거쳐 지금과 같은 모양을 가지게 되었다(사진제공: 최영진).

의 지역이 험준한 산지를 이룬다. 험준한 산지의 대표적 예로 서래봉을 들 수 있다. 서래봉은 내장산의 북쪽을 두르고 있는 암산으로, 봉우리의 모양이 마치 농기구인 써레처럼 생겼다 하여 붙여진 이름이다. 서래봉은 약 1킬로미터의 바위 절벽이 그대로 하나의 봉우리를 형성하고 있는데, 그 아래로 아름드리 단풍나무들이 둘러서 있어 마치 여인의 색동 치마를 보는 듯한 형상을 하고 있다.

서래봉과 같이 산꼭대기에 있는 거대한 바위 봉우리는 오랜 세월 풍화와 침식 작용을 이겨 낸 것들이다. 대부분 산의 꼭대기에는 흙과 암석이 뒤섞여 있지만, 풍화와 침식이 활발한 곳은 땅 속의 큰 암체가 그대로 정상에 노출되어 있는 경우가 많은데, 이런 것을 암봉巖峰이라고 하고 서래봉도 이에 해당한다. 서래봉과 같은 독립적인 암봉이 발달하려면 암석에 절리가 잘 생기지 않아야 한다. 일반적으로 절리가 많으면 암석은 풍화와 침식이 빠르게 진행되어 그 원래의 모습을 대부분 잃어버리기 때문이다. 그런데 서래봉은 경우가 좀 다르다. 서래봉을 이루고 있

■ ■ 용굴(龍屈). 용이 승천하였다는 전설이 있는 굴로 원래 이 안에 암자가 있었다고 한다. 임진왜란 때 전주사고(全州史庫)에 있던 조선왕조실록과 조선 태조의 영정을 1년 1개월 동안 보관했던 곳이기도 하다(사진제공: 최영진).

■ 풍화혈(타포니, Tafoni). 타포니라고 불리는 풍화혈은 흔히 암벽의 측면에 형성된 구멍을 뜻한다. 암석이 물리적 화학적 풍화 작용을 받아 생긴 흔적이다. 위 사진은 내장호 주변 도로에서 촬영한 것으로, 유문암질 화산암의 절리가 파쇄되어 형성된 것이다.

는 암석은 화산 분출암인 유문암질 화산암(흔히 내장사 화산암이라고 부른다)에 속한다. 유문암질 화산암은 용암이 분출된 후 냉각과 고결 과정을 거치면서 수평 방향과 수직 방향의 판상절리가 발달한다. 서래봉의 경우에는 수직절리가 우세하게 발달했는데, 이 절리들은 오랜 세월 모진 비바람에 맞아 차별 풍화와 침식 과정을 거쳐 마치 톱날을 세워 놓은 듯한 기암괴석을 이루었고, 그것이 마치 병풍처럼 내장사를 둘러싸는 형태를 이루게 된 것이다. 내장산으로 들어가는 초입에서 볼 수 있는 송이바위도 서래봉과 같은 과정으로 형성된 암봉이다.

한편 내장사에서 금선 폭포 방면으로 가는 구간을 가다 보면 큰 바위 밑에 '용굴'이라고 불리는 천연 동굴을 볼 수 있다. 용굴은 서래봉과 송이바위처럼 유문암질 화산암이 냉각되는 과정에서 형성된 절리들 때문에 바위가 부분적으로 부서지고 무너져 내려 형성된 것으로 이러한 과정을 파쇄절리라고 한다. 파쇄절리의 흔적은 내장산을 벗어난 곳에서도 일부 관찰되는데, 내장호를 끼고 도는 도로변 절개지면에서 쉽게 찾아볼 수 있는 풍화혈이 그 좋은 예라고 할 수 있다.

상춘곡과 정읍사

내장산과 동학농민운동에 가려서 크게 드러나지 않았지만 정읍에는 선비 정신을 담은 문화 유적이 의외로 많다. 대표적인 것이 '태산선비문화권'이라고 하는 곳이다. 태산선비문화권은 행정 구역으로 볼 때 정읍시 칠보면과 북면, 그리고 옹동면에 걸쳐 있다. 이 지역은 신라 시대 때 태산泰山이라 불렸던 곳으로, 통일신라 말기에 대표적인 유학자 고운 최치원이 군수로 일했던 곳이다. 최치원 이후에도 선비 기질의 유풍이 잘 계승되어 조선 시대까지 이어졌다. 조선 시대에는 정극인(1401~1481)과 신잠(1491~1554) 등이 그 맥을 이었는데, 그 흔적으로

● 무성서원(武城書院). 정읍시 칠보면 무성리에 있는 조선 시대의 서원이다. 고운 최치원을 모시기 위해 만들어졌으나, 조선 숙종 때 왕의 사액을 받아 사액서원이 된 후 정극인 등을 함께 모시게 되었다.

사적 제166호인 무성서원武城書院을 비롯한 여러 개의 사당이 있다.

무성 서원 옆으로 정극인을 기리는 동상이 세워져 있다. 정극인은 조선 전기의 문신으로 절개가 높고 부귀영달을 탐하지 않은 대표적인 유학자였다. 그는 세종 11년(1429)에 생원에 합격하고, 단종 1년(1453)에 문과에 급제하여 벼슬에 나섰으나, 세조에 의해 단종의 왕위가 찬탈당하는 것을 보고 사직한 후 고향에 내려와 후진 양성에 힘썼다. 그는 특별히 문학에도 뛰어난 재능을 보여 우리나라 최초의 가사歌辭 작품인 상춘곡賞春曲을 지었다.

한편, 정읍은 우리 문학사에서 매우 중요한 의미를 지니는 '정읍사井邑詞'라는 가요의 탄생지이기도 하다. 국어 시간에 '달하 노피곰 도드샤, 어긔야 머리곰 비취오시라. 어긔야 어강됴리……'로 이어지는 문장을 누구나 한 번쯤 배웠을 것이다.

이 글은 통일신라 시대의 경덕왕景德王 이후 옛 백제 지방에서 전해진 노래로 짐작되며, 현존하는 유일한 백제 가요라고 할 수 있다. 또 한글로 기록되어 전하는 가요 중 가장 오래된 것이다. 정읍사는 정읍에 살던 어느 행상의 아내가 남편이 돌아오지 않아 높은 산에 올라가 먼 곳을 바라보며 남편이 행여나 밤길에 사고나 당하지 않았을까 노심초사 하는 마음을 표현한 노래이다. 정읍이 내장산과 동학농민운동의 발상지로만 기억되어 있지만, 우리나라의 고대 문학에서 매우 큰 비중을 차지하는 문학의 고장이라는 점도 잊지 말아야 한다.

1 정읍사 공원에 설치된 정읍사 노래비. 정읍은 백제 가요 '정읍사(井邑詞)'가 탄생한 곳이다. 이를 기리기 위해 정읍시청 가까운 곳에 정읍사 공원이 만들어졌고, 정읍사의 주인공인 백제 여인의 망부석과 노래비가 세워졌다.

2. 3 정극인의 동상과 상춘곡. 상춘곡은 정극인이 지은 가사로 79구절로 되어 있으며 최초의 가사 작품으로 여겨진다. 봄을 맞아 자연 속에서 안빈낙도하는 양반 사대부의 삶을 아름다운 문장으로 잘 표현하였다. 후에 송강의 '성산별곡'으로 이어지는 사림 문학 형성에 큰 영향을 끼쳤다.

"
고추장과 강천산의 고장
전라북도 순창군
34
"

장구목의 요강 바위들은 섬진강 댐에 막혀 잠시 옥정호에서 쉬던 섬진강 물이 순창의 용골산 앞을 지나면서 만든 것이다. 요강 바위는 하천의 침식 작용 중 마식 작용에 의해 기반암에 형성된 구멍 모양의 지형을 가리킨다. 마식 작용이란 하천이 운반하는 자갈이나 모래 알갱이가 기반암에 충격을 가하고, 이때 생긴 작은 틈을 오랜 세월 서서히 깎아 내는 작용을 말한다.

1 구장군 폭포　**2** 만일사　**3** 순창 전통 고추장 민속 마을　**4** 장구목(장군목)　**5** 채계산　**6** 향가리
7 강천산 군립공원(강천사, 병풍바위, 거북바위)　**8** 구암사(월인석보)

전라북도 순창군

'순창'하면 사람들은 대부분 '고추장'을 떠올린다. 그만큼 전라북도 순창군은 고추장으로 유명하다. 실제로 우리나라에서 고추장을 비롯한 된장 등 발효 식품 38퍼센트를 순창군에서 생산하고 있다. 순창이 이처럼 뛰어난 장류醬類 식품의 생산지가 된 까닭은 깨끗하고 편안한 자연 환경 때문일 것이다. 그래서인지 순창은 인구 10만 명당 100세 이상 장수 노인이 29명으로 전국 최고를 자랑한다. 덕분에 2003년 미국 「타임」지에서 세계 장수 마을로 선정되기도 했다. 또 순창을 대표하는 강천산은 전국 최초로 군립공원으로 지정된 산으로, 중생대 백악기 때 형성된 퇴적암이 만들어 낸 멋진 폭포로 유명하다. 섬진강의 맑은 물과 새벽안개가 만드는 장구목의 비경은 한 번 보면 결코 잊을 수 없다.

이성계와 순창 고추장

지금으로부터 600여 년 전, 태조 이성계가 조선을 창건하기 직전인 고려 말의 일이었다. 이성계가 스승인 무학 대사를 만나러 지금의 순창군 구림면에 있는 만일사萬日寺를 찾아갔다. 만일사를 향해 가는 도중 점심때가 되어 이성계 일행은 아미산 근처로 추정되는 어느 농가에 들러 고추장을 곁들인 점심을 먹었다. 이성계는 왕이 된 후에도 당시의 고추장 맛을 잊지 못해 그 고추장을 다시 찾았다. 이때부터 순창의 고추장이 한양의 임금에게 보내지는 진상품이 된 것이다. 이 전통이 오늘날까지 이어져 순창 고추장은 우리나라를 대표하는 고추장이 되었다. 덕분에 순창이 어디에 있는지 모르는 사람도 순창을 대표하는 음식이 고추장이라는 것은 잘 알고 있다.

실제로 순창 고추장은 다른 지역의 고추장과는 맛과 향 그리고 때깔까지 다

1 만일사는 백제 무왕 때(673년) 처음 세워진 절로, 이성계가 임금이 되기 전에 무학 대사에 의해 중건되었다. 만일사라는 명칭은 무학 대사가 이성계를 임금의 자리에 오르게 하고자 만일 동안 이곳에서 기도하였다는 데서 유래되었다고 한다. 순창군의 회문산 자연 휴양림 근처에 있다.

2 만일사비. 만일사 경내로 들어가는 오른쪽에 만일사비의 비각이 있다. 만일사비는 높이가 약 170센티미터로 어른 키만 하다. 비석에는 순창의 고추장을 임금에게 진상하게 된 내력이 적혀 있다고 하는데 비석이 많이 닳아서 비각 밖에서 육안으로 글자를 확인하기는 어려웠다.

르다. 맛을 보면 혀끝이 알싸하면서도 감칠맛이 난다. 향은 은은하고, 검붉은색을 띤다. 맛과 향과 때깔의 차이는 고추장을 만들 때 사용하는 재료나 제조 기법의 차이때문이라고 한다. 순창군에서 운영하는 누리집에 소개된 순창 전통 고추장의 제조 과정은 다음과 같다. 우선 순창 고추장은 음력으로 동짓달 중순에서 섣달 중순까지의 기간에 담근다. 원료의 배합 비율은 고춧가루 25퍼센트, 찹쌀 22.2퍼센트, 메줏가루 5.5퍼센트, 소금 12.8퍼센트, 기타 물이나 엿기름 등이 34.5퍼센트이다. 하지만 이런 원료의 배합 비율보다 고추장 맛을 좋게 만든 중요

○ 임금님 고추장 진상 행렬. 순창군은 순창 장류 축제를 통해 순창 장류 산업의 세계화를 추구하고 있으며, 전국 최초로 지정된 장류 특구 지역으로 이를 통해 장류 산업의 중심지로 거듭나고 있다(사진제공: 순창군청).

한 요인은 순창의 자연 환경일 것이다. 섬진강에서 흘러 나오는 순창의 맑고 깨끗한 물, 연평균 섭씨 13.2도의 온화한 기온, 그리고 가뭄이나 수해 등의 자연 재해가 잘 일어나지 않는 지역적인 특성 등에 순창 사람들의 근면한 생활 태도(장맛을 유지하기 위해선 무엇보다 만드는 사람의 헌신적 노력이 필요하다)가 잘 어우러져 천하일미 순창 고추장이 만들어지는 것이다.

순창의 고추장 제조 전통은 오늘날 중요한 산업 자원이 되었다. 매년 10월이면 순창을 대표하는 행사로 순창 장류 축제가 열리는 것을 보면 잘 알 수 있다. 장류 축제 때는 임금님 진상 행렬이 지나가고, 순창 전통 고추장으로 비빔밥 만들기 등 다채로운 행사가 열린다. 또 순창읍 백산리에 가면 아예 마을 전체가 고추장과 전통 발효 식품을 제조하고 판매하는 '순창 고추장 민속 마을'이 있다. 집집마다 메주가 걸려 있고, 커다란 장독이 있어 고추장을 제조하는 과정을 눈으로 확인할 수 있다.

○ 순창의 전통 고추장 민속 마을. 순창에서 광주 쪽으로 조금 가다 보면 고추장과 전통 발효 식품을 만드는 전통 민속 마을이 있다. 마을 전체가 전통 가옥으로 되어 있고 집집마다 메주가 매달려 있으며 마당에는 크고 작은 장독이 가득하다. 대부분 고추장과 전통 발효 식품을 직접 제조하여 판매하고 있다.

오백 리 섬진강이 둘러 가는 길
장구목, 채계산, 향가리

섬진강은 남북한을 합쳐 한반도에서 아홉 번째로 긴 강으로 그 길이가 약 212킬로미터에 이른다. 무려 500리가 넘는 남도의 힘찬 동맥이다. 진안에서 발원하여 처음에는 은천, 세동천, 외궁천, 달길천, 구신천 등의 물길을 차례로 받으며 북서쪽의 임실군까지 흐른다. 그러다가 다시 몇 개 하천의 물을 받아 흐르다 섬진강 댐에 가로막혀 인공 호수 옥정호로 흘러간다. 옥정호에 모인 물은 잠시 호흡을 고른 후 정읍을 지나 순창으로 온다. 순창을 지나는 섬진강 물줄기는 강천산에서 흘러내린 물을 받아 용골산 앞을 지나 넓은 들을 만나서면 천천히 흐르는데, 이곳 사람들은 이 강을 적성강이라 부른다. 적성강이 시작되는 곳에 있는 장구목(동네 사람들은 장군목이라고 부르고, 순창 관광 안내 지도에도 그렇게 적혀 있다)은 마치 수백 마리의 공룡이 떼 지어 지나가면서 만

◎ 적성강과 용골산. 전라북도 진안에서 출발한 섬진강은 순창의 적성면을 지날 때는 잠시 적성강이라는 이름으로 불린다. 뒤로 보이는 산은 용골산으로, 그 아래에 섬진강 생태 공원이 자리 잡고 있다.

든 것처럼 보이는 갖가지 모양의 구멍이 패어 있어 강한 원시의 기운을 느낄 수 있다.

섬진강의 섬은 두꺼비 섬蟾자를, 진은 나루 진津자를 쓴다. 강이 섬진이라는 이름을 가지게 된 유래는 이렇다. 임진왜란 당시 왜구들이 남해 바다를 건너 광양만에 이르러 섬진강 물줄기를 타고 내륙으로 들어오려 했다. 그런데 경남 하동쯤에 이르자 두꺼비들이 떼로 강을 막아 섰다. 덕분에 몰래 내륙으로 침입하던 왜구들은 물길이 막혔고, 사람들에게 들켜서 더 이상 내륙으로 들어가지 못했다고 한다. 하지만 실제로 두꺼비들이 왜구의 뱃길을 막지 않았더라도 왜구들이 강을 따라 내륙 깊숙이 들어오기는 힘들었을 것이다. 섬진강은 배가 지나다니기에 매우 불편한 강이기 때문이다. 섬진강은 강의 너비가 다른 강에 비해 좁고, 또 강바닥에는 암반이 많이 노출되어 있다. 아무리 작은 배라도 쉽게 강바닥에 걸리는 강이다. 장구목은 이와 같은 섬진강의 특징이 고스란히 드러나 있는 곳이다.

하천의 바닥을 이루고 있는 암반을 지질학에서는 암석하상rocky riverbed이라고 부른다. 암석하상은 적성강과 같이 강의 상류부에서 잘 나타난다. 암석하상이 있는 곳에서는 포트 홀pot hole이나 폭포와 같이 독특한 지형이 잘 형성되는데, 장구목의 요강바위가 바로 그 예이다. 요강바위는 전형적인 포트 홀로 하천의 침식 작용 중 마식 작용에 의해 강 바닥의 기반암에 형성된 구멍 모양의 지형을 가리킨다. 마식 작용磨蝕作用, abrasion은 하천이 운반하는 자갈이나 모래 알갱이가 기반암에 충격을 가하고, 이때 생긴 작은 틈이 오랜 세월 서서히 깎아지는 작용을 말한다. 작은 틈이 점점 커지고 그 속으로 더 큰 자갈이 들어가 소용돌이와 함께 회전하면서 기반암을 마모시켜 틈의 규모가 점점 더 커진다. 포트 홀은 사암이나 화강암 같은 암석에서 잘 형성되며, 큰 것은 지름과 깊이가 몇 미터에 이르기도 한다. 장구목의 바닥에 발달한 포트 홀, 즉 요강바위는 중생대 때 만들어진 화강암 위에

1 장구목의 요강 바위는 전형적인 포트 홀 지형이다. 다른 지역의 포트 홀보다 구멍의 크기들이 크다. 큰 것은 깊이가 2미터, 폭이 3미터로 웬만한 어른 하나가 들어갈 정도이다. 그래서 한국전쟁 당시 이 구멍과 바위 틈 사이에 숨어 목숨을 구한 이들이 여럿이었다는 이야기가 지금도 전해진다(사진 제공: 순창군청).

2 채계산은 회문산, 강천산과 함께 순창의 3대 명산으로 불려 왔다. 새들도 위태로워서 앉기를 꺼려했다는 아슬아슬한 칼바위가 늘어선 능선이 멋지다. 암석 능선이 마치 책을 차곡차곡 쌓아 놓은 모양을 하고 있어 예전에는 책여산(册如山)이라고도 불렸다.

형성된 것이다.

장구목의 포트 홀을 만든 물은 적성면의 너른 평지를 지나 채계산 앞에서 물구비를 이룬다. 채계산은 여자의 비녀처럼 섬세하고 그림처럼 아름답다 하여 일명 화산華山으로 불리기도 하는데, 실제로 산에 올라가 보면 귀부인의 비녀와는 전혀 다른 느낌이다. 날카롭고 단단한 모서리를 가진 암석들이 넓은 판 모양을 이루며 누워 있어 상당히 남성적이다. 고려 말 최영 장군이 이 준령에서 말을 타고 화살을 쏘며 무술을 익혔다는 전설이 전해질 정도로 산세가 험한 곳이다. 지질도 춘천의 삼악산에서 보았던 규암보다는 덜 단단하지만 규산질이 많이 함유된 화강암이라 일반적인 화강암보다 훨씬 단단하다. 덕분에 모진 풍파에도 형상을 제대로 유지하고 있다.

그러나 아무리 단단한 바위도 물을 따라 구르면 자갈이 되고, 그 자갈이 모래가 된다. 채계산을 지나 적성강의 하류인 유등면 향가리에 가면 물을 따라 흘러온 모래들이 만든 모래밭이 있다. 옛날에는 이 모래밭에 은어들이 알을 낳고 새

○ 풍산면 향가리의 교각. 일본이 곡물 수탈을 목표로, 광주, 담양, 순창, 곡성, 여수를 잇는 철로를 놓기 위해 만든 것이라고 한다. 약 10년간 공사를 하던 중 1945년 광복이 되자 공사는 중단되었는데, 섬진강 맑은 모래를 넣어 만들어서 철근을 넣지 않았는데도 돌덩어리처럼 단단하여 아무리 깨려 해도 깨지지 않아 방치해 두었다는 이야기가 전해진다. 실제로 가서 보면 반세기가 넘은 시멘트 구조물치고는 상당히 단단하고 깨끗해 보인다.

끼를 쳐 은어가 많이 잡혔다고 하는데, 지금은 이곳에서 은어를 보기 어려워졌다. 그래도 어스름 새벽이면 강태공들이 은빛 물고기의 자태를 잊지 못하고 찾아와 이곳에 장대를 드리운다.

물은 계속 흘러 남원을 거쳐 곡성에서 섬진강 본류와 합류한 후, 지리산 피아골에서 발원한 계곡물을 만나 강물이 깊어지고 경남 하동까지 80리 길을 흐른다. 지리산 쌍계사 계곡에서 내려온 화개천과 합류하는 곳에 그 유명한 화개장터가 있다. 이곳에 이르러 비로소 강은 섬진강이라 불리게 된다. 섬진강 물은 전라남도와 경상남도의 경계를 이루며 흐르다가 남해의 광양만에 다다르고 마침내 바닷물이 된다.

강천사와 병풍바위

강천산으로 가는 길 왼편으로 강천호가 있다. 파란 하늘의 뭉게구름이 호수 위로 비칠 때면 강천산의 나무들과 잘 어우러진다. 강천산은 남도의 숨겨진 작은 보물과 같은 산이다. 수도권에서는 멀어 이런 곳까지 사람들이 많이 찾아올까 하는 생각으로 느지막하게 갔다가는 큰 낭패를 당하기 쉽다. 특히 가을이면 강천산으로 가는 도로는 금방 막히고, 공원 주차장은 차들로 빼곡해진다. 강천산을 호남의 작은 금강산이라고도 부르는데, 이곳은 1981년 1월 7일 우리나라 최초로 군립공원으로 지정되었다.

강천산에서 가장 먼저 등산객을 반기는 것은 병풍 폭포이다. 병풍 폭포는 두 개의 폭포로 되어 있는데 큰 폭포는 높이 40미터, 작은 폭포는 높이가 30미터로 제법 많은 양의 물이 떨어진다. 이 폭포 아랫길을 지나면 누구든 그 사람의 죄가 정화된다는 말이 전해진다.

◎ 병풍 폭포의 겨울과 가을. 강천산 입구에서 매표소를 조금 지나면 오른쪽으로 폭포를 만날 수 있다. 폭포가 내려오는 절벽이 길게 이어져 마치 병풍처럼 보인다 하여 병풍 폭포이다. 수량이 풍부하여 겨울에도 꽤 멋있는 설경을 보여준다(사진제공: 순창군청)

1 강천사. 대한불교조계종 제24교구 본사인 선운사의 말사로 887년 도선 국사가 창건했다. 고려 시대인 1316년(충숙왕 3년) 오층석탑과 12개 암자를 새로 만들어 절이 커졌다.

2 송어는 연어목 연어과의 회귀성 어류이다. 송어는 바다에서 살다가 산란기에 다시 강으로 돌아오는 습성이 있다. 강천산 계곡은 송어가 서식하는 데 최적의 조건을 갖추고 있다. 하지만 사진의 물고기는 11월이 되어도 아직 바다로 가지 않은 것으로 보아 송어라고 보기는 어렵고, 바다에 돌아가지 않고 강에 정착한 송어의 일종인 산천어인 듯하다.

3 강천산 현수교(사진 오른쪽 위 구름다리). 높이 약 50미터, 길이 약 75미터로 강천사를 지나 구장군 폭포로 가는 길 오른편으로 있다. 강천산 설경을 맛볼 수 있는 대표적인 장소이다(사진제공: 순창군청).

병풍 폭포를 지나 10분 정도 천천히 걸어 올라가면 신라의 두 번째 여왕이었던 진성 여왕 때 도선 국사가 창건했다는 강천사를 만날 수 있다. 강천사는 천년 고찰답게 주위에 많은 오래된 고목을 거느리고 있다. 수백 년은 족히 넘어 보이는 감나무와 함께 단풍나무의 멋진 가을 빛깔이 예사롭지 않다. 그리고 강천사 건너 강천산 계곡을 따라 내려온 물길 속에는 일급수의 맑은 물에만 산다는 송어가 유유히 헤엄치고 있다.

구장군 폭포와 거북바위

강천사에서 나와 단풍 길을 거슬러 올라가면 갈림길이 나온다. 강천산의 명물인 현수교가 보이는데, 그 아래에서 왼쪽으로 조금 더 걸어가면 수십 미터는 넘어 보이는 절벽과, 절벽 꼭대기에서 떨어지는 두 줄기의 폭포수를 만날 수 있다. 이곳은 마한 시대 아홉 장군의 전설이 깃들어 있어서 구장군 폭포라고 부른다. 그 전설은 다음과 같다.

> 옛날 마한 시대 때 마한의 아홉 장군이 전쟁에 패하여 이곳에 이르러 자결하려는 순간, 장쾌한 폭포의 기상을 보고 마음을 바꾸었다. 아홉 장군은 차라리 자결할 바에는 전장에서 적과 싸워서 죽겠다는 비장한 각오를 하고 전장으로 다시 나가 승리를 거두었다. 수량이 풍부한 여름 장마철에 가면 폭포의 장대함 앞에서 누구나 구장군의 심정을 갖게 될 것이다.

구장군 폭포 오른쪽으로는 두 마리의 거북이 서로 그리워하는 모습을 담은 거대한 절벽을 이루는 바위가 있는데 이를 거북바위라고 한다. 거북바위에는 다음

◉ 구장군 폭포. 강천산 군립공원 안에 있는 높이 약 120미터의 폭포이다. 사진에서 보이는 2개의 폭포 외에, 오른쪽으로 수량이 적고 물이 흩어져 떨어지는 1개의 폭포가 더 있어 모두 3개의 폭포로 되어 있다.

과 같은 전설이 전해진다.

옛날 효심이 깊은 어떤 청년이 병환으로 누운 어머니를 구하기 위해 이곳 강천산 계곡에서 산삼을 찾아 헤맸다. 그러다가 아름다운 선녀를 만나 그녀의 도움으로 산삼을 캘 수 있었고, 둘은 사랑에 빠지게 되었다. 이를 알게 된 옥황상제가 두 사람에게 천년 동안 거북으로 살면, 천년이 지난 후 하늘나라에서 사랑을 맺어 주겠다고 약속했다. 거북이 된 후 천년이 되던 날 약속대로 선녀는 먼저 하늘로 올라갔다. 그러나 뒤를 따라 올라가던 효자는 호랑이를 만나 승천하는 시간을 맞추지 못해 선녀와 이별하게 되었다. 그리움에 사무쳐 괴로워하는 효자를 보고 옥황상제가 선녀와 효자를 거북바위로 만들어 두 사람의 사랑을 영원히 맺어 주었다.

1 왼쪽 조각과 아래쪽 사진을 잘 대조하여 보면 산등성이에서 내려다보는 거북과 산중턱에서 위로 올려보는 거북의 모양을 찾을 수 있다.

2 거북바위 아래 부분을 자세히 살펴보면 보면 상당히 진행된 박리 현상을 볼 수 있다. 박리 현상 후 작은 토막으로 부서진 암석의 조각을 보면 거북바위가 층이 넓고 얇게 발달한 퇴적암인 것을 짐작할 수 있다.

한편 거북바위 아래쪽에서 지금도 진행 중인 박리 현상을 살펴볼 수 있다. 박리 현상은 암석의 표면이 마치 양파 껍질처럼 떨어져 나오는 것을 말한다. 박리 현상이 일어나는 원인에는 여러 가지가 있는데, 가장 많이 알려진 것은 가열과 냉각의 반복으로 생기는 물리적 풍화 작용이다. 대기에 노출되어 있는 암석은 낮과 밤의 기온 차이, 또 여름과 겨울의 기온 차이에 의해서 팽창과 수축을 반복한다. 그런데 암석은 열전도율이 낮기 때문에 가열의 효과가 암석의 표면에만 집중된다. 가열로 인해 팽창하는 표면은 다시 물과 바람에 의한 침식 작용으로 서서히 벗겨진다. 또 대부분의 화성암과 변성암은 비열이 서로 다른 광물 입자로 구성되어 있기 때문에 가열에 의해 암석이 팽창할 때는 암석 속에 있는 구성 광물들 간에도 압력이 발생한다. 이러한 까닭에 박리 현상은 주로 화성암과 변성암에서 잘 나타난다. 그러나 강천산 거북바위의 박리 현상은 퇴적암 박리 현상이다. 이곳의 지질이 중생대 백악기의 신라층군新羅層群에 속하는 퇴적암류와 응회암으로 구성되어 있기 때문이다. 박리 후 벗겨진 암석 조각들이 얇은 판상으로 잘게 쪼개진 것을 보면 이들 암석이 퇴적암으로 되어 있다는 것을 잘 알 수 있다.

구암사와 월인석보

강천산에서 담양호를 건너 복흥면으로 가면 우리나라 문학사에서 중요한 의미를 지니는 소중한 문화재가 발견된 곳이 있다. 복흥면 영구산靈龜山에 있는 사찰로 구암사라는 이름을 가진 절이다. 구암사에서 발견된 귀중한 문화재는 보물 제745-10호인 『월인석보月印釋譜』이다. 『월인석보』는 세조가 수양대군 시절 아버지 세종의 명을 받아 편찬한 『석보상절釋譜詳節』과 세종이 직접 석가모니의 공덕을 칭송해 지은 『월인천강지곡月印千江之曲』을 합친 것이다. 『월인석보』는 세조

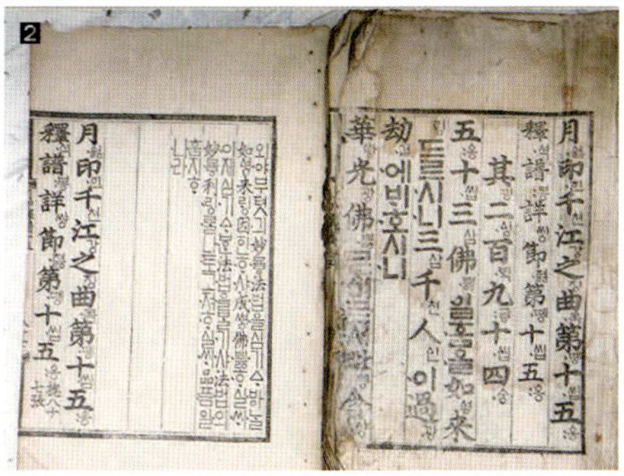

1 구암사. 대한불교조계종 제24교구 본사인 선운사의 말사이다. 백제 무왕 24년(623) 숭제(崇濟)가 창건하였다.

2 『월인석보』의 한 구절. 『월인석보』에서 석보는 석가모니의 연보, 즉 그의 일대기라는 뜻이다. 『석보상절』은 세종 28년(1446)에 소헌왕후의 명복을 빌기 위해 아들인 수양대군(세조)이 불교 서적을 참고하여 한글로 번역해 편찬한 것이다. 그리고 『월인천강지곡』은 세종 29년(1447)에 세종이 『석보상절』을 읽고 지은 찬가이다.

5년(1459)에 목판으로 찍어내었는데, 조선 전기 2대에 걸쳐 임금이 편찬 간행한 책으로 우리나라 최초로 불교 서적을 한글로 번역한 책이다. 그러므로 조선 전기 훈민정음 연구와 불교학 및 문헌학 연구에 매우 귀중한 자료이다.

대한민국 생태 수도를 꿈꾸는 35
전라남도 순천시

순천만(順天灣)은 전라남도 남해안의 여수반도와 고흥반도 사이에 있는 만이다. 2009년 람사르 총회 때 공식 방문지로 지정되면서부터 방문객이 급속도로 늘어, 2009년 한 해 약 260만 명이 다녀갔다. 덕분에 약 1000억 원 대의 경제적 소득을 얻었다고 한다. 광양제철소가 세금으로 광양시에 기여하는 액수가 574억 원이라고 하니, 광양제철소보다 두 배 높은 경제적 가치를 순천시에 주고 있는 셈이다. 자연이 공장보다 훨씬 높은 부가가치를 지니고 있음을 증명해 주는 좋은 예이다(사진제공: 최영진).

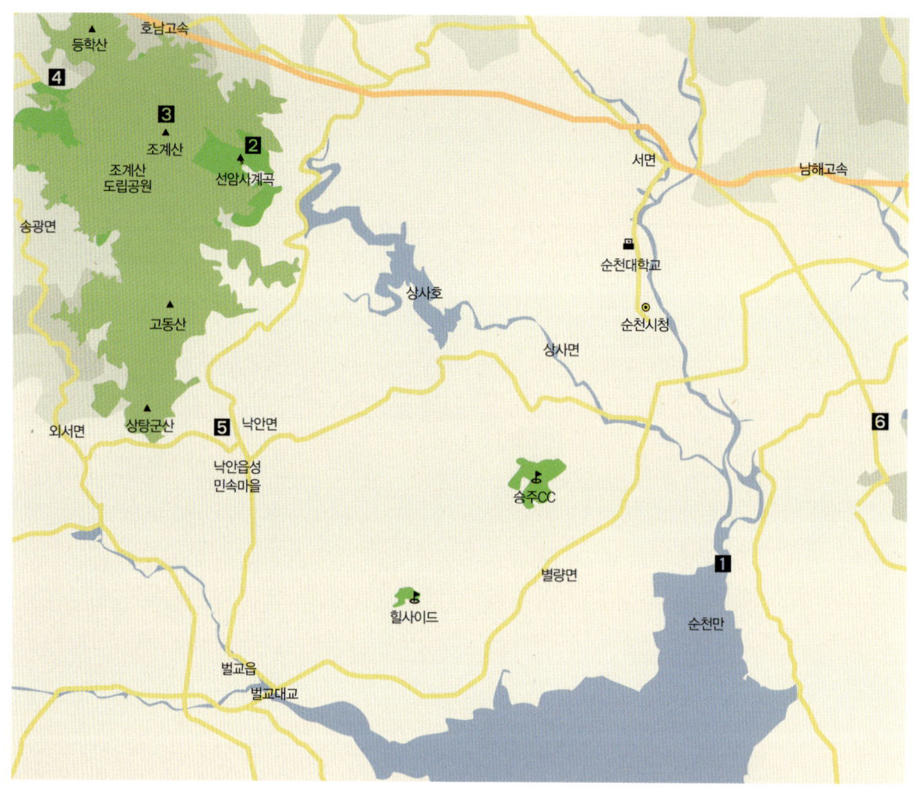

1 순천만(S자 물길, 갈대군락, 칠면초 군락)　**2** 선암사(해우소, 승선교)　**3** 조계산　**4** 송광사(우화각)
5 낙안읍성　**6** 순천왜성

전라남도 순천시

전라남도는 물이 맑고 산이 좋아 옛 마한과 백제의 터가 되었던 곳이다. 순천시는 그중에서도 으뜸이라 할 수 있는 곳이다. 그래서 『동국여지승람』에는 순천을 두고 '산과 물이 기이하고 고와 세상에서 소강남이라고 일컫는다.'라고 기록되어 있다. 또한 순천시는 전라남도 면적의 약 7.7퍼센트를 차지하는 도내에서 가장 큰 도시이고, 호남고속도로와 남해고속도로가 동서로 관통하며 순천만과 광양만으로 가는 남해와 연결되어 있어 남부 지역 최고의 교통 요충지이기도 하다. 그리고 순천시는 우리나라 최고의 단편소설로 손꼽히는 소설가 김승옥의 『무진기행』의 배경이 된 곳이며 람사르 협약에 의해 연안 습지 지역으로 등록된 순천만이 있다. 이곳을 중심으로 2013년 4월부터 10월까지 '지구의 정원, 순천'이라는 주제로 '2013 순천만국제정원박람회'가 개최될 예정이다. 이 박람회를 치루고 나면 순천시는 명실공히 대한민국의 생태수도로 자리매김할 것이다.

선암사의 승선교와 해우소

눈물이 나면 기차를 타고 선암사로 가라. / 선암사 해우소로 가서 실컷 울어라.
해우소에 쭈그리고 앉아 울고 있으면 / 죽은 소나무 뿌리가 기어 다니고
목어가 푸른 하늘을 날아다닌다. / 풀잎들이 손수건을 꺼내 눈물을 닦아주고
새들이 가슴속으로 날아와 종소리를 울린다. / 눈물이 나면 걸어서라도 선암사
로 가라. 선암사 해우소 앞 등 굽은 소나무에 기대어 통곡하라.

○ 선암사는 전라남도 순천시 승주읍 조계산 기슭에 있는 절이다. 대웅전 앞에 좌우로 3층 석탑이 두 기가 있는데, 모두 보물 제395호 지정되어 있다. 지붕돌(옥개석)은 처마 밑이 수평이고 밑받침은 4단이다. 지붕돌 정상에는 2단으로 굴곡이 진 고임석이 있는데, 지붕돌에 이와 같은 방법을 사용한 것은 희귀한 일이라고 한다. 신라 중기 이후인 9세기 무렵에 제작된 것으로 추정된다.

정호승 시인의 '선암사'라는 시이다. 시인은 왜 눈물이 나면 '선암사 해우소로 가서 실컷 울어라'고 했을까? 그 이유가 궁금했다. 그래서 여수공항에서 내려 자동차를 빌리자마자 순천으로 가서 제일 먼저 선암사를 찾았다. 여수공항에서 한 시간 남짓 갔을까? 조계산이 보였고, 선암사를 가리키는 이정표가 보였다.

주차장에서 내려 선암사를 향해 걸었다. 선암사 가는 길에서 객을 제일 먼저 맞이한 것은 선암사 승선교昇仙橋였다. 승선교는 이름대로 선녀들이 목욕을 하고 하늘을 향해 날아가는 모양을 하고 있다고 해서 붙여진 이름이다. 승선교는 조선후기 숙종 39년(1713)에 호암대사가 6년에 걸쳐 완공했다고 전해진다. 기다란 화강암으로 다듬은 장대석을 연결하여 반원형의 홍예虹霓를 쌓았는데(이름 그대로 무지개 모양이라는 뜻을 가지고 있다), 돌을 연결한 솜씨가 매우 정교하다. 그래서 홍예 밑에서 위로 올려다보면 부드럽게 조각된 둥근 천장의 선이 아름답고 편안한 느낌을 준다. 또 멀리서 보면 물에 비친 모습과 잘 어우러져 완벽한 하나의 원을 이룬다. 승선교 위에 서면, 세속의 번뇌는 다리 아래 흐르는 계곡물에 모두 씻어버리고 다리 건너 피안의 세계인 선암사로 가라는 음성이 들리는 듯하다.

다리 밑을 자세히 보면 중앙에 돌이 하나 돌출되어 있다. 홍예 한가운데에 수면을 향해 배꼽처럼 툭 튀어 나온 것인데 자세히 보면 용머리 모양을 하고 있다. 그래서 이름도 '용두龍頭'이다. 선암사 스님의 말에 따르면 용두는 계곡물을 통해서 절로 들어오는 사악한 무리들의 기운을 막아주는 수호신의 역할을 한다고 한다. 하지만 그보다 용두는 아치형 다리에서 물리적인 힘의 균형을 맞추는 데에 핵심적인 역할을 한다. 옛날 승선교를 만든 석공들은 아치형 다리를 만들고 맨 마지막 작업으로 용두를 끼워 넣었을 것이다. 그들은 용두가 아치형 다리의 양쪽에서 가운데로 몰리는 힘을 온몸으로 받아 다리가 무너지지 않도록 하는 역할을 한다

■ 승선교는 1963년에 보물 제400호로 지정되었다. 선암사에 이르는 건널목 역할을 한다. 전체가 화강암으로 되어 있는데 홍예를 중심으로 양쪽 냇가 사이에 자연석을 쌓아 석벽을 이루고 있다. 원형 그대로를 유지하고 있으며 주위 나무들과 어울리는 자연미를 잘 살리고 있다.

■ 병영성 홍교(전남유형문화재 제129호)에 있는 용두. 용두는 웬만한 아치형 다리에는 다 있다. 사진은 전라남도 강진군 병영면 성동리에 있는 조선 시대에 만들어진 석교인 홍교의 용두이다.

는 것을 잘 알고 있었을 것이다. 그래서 용두를 만들 때 좀 더 단단한 돌을 골랐고, 모양도 특별하게 만든 것이다. 저 용두를 빼면 승선교는 얼마 가지 않아 저절로 무너질 것이다.

선암사는 백제 성왕 7년(529)에 아도화상阿度和尙이 창건한 절로 무려 1500년의 전통을 자랑하는 절이다. 선암사는 대각국사 의천(1055~1101)에 의해 크게 중창되었다. 국사 책에도 나와 있듯 의천은 11세기 후반 고려 시대 때 활동했던 고승으로, 그는 원래 왕인 문종과 인예왕후 사이에서 태어난 고려의 왕자였다. 그는 선암사에 자리 잡고 불교를 널리 전파하여 선암사를 호남의 중심 사찰로 만들었다. 선암사는 선종과 교종이 함께 발달한 우리나라에서 몇 안 되는 사찰이다. 특히 선종 사찰로서의 전통은 그 유래와 명성이 깊었다. 도선 국사로부터 시작하여 그 뒤로 수많은 선승들이 배출되어서, 한때 중국 사찰의 선방에서까지 선암사 출신이면 아무 조건 없이 입방이 허락되었을 정도로 유명했다고 한다.

선암사 누리집을 보면 선암사 이름 아래에 '한국불교태고종* 태고총림 조계산'이라고 적혀 있다. 불교 신자가 아니면 잘 모르겠지만, 실은 태고총림이라는 것은 매우 자랑스러운 타이틀이다. 왜냐하면 '총림'이라는 단어는 아무 절에나 붙일 수 없는 특별한 것이기 때문이다. 불교에서는 종종 사찰을 승려와 일반 대중이 한 곳에 화합하여 머무르는 곳이라는 의미로 마치 큰 수목이 우거진 숲과 같다 하여 림林이라고 표현한다. 특히 스님들의 참선수행을 전문으로 하는 도량인 선원禪院과 경전 교육기관인 강원講院, 그리고 계율 전문교육기관인 율원律院을 모두 갖춘 절을 가리킬 때는 총림叢林이라는 명칭을 사용하는데, 선암사는 선원과 강원, 율원을 모두 갖춘 절이기 때문에 총림의 자격을 갖춘 곳이다. 특히 선암사는 태고종에서는

---

* 태고종은 우리나라 불교의 한 종파로서 보우국사의 통불교(通佛敎) 전통을 계승한 정통 종단이다. 해방 이후에 비구승과 대처승의 분규 이후 대처승들이 따로 만든 종단이다. 태고종은 '대중교화'에 중요한 의미를 두기 때문에 머리를 기를 수도 있고, 결혼도 할 수 있다. 그래서 불교 교육 기관과 언론, 출판기관, 어린이 교육 및 복지기관, 사회복지기관 등을 여럿 설립하여 운영하고 있다.

○ 선암사 해우소. 위 사진은 해우소의 입구이고, 아래 사진은 여자용 화장실이다. 남자용도 구조는 똑 같다. 머리만 조금 들거나 고개를 앞으로 내밀면 누가 변을 보는지 알 수 있는 열려 있는 구조이다. 선암사 성보박물관(聖寶博物館)에는 '1597년 선조 30년에 화재가 났는데 그때 뒷간이 남았다.'라는 기록이 있다. 이 기록에 따르면 선암사 해우소는 우리나라에서 가장 오래된 해우소가 되는 셈이다. 선암사가 창건될 때 지었다고 가정한다면 무려 1500년이나 된 곳이다.

유일한 총림이라서 더욱 의미가 크다.

　이제 선암사 해우소로 가 보자. 먼 곳에서 바라 본 해우소는 일반 기와집 같았다. 입구에 '뒤간(실제 가 보면 고어로 적혀 있어 이색적인 느낌을 준다)'이라고 쓰인 나무 표지판이 없었다면 스님들의 숙소로 착각할 정도였다. 가까이 가서 돌계단 아래로 내려가 대변소大便所라는 간판을 보고 화장실임을 확인할 수 있었다.

선암사 해우소는 외양은 문화재급이지만 지금도 사용 중인 엄연한 화장실이다. 그런데 화장실 특유의 냄새가 나지 않았다. 마루 사이로 찬바람이 불고, 햇볕이 잘 들어 냄새가 머무를 틈이 없을 것 같았다. 왼쪽은 남, 오른쪽은 여라고 쓰여 있어 여자 화장실은 몰래 사진만 찍고 남자 화장실로 갔다. 아랫도리를 내리고 앉아 봤다. 시인의 말대로 마음이 편안해졌다. 정말 마음에 서러움이 고여 있다면 고개 숙여 실컷 울고, 변을 내려 보내는 네모난 구멍 사이로 그 서러움의 찌꺼기들을 흘려 보내고 싶은 충동이 생길 것 같았다. '대소변을 몸 밖으로 버리듯 번뇌와 망상도 미련 없이 버리세요.'라고 어떤 스님이 써 놓은 글귀는 이곳에 앉으면 모두가 절로 생길 마음을 글로 나타낸 것일 뿐이었다. 그래서 정호승 시인은 이곳을 '정신적 지향점 같은 곳'이라고 말했다. 기껏해야 대소변을 보는 화장실을 이렇게까지 표현한 시인의 마음을 알기 위해 그의 글을 몇 줄 더 소개한다.

나는 선암사 해우소를 사랑한다. 살아가다가 견딜 수 없는 어떤 분노에 휩싸일 때 문득 선암사 해우소를 생각하면 이내 마음이 평온해진다. 선암사 해우소는 마치 내 어릴 때 엄마 품속 같다. 학교에 입학하기 전이었을까. 한번은 엄마 품에 안긴 적이 있었는데, 그 품속은 한없이 아늑하고 따스했다. 그대로 한없이 안겨 있고만 싶었다. 그래서 나는 지금도 그 엄마 품속을 잊지 못한다. 그 품속이야말로 내가 살아가면서 마지막까지 도달해야 어떤 정신적 지향점 같은 곳이다. 그런데 나는 아직 그런 곳에 도달하지 못했다. 아니, 죽을 때까지 영원히 도달하지 못할 것이다. 그러나 지상에서 그런 곳을 한 군데 찾아내기는 했다. 그곳이 바로 선암사 해우소다.

(출처 : 「아시아 경제」 '시인이 떠나는 남도 여행' 정호승 시인의 선암사 해우소 편)

살다 보면 견딜 수 없는 어떤 분노에 휩싸일 때가 분명히 있을 것이다. 그때는 정말로 시인의 말처럼 기차를 타고 선암사 해우소로 와서 실컷 울어 보리라 결심하고 해우소를 떠났다.

조계산과 순천의 지질

| 선암사 뒤로 있는 산이 조계산이다. 조계산은 전라남도 순천시 송광면과 주암면 일대에 걸쳐 있고 높이는 884미터이다. 소백산맥 끝자락에 솟아 있으며 고온다습한 해양성 기후의 영향을 받아 풍광이 좋다. 1979년에 도립공원으로 지정되었다. 다음 목적지인 송광사로 가려면 이 산을 넘어야 한다. 조계산을 넘다 보면 순천의 지형과 지질을 살필 수 있다. 순천시는 대체로 북쪽과 서쪽 지역의 지형이 고도가 높고 기복이 심한 산악 지역이고, 순천만과 광양만에 접해 있는 남동쪽 해안 지역은 낮은 평야지대를 이루고 있다. 그리고 순천의 지질을 살펴보면 주로 모암이 화강암과 편마암이다. 화강암의 분포 규모는 그렇게 많지 않다. 주로 화강암이 있는 곳은 선암사와 조계산 정상부 일대이다. 아마 선암사 승선교를 만든 화강암도 근처의 화강암이었을 것이다. 반면에 편마암은 이 지역을 제외하고 순천시 전역에 분포되어 있다. 편마암이 분포한 일부 지역에서는 화강암이 편마암에 관입한 것을 볼 수 있다. 대표적인 곳이 송광사 부근이다. 송광사 부근의 지질을 자세히 살펴보면 편마암으로 된 기반암에 화강암의 관입이 어떻게 이루어져 있는지 알 수 있다.

열여섯 분의 국사(國師)를 배출한 송광사

선암사에서 조계산 산자락을 넘어 장군봉을 지나고 연산봉을 지나 왼쪽 길로 한참 내려가면 만나는 절이 바로 송광사다. 선암사에서 송광사까지의 산길은 대략 8킬로미터로 걸어서 네다섯 시간은 족히 걸린다. 절이 송광사松廣寺라는 이름을 가지게 된 데는 여러 가지 설이 전해지는데, 그중에서 열여덟 명의 큰스님들이 나서 부처님의 가르침을 널리 펼칠 절이라는 설이 가장 마음에 든다. '송松'은 '十八(木)+公'을 가리키는 글자로 열여덟 명의 큰스님을 뜻하고, '광廣'은 불법을 널리 펴는 것을 의미한다. 즉 열여덟 명의 큰스님들이 나서 불법을 널리 알릴 절이라는 의미를 가지고 있다.

사람들은 송광사를 가리켜 '승보종찰 조계총림'이라고 한다. 불교에서는 부처님佛, 부처님의 가르침法, 그리고 승가僧 이 세 가지를 불교를 유지시켜 주는 세 가지 보물이라고 하여 삼보三寶라고 부른다. 우리나라에서 이 세 가지 보물을 각각 나누어 지니고 있는 절들이 있는데, 이를 삼보사찰三寶寺刹이라고 한다. 경상남도 양산의 통도사, 경상남도 합천의 해인사 그리고 이곳 전라남도 순천의 송광사가 삼보사찰에 속한다. 통도사는 부처님의 진신사리가 있기 때문에 불보사찰佛寶寺刹, 해인사는 부처님의 가르침인 팔만대장경의 경판이 있기 때문에 법보사찰法寶寺刹이라고 한다. 그리고 송광사는 16국사를 배출할 정도로 승가의 맥을 잇고 있어 승보사찰僧寶寺刹이라고 한다.

송광사가 승보사찰이 된 데는 보조국사 지눌知訥의 영향이 크다. 고려의 국운이 다해 가던 1190년, 30대 초반이었던 지눌(1158~1210)은 선언했다. '뜻이 높은 사람으로, 티끌 같은 세상을 벗어나 세상 밖에서 노닐며 마음 닦는 도를 오로지 하려는 이는 다 오라!' 그는 혼탁한 세상 모든 것을 다 버리고 교와 선을 익혀 불교의 도道를 한번 제대로 닦아보자며 '정혜결사문定慧結社文'을 발표했는데, 당시 송광

○ 송광사는 전라남도 순천시 송광면의 조계산 자락에 새둥지처럼 아늑하게 자리 잡고 있는 절이다. 송광사는 고려 때 보조 국사가 창건한 사찰로 모두 열여섯 명의 국사를 배출한 우리나라의 대표적인 사찰이다.

사가 그 결사結社의 중심지가 되었다. 그 후 송광사는 조선 시대를 거쳐 현대에 이르기까지 우리나라 불교 전통의 산실로 자리 잡았다. 그래서 육당 최남선은 송광사를 가리켜 '조선 불교의 완성지'라고 일컬었다.

송광사에는 볼거리가 많은데 대표적인 것이 우화각과 능허교이다. 송광사 앞으로는 조계산에서 내려오는 맑은 계곡물이 흐르는데 이 계곡을 건너야 비로소 절 안으로 들어갈 수 있다. 능허교가 계곡 위에 걸쳐 있어 사람들이 계곡을 건너게 해 준다. 능허교는 조선 숙종 때 지어진 것으로 알려져 있는데, 능허란 '허허로운 하늘로 오른다.'라는 뜻으로 이 다리를 건너 하늘로 날아 불교에서 말하는 이상향으로 가라는 의미를 담고 있다. 우화각은 그 능허교 위에 정면 1칸, 측면 4칸으로 지어졌다. 양편에 장대석 4개를 연결해 낮은 난간으로 삼았고, 기와를 올린 지붕

○ 우화각(羽化閣)과 능허교(凌虛橋). 우화란 애벌레가 번데기를 거쳐 성충으로 변태하는 과정을 말한다. 속세의 때가 묻은 중생이 이곳을 지날 때, 마치 번데기가 지저분한 껍질을 벗고 화려한 나비가 되는 것처럼 불교의 도를 깨달아 부처가 되기를 바라는 마음으로 만든 곳일 것이다. 우화각 아래의 다리가 능허교이다.

은 맞배지붕으로 꾸몄다.

또한 1997년에 완공된 성보 박물관은 국보 3점, 보물 19점 등 총 6000여 점의 불교 문화재를 보관하고 있어 가히 우리나라 최고의 불교 박물관이라 할 만하다. 특히 목조삼존불감은 보조국사 지눌이 당나라에서 돌아오는 길에 가져온 것으로 알려져 있는데, 크기가 매우 작으면서도 세부묘사가 정확하고 정교하여 당시의 우수한 조각 기술을 엿볼 수 있다. 불감은 불상을 모시기 위해 나무나 돌 또는 쇠 등을 깎아 만든 것으로 그 안에 모신 불상의 양식뿐만 아니라, 당시의 건축 양식을 함께 살필 수 있어 학문적으로도 매우 중요한 자료가 된다.

순천만의 형성과 생태 환경

인공위성에서 찍은 우리나라 사진을 보면 서해에서 남해에 걸쳐 넓은 갯벌들이 형성되어 있음을 알 수 있다. 우리나라 갯벌의 전체 넓이는 약 2800제곱킬로미터로 서울 면적의 약 여섯 배이며, 우리나라 전체 면적의 3퍼센트에 해당한다. 이 중 83퍼센트가 서해안에 있고, 나머지가 남해안에 있다. 지역별로 살펴보면 순천만이 있는 전라남도가 단연 1위이다. 우리나라 갯벌의 44퍼센트가 전라남도 해안에 있기 때문이다. 갯벌이 이처럼 잘 발달한 나라는 세계적으로도 몇 군데 없다. 우리나라의 갯벌은 캐나다 동부 해안의 갯벌, 미국 동부 해안의 갯벌, 독일과 네덜란드 북부 해안의 갯벌, 그리고 브라질 아마존 강 하구의 갯벌과 더불어 세계 5대 갯벌 중 하나로 손꼽힌다.

왜 우리나라의 남서해안에 이처럼 갯벌이 잘 발달했을까? 지형적으로 볼 때 우리나라는 서쪽이 낮고 중국은 동쪽이 낮다. 그 사이에 서해가 있다. 물은 높은 곳에서 낮은 곳으로 흐르는 법이라서, 우리나라에서는 낙동강을 제외한 대부분의 강이 서해로 흘러 들어간다. 중국도 마찬가지로 세계적인 규모의 양자강과 황하가 서해로 흘러간다. 강물은 그냥 흘러가지 않고, 엄청나게 많은 양의 육지의 흙을 침식하고 운반하여 바다로 간다. 강물을 따라 바다로 유입된 퇴적물들이 오랜 세월 쌓이고 쌓여서 지금과 같은 넓은 갯벌을 형성한 것이다.

순천만을 이루는 갯벌은 그 역사가 자그마치 1만 년 가까이 된다. 지질학자들은 신생대의 마지막 빙하기가 끝난 후부터 우리나라 근해의 해수면 높이가 160미터쯤 높아졌을 것으로 추정한다. 이 무렵부터 우리나라의 서해는 육지에서 바다가 되었고, 순천만은 기수지역^{汽水地域} 이 되었을 것으로 짐작한다. 기수지역이란 바닷물과 강물이 섞여 있는 곳에서 소금의 양이 바닷물보다 적은 물이 있는 지역을 말한다. 보통 강의 하구에서부터 2, 3킬로미터 정도의 범위를 가리킨다. 기수지역

1 순천만의 낙조 풍경이다. 바다로 흘러가는 민물이 만드는 순천만의 S자 물길은 사진 찍기 좋은 장소로 유명하다. 카메라를 가진 사람이면 누구나 꼭 한 번쯤은 오는 곳이다. 해 질 녘 용산 전망대에 오르면 순천만의 환상적인 낙조를 사진에 담는 카메라 셔터 소리가 요란하다.

2 화포마을의 끝없이 넓게 펼쳐진 갯벌. 두 어르신 앞으로 넓게 펼쳐진 갯벌 사이로 갯골이 보인다. 갯골 끝으로 보이는 산에 순천만 S자 물길을 찍기 위해 사람들이 몰리는 용산 전망대가 있다. 왼쪽으로 유람선을 타는 곳이 있고, 오른쪽으로는 와온 해변이 있다(사진제공: 최영진).

이 된 순천만으로 강물을 따라 유입된 토사와 유기물 등이 바닷물의 조수작용으로 인하여 오랜 세월동안 퇴적되어 지금과 같은 넓은 갯벌이 된 셈이다.

기수지역은 생태학적으로 매우 특별하고 소중한 곳이다. 이곳에서는 바다 생물과 민물 생물이 공존하기 때문이다. 아주 오래전 이 기수지역을 통해 바다 생물이 육지 생물로 진화했다. 그러다가 육지에 잘 적응하지 못한 바다 생물이 다시 바다로 이동을 했을 것이다(대표적인 예로 고래가 그랬다). 따라서 기수지역은 생물의 다양성이 매우 풍부하다. 특히 순천만은 오염원이 적으며 갯벌과 염습지가 잘 발달하여 각종 해양 무척추동물 및 염생식물이 풍성한 생태계를 이루고 있다.

소금기가 있는 땅에서도 잘 자라는 식물을 염생식물이라고 한다. 우리나라에 분포하는 염생식물은 모두 40여 종에 이르는데, 그 대표적인 서식지가 바로 순천만이다. 순천만에 염생식물이 형성된 과정을 간단히 추정해 보면 다음과 같다.

먼저 밀물 때 늘 물에 잠기던 해안이 점점 시간이 흘러 지면이 높아진다. 그러다 해안 일부 지역이 만조 때에만 물에 잠기게 된다. 그러면 갯벌이 공기 중에 노출되는 시간이 점점 길어지게 되어 염생식물이 정착할 수 있는 환경이 조성된다. 칠면초와 같은 염생식물들이 높은 농도의 염분으로 생기는 삼투압과 바닷물의 독성을 이겨내고 군락을 형성하기 시작한다. 칠면초는 만조 때 바닷물에 침수되는 지역부터 건조한 지역까지 생육의 범위가 매우 넓다. 또한 내염성이 무척 강하여 장기간 바닷물 침수 상태에서도 생육할 수 있는 대표적인 염생식물이다. 이런 염생식물들의 군락지가 형성되고 나서 땅은 점점 소금기가 빠지는 탈염 과정을 거치면서 일반 식물들도 살 수 있는 생태학적인 천이과정을 갖는다. 순천만의 경우를 살펴보면 바다와 가까운 곳에는 좀 더 높은 염도에서도 생존이 가능한 칠면초가, 육지와 가까운 기수지역에서는 낮은 염도에서 잘 자라는 갈대 군락이 넓게 자리를 잡고 있음을 알 수 있다.

1 칠면초 군락지. 칠면초는 칠면조처럼 색이 자주 변한다 해서 얻은 이름이다. 우리나라 남서해안에서 자라는 일년생식물로 크게 무리지어 자란다. 줄기는 높이 10∼50센티미터 정도로 곧게 자라며 줄기와 더불어 몸 전체가 붉은색을 띠어 갯벌을 붉게 물들인다. 8, 9월 줄기나 가지 윗부분에서 꽃이 핀다. 처음에는 녹색을 띠다가 분홍색을 거쳐 점점 자주색으로 변한다(사진제공: 최영진).

2 붉은색으로 보이는 곳이 칠면초 군락이고 아래로 초록색으로 보이는 곳이 갈대 군락이다. 같은 염생식물로 해안과의 거리에 따라 분포 지역이 다르지만 공존해서 분포하기도 한다(사진제공: 최영진).

3 순천만의 갈대 군락은 약 30만 평에 이르고, 우리나라에서 가장 넓고 보전이 잘 되어 있다. 갈대 군락은 적조를 막는 정화 기능이 뛰어나 순천만의 천연 하수 종말 처리장 역할을 한다. 또한 겨울의 찬바람을 막아주고 안정감을 주어 물고기들의 보금자리가 되고 이들을 먹이로 하는 바닷새들과 희귀 철새들의 안식처 역할을 한다.

순천만 일대에 분포하는 고밀도의 갈대 군락은 새들의 서식 환경에서 가장 중요한 은신처와 먹이를 제공하는 역할을 하므로 중요한 철새 도래지가 되었는데, 그 규모가 세계적이다. 국제 보호조인 흑두루미, 검은머리갈매기뿐 아니라 재두루미도 발견되고 있다. 특히 검은머리갈매기는 전 세계에 남아 있는 개체수의 약

1퍼센트가 이곳에서 발견된다. 그 외에도 저어새, 황새의 발견 기록이 있으며 혹부리오리는 전 세계 개체수의 약 18퍼센트가, 민물도요새는 약 7퍼센트가 겨울에 순천만을 찾는다.

순천만 갯벌은 지금도 넓어지고 있다. 남해안의 갯벌은 보통 사질성이 풍부하게 나타나는 것이 특징인데 순천만의 갯벌은 점토질이 많기 때문이다. 이는 동천과 이사천이 남해안으로 유입되면서 많은 미세질의 점토를 퇴적시키기 때문이다. 최근에는 유속이 빨라져 퇴적물들이 빠른 속도로 외해로 흘러 나가고 있어 순천만의 갯벌은 상당 기간 동안 지금보다 조금씩 더 넓어질 것이다.

● 손영운의 과학지식 　　　　순천만의 S자 물길

1. 순천만을 찾아갈 때에는 반드시 물때표를 보고 가야 한다. 순천만의 하이라이트는 용산전망대에서 보는 S자 곡선의 물길이기 때문이다. 물때표(조석예보)는 국립해양조사원 홈페이지를 방문하면 얻을 수 있다. 오른쪽은 2013년 2월의 물때표이다. 물때표에서 괄호 안의 숫자가 바닷물의 높이이다. 이 숫자가 140센티미터 이하가 되는 시간에 맞추어 순천만을 찾아야 제대로 된 S자 물길을 볼 수 있다.

2. 만약에 저녁노을이 진 S자 물길 사진을 찍으려면 일몰 시각 전에 바닷물의 높이가 140센티미터 이하가 되는 날을 골라야 한다. 오른쪽 물때표를 보면 2월에 가장 적당할 때는 12일에서 14일 사이에 해당한다.

▲ : 고조　▼ : 저조　　　단위(cm)

월령	날자	h : m (height)	h : m (height)	h : m (height)	h : m (height)	음력
	1	05 : 57 (47) ▼	12 : 16 (301) ▲	18 : 16 (48) ▼		12/21
	2	00 : 39 (274) ▲	06 : 40 (71) ▼	12 : 54 (277) ▲	18 : 58 (62) ▼	12/22
◐	3	01 : 27 (258) ▲	07 : 31 (99) ▼	13 : 39 (250) ▲	19 : 51 (78) ▼	12/23
	4	02 : 33 (242) ▲	08 : 44 (124) ▼	14 : 44 (227) ▲	21 : 03 (90) ▼	12/24
	5	04 : 15 (237) ▲	10 : 33 (133) ▼	16 : 22 (216) ▲	22 : 36 (90) ▼	12/25
	6	06 : 01 (253) ▲	12 : 13 (119) ▼	17 : 58 (226) ▲		12/26
	7	00 : 05 (73) ▼	07 : 11 (282) ▲	13 : 18 (91) ▼	19 : 07 (250) ▲	12/27
	8	01 : 12 (47) ▼	08 : 02 (312) ▲	14 : 05 (62) ▼	20 : 01 (277) ▲	12/28
	9	02 : 04 (20) ▼	08 : 46 (337) ▲	14 : 47 (37) ▼	20 : 48 (301) ▲	12/29
●	10	02 : 49 (0) ▼	09 : 26 (353) ▲	15 : 25 (18) ▼	21 : 31 (317) ▲	01/01
	11	03 : 30 (-9) ▼	10 : 03 (357) ▲	16 : 02 (10) ▼	22 : 11 (324) ▲	01/02
	12	04 : 09 (-6) ▼	10 : 39 (350) ▲	16 : 37 (11) ▼	22 : 49 (320) ▲	01/03
	13	04 : 45 (8) ▼	11 : 11 (331) ▲	17 : 11 (22) ▼	23 : 25 (307) ▲	01/04
	14	05 : 18 (31) ▼	11 : 41 (306) ▲	17 : 42 (39) ▼	23 : 59 (288) ▲	01/05
	15	05 : 51 (59) ▼	12 : 07 (278) ▲	18 : 13 (59) ▼		01/06
	16	00 : 33 (267) ▲	06 : 23 (88) ▼	12 : 31 (250) ▲	18 : 45 (79) ▼	01/07
	17	01 : 10 (245) ▲	06 : 57 (115) ▼	12 : 56 (225) ▲	19 : 24 (98) ▼	01/08
◑	18	01 : 59 (225) ▲	07 : 46 (140) ▼	13 : 33 (203) ▲	20 : 26 (115) ▼	01/09
	19	03 : 25 (211) ▲	09 : 28 (157) ▼	15 : 12 (185) ▲	22 : 12 (121) ▼	01/10
	20	05 : 28 (216) ▲	12 : 11 (149) ▼	17 : 44 (190) ▲	23 : 51 (110) ▼	01/11
	21	06 : 44 (235) ▲	13 : 10 (128) ▼	18 : 51 (209) ▲		01/12
	22	00 : 53 (91) ▼	07 : 30 (257) ▲	13 : 44 (107) ▼	19 : 34 (231) ▲	01/13
	23	01 : 36 (70) ▼	08 : 06 (279) ▲	14 : 13 (86) ▼	20 : 11 (252) ▲	01/14
	24	02 : 12 (50) ▼	08 : 37 (300) ▲	14 : 40 (65) ▼	20 : 44 (274) ▲	01/15
	25	02 : 45 (32) ▼	09 : 08 (318) ▲	15 : 08 (45) ▼	21 : 18 (293) ▲	01/16
○	26	03 : 18 (18) ▼	09 : 39 (332) ▲	15 : 37 (28) ▼	21 : 52 (310) ▲	01/17
	27	03 : 52 (9) ▼	10 : 11 (339) ▲	16 : 08 (17) ▼	22 : 27 (320) ▲	01/18
	28	04 : 26 (10) ▼	10 : 44 (338) ▲	16 : 41 (13) ▼	23 : 04 (322) ▲	01/19

◎ 조석예보(2013년 2월 여수 지역의 조석예보표)

외침의 흔적, 낙안읍성과 순천왜성

순천은 예로부터 물이 좋고 땅이 좋아 살기에 좋았다. 더욱이 바다와 접해 있어서 해상 교통도 발달했다. 하지만 덕분에 왜구의 침입도 잦았다. 그 흔적을 볼 수 있는 대표적인 곳이 낙안읍성과 순천왜성이다.

낙안읍성에 가면 조선 시대의 성곽과 동헌, 객사, 초가 등이 원형 그대로 보존되어 있다. 우리나라에서 유일하게 지금도 성내에 주민들이 살고 있는 민속 마을이다. 그래서 마을로서는 국내 최초로 사적 제302호에 지정되었다. 낙안읍성은 조선 태조 6년(1397)에 왜구가 침입하자, 이 고장 출신의 김빈길 장군이 의병을 일으켜 토성을 쌓아 방어에 나섰던 곳이다. 그리고 300년 후 인조 4년(1626) 충

○ 순천시 낙안면에 소재한 낙안읍성 민속 마을은 넓은 평야지에 축조된 성곽이다. 성내에는 관아와 100여 채의 초가가 돌담과 싸리문에 가려 소담스레 옛 모습을 그대로 보존하고 있다. 옛 고을의 기능과 전통적인 주거공간에서 생활하는 서민(2013년 현재 120세대 288명이 살고 있음)들의 생활을 통해 전통문화를 체험할 수 있다.

민공 임경업 장군이 낙안군수로 부임하여 현재의 석성으로 중수했다고 한다. 성곽의 길이는 1410미터이고 높이는 5미터 정도이다. 성곽을 따라 동서남북 네 개의 성문이 있다. 현재 순천시는 조선 시대 문화가 잘 보존되어 있는 낙안읍성을 세계문화유산 잠정목록에 등재 신청한 상태이다.

순천왜성은 정유재란(1597년) 당시 육전에서 패한 왜군이 전라도를 공략하기 위한 전진기지 겸 최후 방어기지로 삼기 위해 3개월간 쌓은 성이다. 이순신 장군이 최후의 노량해전을 준비할 때, 왜장 고니시 유키나가가 이끄는 1만 4000여 명의 왜병이 이곳에 주둔하고 성을 아홉 겹으로 쌓아 조선과 명나라의 연합군과 대치했다. 당시 육상에서는 명나라 유정 장군이 지휘한 군대가, 해상에서는 고금도에서 발진한 이순신 장군과 명나라의 진린 장군의 연합 함대가 순천왜성을 공격했다고 한다. 순천왜성에 올라 바다를 보면 눈앞에 광양만과 장도가 보인다. 장도는 이순신 장군의 함대가 집중 포격을 한 후 상륙하여 군량미를 빼앗고 창고를 불 태운 후 왜성의 코밑까지 접근한 곳이다. 그러나 수심이 매우 낮아 이곳의 물때를 잘 몰랐던 명나라 함대가 썰물 때 좌초되어 많은 사상자를 냈던 곳이기도 하다.

2013년 순천만 국제 정원박람회

2013년 4월에서 10월까지 6개월 동안 순천시에서는 '지구의 정원, 순천'이라는 주제 아래 국제 정원박람회가 개최될 예정이다. 개최 장소는 순천시와 순천만 상류 사이로, 이곳에는 국제의 다양한 정원과 수목원 그

◐ 2013년 순천시에서 세계적인 축제가 열린다. 순천시는 이 대회를 통해 미래의 정원 모습을 제시하고, 이를 통해 우리나라의 조경과 화훼 산업 및 순천시의 생태 관광 산업 발전을 향상시켜 지역 경제의 활성화를 계획하고 있다(사진제공: 순천시청).

리고 국제 습지센터 등이 들어선다. 세계 각국의 아름다운 정원과 습지 정원 등 정원에 관한한 모든 것을 한자리에서 볼 수 있을 것이다. 순천시는 이 대회를 통해 순천시를 세계 최고의 생태 정원 도시로 탈바꿈시킬 원대한 꿈을 꾸고 있다. 또 도시의 모습을 바꾸고 시민의 삶의 질을 향상시켜 대한민국 녹색성장 제일의 도시가 될 것을 꾀하고 있다. 2013년부터 순천시는 명실상부한 우리나라의 생태 수도가 될 것이다.

백도(白島)는 여수시 삼산면에 소재한 거문도에 딸린 섬들 중 일부이다. 상백도(上白島)와 하백도(下白島)로 나뉘어 섬들이 무리 지어 있는데, 모두 39개의 무인도로 이루어졌다. 사진은 그중에서 상백도에 해당하는 섬들이다. 상백도에는 병풍바위, 매바위, 오리섬 등이 있다. 멀리 보이는 것이 병풍바위이고, 오른쪽으로 매의 얼굴처럼 보이는 것이 매바위이다. 이들 섬은 모두 1979년에 명승 제7호로 지정되었다(사진제공: 황의동).

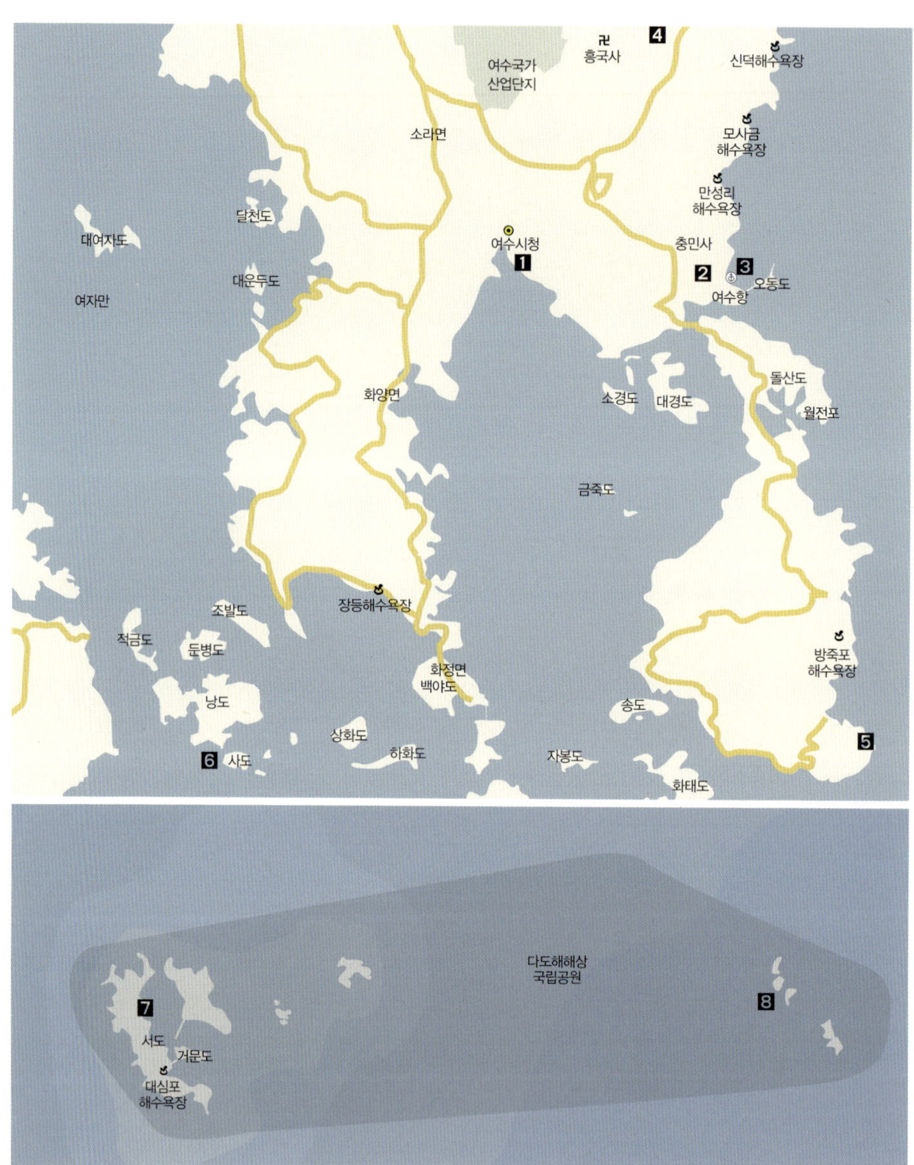

1 선소마을 굴강 **2** 진남관 **3** 오동도 **4** 영취산 **5** 향일암 **6** 사도와 추도 **7** 거문도 **8** 백도

전라남도 여수시

여수는 소백산맥의 끄트머리가 남해를 향해 길게 뻗어서 만들어진 반도이다. 아주 오래전에 반도는 침강했고, 빙하가 녹아 늘어난 바닷물이 그 위로 들어왔는데, 바닷물이 산허리까지 차올라 꼭대기 부분만 섬이 되었다. 여수에는 이렇게 해서 만들어진 섬이 317개나 있으며, 한결같이 보석처럼 아름답다. 그중에는 공룡들이 최후의 안식처로 삼았던 사도와 추도가 있고, 옥황상제의 신하들이 돌로 변해서 이루어졌다는 백도가 있으며, 오동나무와 동백이 아름다운 섬 오동도가 있다. 또 여수는 조선 시대 때 거북선을 만들어 이 나라를 구한 충무공 이순신의 얼이 곳곳에 배어 있는 호국 충절의 땅이기도 하다.

이순신 장군의 얼이 담긴 여수

여수는 충무공 이순신 장군과 인연이 매우 깊은 곳이다. 이순신 장군은 늦은 나이에 관직에 나왔음에도 불구하고 제대로 된 벼슬을 하지 못했다. 당시 격심했던 당파 싸움에 이순신은 번번이 자리를 빼앗겼다. 그의 자리를 끝까지 밀어줄 중앙의 든든한 뒷배를 갖지 못한 탓이었다. 그러다가 1591년 2월, 충무공은 마흔일곱의 나이로 전라좌수사에 임명되어 전라좌수영이 있는 여수로 부임했다. 이것이 여수와 이순신 장군의 인연의 시작이었다. 이순신 장군은 여수에서 자신이 가진 모든 것을 펼쳤다. 그는 오랜 세월 변방의 한직으로 돌면서 터득했던 수많은 전략과 전술을 바탕으로 곧 다가올 전쟁에 대비했고, 임진왜란을 치렀다. 이러한 흔적이 오롯이 남아 있는 곳이 여수시 시전동에 있는 선소마을의 굴강이다.

1 선소마을의 굴강(屈江). 1592년 임진왜란 당시 충무공 이순신 장군이 거북선과 관옥선을 건조하여 여수 앞바다에 진수시킨 곳이다. 1980년에 해군사관학교에서, 1985년에는 명지대학교에서 각각 발굴을 했는데, 그 결과 화살촉 등 585점의 유물이 발굴되었다. 이 유물들은 현재 국립 광주 박물관에 보관 중이다.

2 세검정(洗劍亭). 오른쪽 건물이 세검정이고, 왼쪽 건물은 군수 물자를 보관했던 병기고 건물이다.

굴강이 있는 선소마을은 고려 시대부터 배를 만드는 조선소가 있던 곳이다. 그래서 마을 이름이 선소船所가 되었다. 이순신 장군은 이곳에서 나대용 장군(1556~1612, 조선 중기의 무신이며 탁월한 조선 기술자)과 함께 거북선을 만들었다. 나대용은 이순신 장군이 전라좌수사로 부임하던 해에 장군을 찾아가 그동안 연구한 거북선의 설계도를 보여 주었다. 이순신 장군은 크게 기뻐하며 그를 받아들였고, 그 후 나대용은 이순신 장군 휘하에서 거북선 등을 만들어 일본 해군을 섬멸하는 데 일등 공신이 되었다. 나대용이 이순신 장군과 함께 거북선을 만들고 거북선을 바닷물에 띄우는 데 이용한 곳이 바로 굴강이다.

　　굴강은 인공적으로 만든 구조물로 지름이 약 40미터의 원형을 이루고 있고, 깊이는 약 6미터 정도로 보인다. 직접 가서 보면 굴강이 있는 위치가 지리적으로 정말 기가 막히게 적합한 곳이라는 사실을 알 수 있다. 선소로 들어가는 곳 앞에는 가덕도와 장도라는 작은 두 섬이 천연의 방패 역할을 해주고 있고, 산을 넘어야 여수 앞 남해 바다가 보인다. 산이 선소를 가리고 있었으므로 나대용은 이곳에서 이순신 장군의 명을 받아 적군이 눈치 채지 못하게 거북선을 건조하여 외해로 조용히 내보낼 수 있었던 것이다. 굴강의 왼쪽 옆으로 세검정이 있다. 세검정은 임진왜란 당시 수군들이 창과 칼을 갈고 다듬었던 곳이다.

　　선소마을에서 여수역 쪽을 향해 가는 도중에 우리나라에서는 보기 드물게 웅장한 건축 기술로 지어진 멋진 건물을 볼 수 있다. 건물의 이름은 진남관鎭南館인데 ‘남쪽의 왜구를 진압하여 나라를 평안케 한다.’라는 의미이다. 진남관은 조선 시

◐ 진남관. 여수시 군자동에 있는 건물이다. 임진왜란이 끝난 다음 해(1599년)에 이순신 장군의 후임으로 온 전라좌수사 이시언(李時言) 장군이 세운 75칸의 대규모 객사이다. 1959년 5월 30일 보물 제324호로 지정되었다가, 2001년 4월 17일 그 중요성과 가치가 인정되어 국보 제304호로 지정되었다(사진제공: 최영진).

대 여수에서 가장 중요한 건물 중의 하나로 임금을 상징하는 전패가 있던 곳이다. 관아의 수령은 한 달에 두 번 이 전패에 절을 하는 '향궐망배' 의식을 했는데, 멀리 한양에 있는 임금을 마치 가까이에 두고 있는 것처럼 여기며 백성들에게 선정을 베풀라는 의미였다고 한다.

진남관은 네모난 땅에 두 줄로 반듯하게 기단을 쌓은 후에 가장자리를 직사각형 모양의 다듬돌로 돌려서 지었다. 자연석으로 된 초석 위에 민흘림의 원형 기둥 68개를 세웠는데 초석에 맞게 기둥뿌리의 밑 부분을 다듬어 기둥을 단단하게 유지시키는 방법을 사용한 것이 매우 독특하다. 또 지붕 쪽에서 내려오는 큰 힘을 분산시키기 위해 내부에 다시 두 줄로 큰 기둥을 세웠다. 지붕의 측면을 처마까지 경사지게 이어서 八자와 비슷하게 만든 팔작지붕은 당시 이 건물을 만든 우리 선조들의 빼어난 건축미를 엿보게 해 준다.

오동도(梧桐島)와 2012 여수 세계 박람회

오동도는 여수시 수정동에 있는 작은 섬이다. 멀리서 보면 섬의 생김새가 오동잎처럼 보이기도 하고, 옛날에는 오동나무가 빽빽이 자라고 있어서 오동도라는 이름을 얻었다고 한다. 임진왜란 때 이순신 장군은 이곳에 최초로 수군 연병장을 만들었고, 이곳에서 나는 이대(일종의 대나무로 담뱃대, 붓대, 돗자리 등의 재료로 많이 사용되는데, 옛날에는 화살대로도 많이 사용되었다)로 화살을 만들어 왜군을 크게 무찔렀다고 한다. 그러다가 1933년에 길이 768미터의 방파제가 준공되어 육지와 연결되었으며, 1968년에는 한려해상국립공원의 일부로 지정되었다. 또한 이 오동도 주변에서 2012년 5월 12일부터 8월 12일까지 '2012 여수 세계 박람회(엑스포)'가 개최되었다.

1 오동도는 섬 전체가 완만한 구릉성 산지로 이루어져 있는데, 해식애가 발달해 있고 지붕 바위, 코끼리 바위, 용굴 등으로 불리는 기암절벽이 절경을 이루고 있다.

2 '2012 여수 세계 박람회'의 조감도다. 여수시와 정부는 '2012 여수 세계 박람회'의 성공적인 개최를 위해 많은 예산을 들여 여수-서울 간 고속열차(KTX) 철로를 개설하는 등 많은 준비를 했다(사진제공: 여수시청).

영취산의 진달래, 돌산대교의 야경, 향일암의 일출

여수는 '한국의 나폴리'로 불릴 만큼 곳곳에 빼어난 풍광을 지니고 있다. 영취산의 진달래, 돌산대교의 야경, 그리고 향일암의 일출 광경을 보고 나면 누구나 그 사실을 인정하게 된다. 영취산은 여수시 삼일동과 상암동에 걸쳐 있는 산인데, 30년은 족히 넘은 진달래들이 산 중턱에서 정상까지 뒤덮고 있다. 그래서 해마다 4월이 되면 진달래 천국을 이루어 우리나라 최고의 진달래 군락지임을 당당히 자랑한다. 이때 여수의 영취산에 가면 진달래의 빛과 향기에 넋을 잃게 될 것이다.

영취산에 이처럼 아름다운 빛깔의 진달래 군락지가 대규모로 발달한 까닭은 천혜의 기후 덕분이다. 여수는 바다와 가까이 있어 해양성 기후를 보이는데, 겨울에

○ 영취산 진달래 군락. 1993년부터 매년 4월 첫째 주에 영취산에서는 산신제와 더불어 진달래 축제가 열린다. 진달래 군락지는 영취산 정상과 진래봉 부근이 가장 잘 발달해 있다(사진제공: 여수시청).

◐ 돌산대교의 야경. 돌산대교는 여수시 남산동과 돌산읍 사이에 놓인 길이 450미터, 폭 11.7미터, 높이 62미터의 사장교이다. 1984년 12월 15일 준공된 이 대교는 주변에 다도해와 여수항이 있어 여수의 대표적인 관광지로 손꼽힌다(사진제공: 여수시청).

는 따뜻하고 여름에는 시원하며 강수량도 풍부하다. 덕분에 진달래의 생육 상태가 좋고 개화 시기도 다른 지역에서 비해서 조금 빠르며 개화 기간도 길다.

영취산 진달래의 고운 빛이 자연의 작품이라면, 돌산대교의 야경은 사람이 만든 것이다. 2000년 10월부터 돌산대교는 밤마다 50여 가지의 고운 빛을 내기 시작했는데, 낮에 여수를 구경하며 쌓인 피로감을 일시에 씻어 주는 신통력을 발휘한다.

한편 대한불교조계종 제19교구인 화엄사의 말사 향일암向日庵이 있는 금오산은 전국적으로 유명한 일출 감상 장소이다. 기암절벽과 동백나무 숲 사이에 아늑하게 자리 잡은 향일암에서 멀리 남해 수평선 위로 떠오르는 태양을 맞이 하는 기분은 말로 설명하기 어려울 정도로 황홀하다. 그래서 해마다 1월 1일이면 새해 첫

○ 금오산 위에서 내려다 본 향일암(사진 위)과 바다에서 바라 본 향일암(사진 오른쪽). 향일암은 이름부터 '해를 향한 암자'라는 뜻이다. 신라 선덕여왕 13년(644)에 원효 대사가 창건했다고 전해진다. "아침에 관세음을 염하고 저녁에 관세음을 염하며 부처님 본래 마음자리에서 떠나지 않는다면, 사람이 고난을 떠나고 고난이 사람을 떠나 온갖 재앙이 사라질 것입니다."라는 향일암 주지 스님의 말씀이 저절로 가슴에 와 닿는 곳이다(사진제공: 여수시청).

일출을 보기 위해 발을 디딜 곳이 없을 정도로 많은 사람들이 이곳을 찾는다. 하지만 안타깝게도 지난 2009년 12월 20일 향일암에 화재가 발생하여 대웅전과 종각 등이 불에 타 버렸다. 아름다운 향일암의 본래 모습을 찾으려면 상당한 기간이 흘러야 할 텐데, 자연과 선조들이 물려 준 소중한 유산을 제대로 지키지 못한 우리의 죄가 크다.

아시아 최후의 공룡 서식지였던 추도와 사도

2001년 한국지질자원연구원에서 나온 『한국 지체 구조도』를 보면 우리나라 남해안의 지질은 대부분 중생대 지층으로 되어 있다. 특히 백악기에 형성된 퇴적층과 화산암층이 잘 발달되어 있다. 이 중에서 퇴적암 지층들이 잘 발달한 곳에서 중생대 백악기 때 번성했던 공룡 발자국 화석이 많이 발견된다. 전라남도 해남, 보성, 화순 지방이나 경상남도 고성 등이 그 대표적인 예이다. 여수시 화정면의 사도와 추도, 낭도 그리고 적금도와 목도 등 총 다섯 개의 섬에서 총 3500점이 넘는 공룡 발자국 화석이 발견되었다.

여수의 섬들 중에서 공룡 발자국 화석이 가장 많이 발견된 곳은 추도로 총 1759점이 발견되었다. 그 다음으로 낭도가 962점, 사도가 755점, 목도가 50점, 적금도가 20점이다. 발굴은 지금도 계속되고 있으며 발굴이 진행될수록 발견되는 화석의 수가 계속 늘어날 것이다.

한편 추도와 사도 일대에서는 화산 활동의 흔적도 쉽게 찾아볼 수 있다. 사도 해안을 따라 화산암 절벽이 펼쳐져 있고, 화산재가 굳어서 형성된 응회암 덩어리를 쉽게 볼 수 있다. 또 응회암(화산재 퇴적암) 안에서 불에 타 숯으로 변한 중생대의 나무 화석도 발견된다.

○ 사도의 퇴적 지층. 사도에서 볼 수 있는 퇴적 지층은 그 모양이 전남 해남군 우항리의 퇴적 지층과 매우 닮았다. 비슷한 시기에 비슷한 재료로 이루어진 퇴적 지층이기 때문이다. 이 지층에서 상당히 많은 수의 공룡 발자국 화석이 발견되었는데, 그 시기가 약 7000만 년 전에서 9000만 년 전의 것으로 추정된다. 이들 지역의 공룡 발자국 화석은 2003년 천연기념물 제434호로 지정되었다.

최근 사도 주변 지질을 탐사한 부경대학교 지구환경과학과 백인성 교수팀은 화
산암의 생성연대를 측정한 결과, 6820만~6550만 년 전의 것임을 밝혀냈다. 중생
대가 끝나고 신생대가 시작된 시점을 약 6500만 년 전으로 보고 있으므로 이 시
기는 중생대와 신생대의 경계에 해당한다. 이처럼 사도에서 중생대와 신생대 경계
에 해당하는 암석이 발견된 것은 우리나라에서도 이 시기에 있었던 소행성 충돌
의 흔적인 이리듐 퇴적 지층을 찾을 수 있는 가능성이 있음을 보여주는 것이다.
하지만 아쉽게도 아직 사도에서 그런 흔적이 발견되지는 않았다. 오랜 세월 침식
에 의해 사라졌거나 아니면 아직 과학자들의 눈에 드러나지 않는 깊은 땅 속에
숨어 있기 때문일 것이다.

여수에서 사도로 가는 방법은 두 가지이다. 여수항 여객선 터미널에서 가는 방

1 추도에서 발견된 공룡 보행렬 화석. 우리나라에서 발견된 공룡 보행렬 화석 중 가장 긴 것으로 길이가 약 84미터에 이른다. 6마리의 조각류(鳥脚類) 초식 공룡이 나란히 걸어간 발자국이다.

2. 3 사도에서 추도로 이어지는 바닷길 위로 관광객이 지나가고 있다. 해마다 음력 정월 대보름과 2월 보름 때 2~3일에 걸쳐 썰물로 바닷물이 빠지면 바닷길이 드러난다. 사람들은 이를 모세의 기적이라고도 하지만 이는 달의 인력에 의해 일어나는 정상적인 자연 현상이다. 파란색 동그라미 안의 섬이 사도이고, 빨간색 동그라미 안의 섬이 추도이다(사진제공: 여수시청).

1, **2** 사도의 해안 퇴적층에서 발견된 공룡 발자국 화석. 사도의 해안을 따라 걸으면 곳곳에서 이런 화석을 쉽게 찾아볼 수 있다. 아래 사진을 보면 발가락이 3개로 선명하게 찍혀 있는데 육식 공룡의 발자국으로 추정된다.

3 사도 해안 일대에서 쉽게 발견되는 응회암 덩어리이다. 자세히 관찰해 보면 암석이 다양한 크기의 화산 분출물로 구성되어 있음을 알 수 있다.

4 용미암. 제주도 용두암의 꼬리라는 전설을 가진 바위이다. 화산 활동의 결과로 만들어진 암석으로 추정된다(사진제공: 황의동).

법과 백야에서 가는 방법이 있다. 공룡 화석을 충분히 관찰하려면 배 시간을 잘 맞추어야 한다. 가장 좋은 방법은 백야에서 오전에 출발하는 배를 타고 들어가, 오후에 나오는 배를 타는 것이다. 이렇게 해야 사도와 추도의 공룡 발자국 화석지를 충분히 돌아볼 수 있기 때문이다. 사도는 섬이 작아 섬 안에서 다른 교통수단을 구하기는 어렵다.

환상적인 아름다움, 거문도와 백도

거문도는 여수에서 남서쪽으로 바닷길을 따라 약 110 킬로미터를 가면 만날 수 있다(거문도라 함은 거문도만 일컫는 것이 아니라, 거문도를 중심으로 하는 거문도 일대의 여러 섬들을 통칭하는 것이다. 이는 백도도 마찬가지이다). 백도와 함께 다도해해상국립공원으로 지정된 곳이다. 지도를 자세히 살펴보면 거문도는 항구로서 매우 좋은 조건을 가지고 있다. 거문도를 이루는 동도와 서도 그리고 고도 등 세 개의 섬이 마치 병풍처럼 둘러쳐져 있고 그 가운데 약 100만 평에 이르는 넓고 조용한 바다가 마치 호수처럼 펼쳐져 있기 때문이다. 수심도 깊어 큰 배가 드나들기에도 부족함이 없다. 그래서 예로부터 거문도는 열강의 침입을

✿ 거문도(巨文島) 등대섬의 기암괴석을 찍은 사진이다. 거문도는 여수시 삼산면에 속한 섬이다. 여수와 제주도의 중간에 있는 섬으로 서도, 동도, 고도의 세 섬으로 이루어져 있다. 이 섬을 거문도라고 부른 것은 청나라 때 정여창이라는 중국 사람이 이 섬에 학문이 뛰어난 사람들(巨文)이 많은 것을 보고 거문도라고 이름 지은 데에서 유래한다고 한다(사진제공: 황의동).

자주 받았다. 거문도를 점령하면 우리나라 남해와 제주도를 칠 수 있는 전초 기지를 얻는 것이기 때문이다. 거문도에 가면 이곳을 점령했던 외세의 흔적을 볼 수 있다. 영국군의 묘지가 바로 그것인데, 영국군이 고종 22년(1885년)에 군함 6척과 수송선 2척으로 구성된 선단을 이끌고 와서 거문도를 약 2년 동안 점령했던 적이 있기 때문이다. 다행히 당시 거문도 주민들과 영국 군인들의 사이가 나쁘지 않아 주민들이 큰 피해를 입지는 않았다고 한다.

이런 이유에서인지 우리나라에서 최초로 등대가 설치된 곳이 바로 거문도이다. 거문도 등대는 1905년에 만들어졌는데, 프랑스 과학 기술의 도움을 받아 제작된 렌즈를 사용했다고 한다. 거문도는 적에게는 전초 기지이지만 우리나라 입장에서 보면 넓은 남해로 나가는 전진 기지 역할을 한다. 실제로 거문도는 지금 우리 어선들이 태평양 먼 길을 나가기 전에 들리는 어업 기지 역할을 하고 있다.

거문도에서 동쪽으로 약 30킬로미터를 가면 환상적인 자태를 자랑하는 섬들로 이루어진 백도를 만날 수 있다. 백도는 상백도와 하백도로 나뉘는데, 모두 사람이 살지 않는 무인도이다. 바람과 파도가 빚어 낸 기암절벽의 암석으로 가득한 백도에 가 보면 가히 남해의 소小금강이라는 이름이 붙은 이유를 알 수 있을 것이다. 백도는 지형이 천태만상으로 다양하여 여러 전설이 전해져 오고 있다. 특히 섬의 이름과 관련된 것이 많다. 예를 들면 다음과 같은 것이다.

태초에 옥황상제의 아들이 상제의 노여움을 사서 백도로 귀양을 왔다. 하지만 귀양 온 옥황상제의 아들은 용왕의 딸과 눈이 맞아 바다에서 풍류를 즐기며 행복한 세월을 보냈다. 반면에 아들을 지상으로 귀양을 보낸 옥황상제는 아들이 몹시 보고 싶었다. 그래서 아들의 귀양을 풀어 주고 아들을 데리러 신하를 보냈다. 하지만 용왕의 딸과 눈이 맞은 아들은 돌아가기를 거부했고, 임무를 제대로 이루지 못한 신하들은 하늘로 돌아가지 않고 차라리 백도의 아름다움이나 즐기자며 눌러 앉았다. 그 후 옥황상제는 100명이나 되는 신하들을 보냈으나 결과는 마찬가지였다. 진노한 옥황상제가 아들과 신하들에게 벌을 주어 모두 돌로 변하게 하였는데, 그것이 백도를 이루는 크고 작은 섬들이 되었고 그 수가 100개가 되어 백도百島라 했다. 그런데 어느 날 누군가 섬의 개수를 다시 헤아려 보았더니 '일백 百'에서 1개의 섬이 모자랐다고 한다. 그러자 사람들은 일백 백百에서 한 일—자를 빼고 흰 백白으로 바꾸어 백도白島라 부르게 되었다.

백도에는 천연기념물인 흑비둘기를 비롯해 30여 종의 새들이 평화롭게 살고 있고, 풍란과 석곡 그리고 눈향나무와 후박나무 등의 아열대 식물들이 사람의 손을 타지 않고 잘 자라고 있다. 또한 백도 앞바다는 연평균 수온이 섭씨 16.3도로 따

◎ 백도는 다도해 해상국립공원에 속해 있는 여러 개의 섬으로 이루어져 있는데 1979년에 국가 명승지 제7호로 지정되었다. 백도는 생태계를 보호하기 위해 사람들이 직접 섬에 내릴 수 없으며, 배를 타고 돌아보는 것만 허용되어 있다. 날씨 상황에 따라 배가 들어가지 않을 때가 많으므로 전화로 출항 여부를 확인하고 가야 한다(사진제공: 황의동).

뜻하여 170여 종의 해양 생물이 다양하게 서식하고 있다.

여수를 여행하는 사람은 반드시 거문도를 보아야 하고, 거문도를 갔으면 반드시 백도에 가 보아야 한다. 파란 바다 위에 자연이 새긴 바위 조각의 아름다움이 어느 정도인지, 사람이 건드리지 않은 자연 본래의 아름다움이 어떤 것인지를 깨닫게 해 주기 때문이다.

"
한반도 최초의
벼 재배지 경기도 김포시 "
37

사진 아래쪽의 김포와 위쪽의 강화도 사이로 흐르는 물을 염하(鹽河)라고 한다. 바닷물이 강물처럼 흐른다고 해서 붙여진 이름이다. 옛날 중국 사람들은 민물의 이름을 크기에 따라 천(川), 강(江), 하(河)로 나누어 불렀다. 중국의 거대한 황하를 보고 그 장대함에 놀란 선조들은 우리 땅에는 그렇게 큰 강이 없음을 안타까워했을 것이다. 그래서 김포 옆을 흐르는 바닷물에 염하라는 이름을 붙여 그 아쉬움을 조금이나마 풀려고 했을지도 모르겠다. 그런데 염하라는 명칭은 정확한 것이 아니다.이 물줄기는 육지와 섬 사이에 있으므로 해협(海峽)이라 함이 옳다. 염하의 정식 명칭은 김포강화 해협이다.

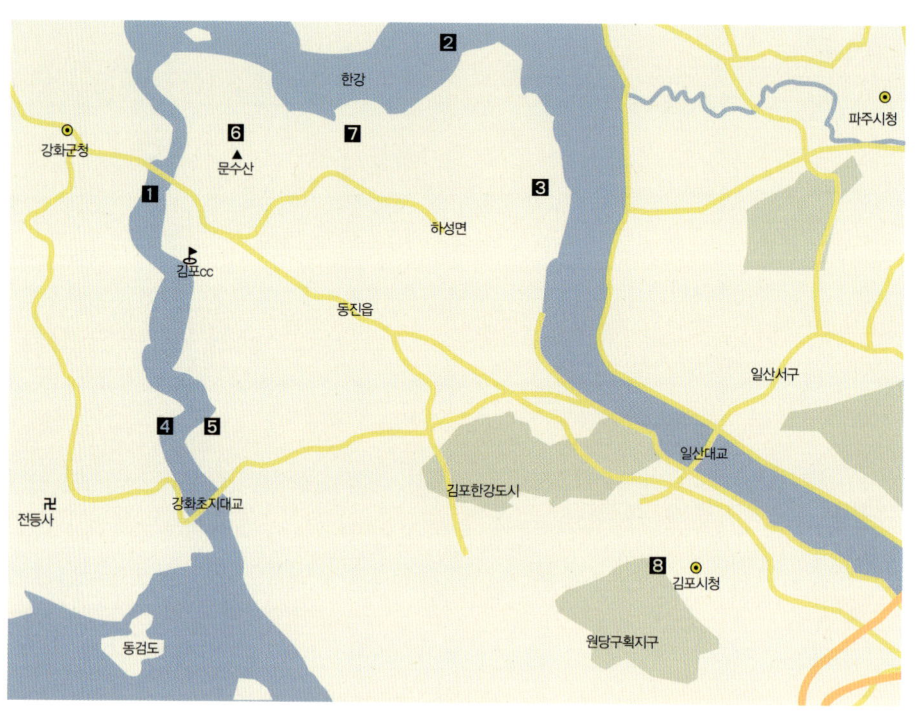

1 김포강화 해협(염하) **2** 조강 **3** 김포평야 **4** 손돌목과 덕포진 **5** 덕포진 교육박물관
6 문수산과 문수산성 **7** 애기봉 **8** 우저 서원

경기도 김포시

'쌀을 밟으면 발이 비뚤어진다.' 또는 '흘린 밥알을 쥐나 새가 먹으면 어머니가 죽는다.'라는 옛말이 있다. 쌀로 지은 밥을 주식으로 삼는 우리 민족에게 밥과 쌀의 소중함을 직설적으로 깨닫게 하는 속담들이다. 경기도 김포는 이러한 밥과 쌀을 소중하게 생각하는 우리 민족의 문화가 시작된 곳이다. 김포가 바로 한반도의 쌀농사가 시작된 곳이기 때문이다. 그리고 김포는 우리 민족의 아픈 역사가 서려 있는 곳이기도 하다. 고려 시대 몽골의 침략으로 임금이 강화도 몽진을 위해 험한 바닷길을 건넜던 곳이고, 조선 중기 때 의병을 이끌고 목숨으로 나라를 지켰던 의병장 조헌의 사당이 있는 곳이다. 또한 조선 말기 병인양요와 신미양요 때 외세의 침입에 항거하다가 흘린 겨레의 피가 맺힌 땅이다. 하지만 지금 김포는 역사 속의 아픔을 딛고 일어나 한강 신도시라는 이름으로 환경 친화 생태 도시로 거듭나고 있다.

할아버지 강이 지나는 곳

한강의 발원지는 강원도 태백의 검룡소이다. 검룡소의 작은 물은 백두대간 기슭의 여러 계곡을 따라 흐르는 또 다른 작은 물과 만나 섞이면서 몸을 키운다. 이들 중에는 남쪽 아래 충청북도 속리산 천왕봉 기슭에서 거슬러 온 것도 있고, 북쪽의 함경남도 마식령 자락에서 내려온 것도 있으며, 금강산과 설악산, 그리고 오대산에서 흘러온 것도 있다. 이들은 굵은 물줄기가 되어 대지를 적시며 서쪽으로 천릿길이 넘는 거리를 하염없이 흘러 경기도 교하의 오두산 아래에서 모두 만난다. 이때부터 사람들은 이들의 이름을 조강祖江이라고 부른다.

옛 사람들은 왜 강의 이름을 조강, 할아버지 강이라고 불렀을까? 강이 천이백 리를 넘게 달려오느라고 늙고 힘이 빠져서 그렇게 부른 것일까? 아니면 강의 생김

○ 조강(祖江). 우리 선조들은 한강과 임진강과 만나는 지점부터 한강을 조강이라는 이름으로 불렀다. 오른쪽으로 보이는 것은 김포평야의 일부이고, 왼쪽의 강 너머로 보이는 땅은 북한이다.

새가 할아버지처럼 넓고 편안하다고 해서 그렇게 부른 것일까? 조강의 두 아들은 임진강과 한강이 되고, 또 임진강의 지류 한탄강이나, 한강의 두 갈래 남한강과 북한강은 손자가 되는 것일까? 강을 살아 있는 것으로 대했던 조상들의 깊은 뜻을 물질문명에 찌들어 사는 우리가 쉽게 헤아릴 수는 없을 것이다.

옛날 동력선이 생기기 전, 이곳 바닷길을 다니던 배들은 모두 조강 포구 앞에서 물때를 기다려야 했다. 서해를 거쳐 서울로 올라오는 배들은 모두 이곳에서 닻을 내리고 기다리고 있다가 바닷물이 한강을 따라 내륙 쪽으로 밀려 올라가는 때를 기다려 일제히 돛을 올렸는데, 사람들은 이 물때를 가리켜 조강 물때라고 불렀다. 배들은 조강 물때에 맞춰 쉬기도 하고 힘껏 달리기도 하며 한강과 이어지는 곳까지 물물을 옮겼다. 김포는 바로 그 조강 물때를 기다리며 사람들이 육지로 드나들던 곳 바로 곁에 있다.

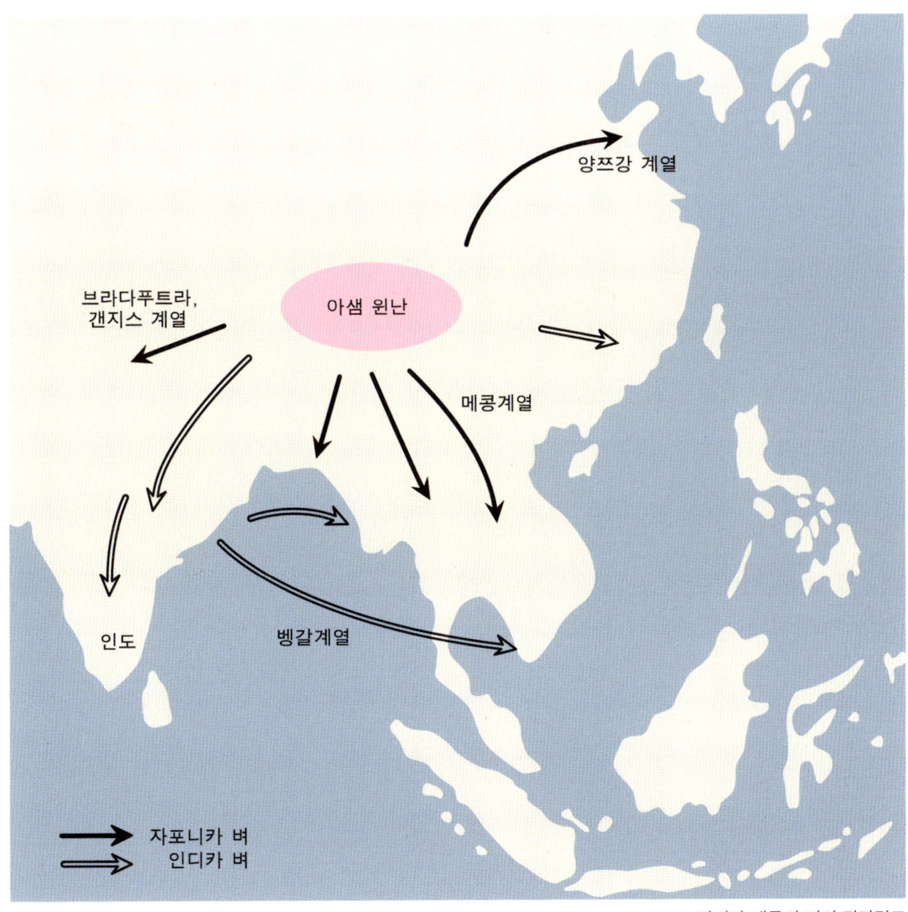

아시아 대륙의 벼의 전파경로

한반도 최초의 벼 재배지

김포는 한강 하구와 서해를 함께 끼고 있는 곳으로 교통의 요충지이다. 그래서 다른 곳보다 상대적으로 이른 시기에 사람들이 터를 잡고 살았던 흔적이 곳곳에서 발견된다. 통진읍에서 발견된 반달형 돌칼과 원반형 석기와 같은 신석기 문화 유적을 보면 잘 알 수 있다. 하지만 김포가 우리 민족의 역사에

○ 잘 익은 나락이 가득한 김포평야. 김포는 한반도 최초의 벼 재배지로 알려져 있다.

서 큰 의미를 가지는 것은 이곳에서 약 4000년 전의 것으로 추정되는 볍씨가 발견되었기 때문이다.

쌀은 밀, 보리와 함께 땅에서 생산되는 3대 농산물 중의 하나이다. 쌀의 세계 총 생산량 중 약 92퍼센트는 아시아에서 산출되는데, 대부분을 아시아 사람들이 소비한다. 우리나라도 그중의 하나이다. 벼농사의 시작은 벼의 품종에 따라 다른데, 대략 지금으로부터 약 1만 년 전부터 재배하기 시작했다고 한다. 우리나라에 쌀이 도입된 시점은 약 4000년 전으로 추정되는데, 김포가 바로 시작지이다. 김포의 가현리라는 마을의 토탄층에서 탄소 동위 원소를 이용한 절대 연대 측정법으로 약 4000년 전의 것으로 추정되는 탄화미가 발견되었다. 그런데 최근에 충청북도 청원군의 소로리 구석기 시대의 토탄층에서 기원전 1만 2500~1만 4800년의 것으로 추정되는 볍씨가 발굴되었다. 만약에 이 연구가 학계에서 공식적으로 인정된다면 김포는 한반도 최초의 벼 재배지라는 타이틀을 내놓아야 할지도 모른다. 뿐만 아니라 세계에서 가장 오래된 볍씨라는 기록도 청원군 소로리로 바뀔지도 모르겠다.

김포가 우리나라 최초의 벼 재배지가 된 데에는 또 다른 이유가 있다. 누군가 볍씨를 가져왔거나 바닷물을 따라 볍씨가 우연히 이곳으로 흘러 들어왔다고 하더라도, 볍씨가 잘 자랄 수 있는 토양이 아니었다면 최초의 벼 재배지로 자리 잡기는 어려웠을 것이다. 김포는 볍씨가 자라기에 좋은 조건을 갖춘 곳이다. 한강 하구의 충적 평야이자 수도권 최대의 평야로 손꼽히는 김포평야가 있기 때문이다. 김포평야는 김포시를 비롯해 파주시와 고양시 일대에 펼쳐진 평야로, 한강의 지류인 굴포천과 걸포천이 범람하면서 만든 땅이다. 김포평야의 기반암은 대체로 시생대 화강 편마암과 중생대 대동계 때 형성된 셰일이나 사암이지만 그 위로 하성 충적물이 뒤덮여 있는 덕분에 김포평야는 늘 기름진 곳이었다. 또한 이곳은 태풍이나 폭설 등 이상 기후가 드물고 일조량이 풍부하며, 한강이 바로 곁에 있어 가뭄도 거의 없는 곳이다.

또 이곳에는 김포평야처럼 넓고 넉넉한 마음을 가진 사람들이 있었다. 옛날 김포의 농부들은 이른 봄부터 가을까지 하루도 쉬지 않고 논에 나가 벼를 정성스레 키웠고, 기분이 언짢은 날이면 아예 논 근처에 얼씬도 하지 않았다고 한다. 안 좋은 기분으로 벼를 함부로 대해서는 안 되기 때문이었다. 그래서 예부터 김포에서 생산되는 쌀을 하늘이 내린 '금쌀'이라 불렀고 임금님께 진상하기도 했다.

물론 쌀을 귀하게 대한 것은 김포의 농부들뿐만이 아니었다. 우리 민족은 예부터 '농자천하지대본야農者天下之大本也'라고 해서 농사를 중요하게 여겼고, 그중에서도 논농사는 가장 중요한 일로 여겼다. 농사는 하늘 아래 땅 위의 가장 근본이 되는 탄소에는 여러 종류가 있는데, 이를 동위 원소라고 하고 숫자를 다르게 해서 구별한다. 예를 들면 10C, 11C, 12C, 13C, 14C 등이 있다. 그런데 이 중에서 14C는 방사선을 내놓고 붕괴한 후, 14N로 변하는 성질을 가진다. 이때 14C가 원래 양의 반으로 줄어드는 데 약 5750년이 걸리며, 이를 반감기라 한다. 그러므로 14C와 14N의 양의 비율을 측정하면 14C가 포함되어 있는 생물이 죽은 연대를 측정할 수 있다. 생물은 호흡을 통해 14C를 계속 섭취하지만, 죽은 생물은 더 이상 14C를 섭취하지 못하기 때문이다. 죽은 생물의 몸에서는 14C가 점점 줄고 대신 14N이 늘어나며, 이 비율을 측정해서 생물이 죽어 땅에 묻혀 있었던 연대를 계산하는 것이다.

대업이라 생각하고, 하늘과 땅과 사람이 어울려야 나라가 바르게 운영된다는 것이 조상들의 기본적인 생각이었다. 하지만 지금은 전혀 딴판이 되었다. 외국에서 값싼 농산물이 몰려오면서 논농사가 천대받고 있고, 요즘 사람들이 쌀을 잘 먹지 않아 논농사가 위기에 처해 있다. 그래서인지 한반도 최초의 벼 재배지 김포평야도 최근 신도시 바람이 불어 논 대신 아파트로 채워지고 있다.

그러나 논농사를 단순히 먹을 곡식을 생산하는 일로 보아서는 곤란하다. 논농사는 알게 모르게 우리 환경에 매우 큰 영향을 끼치고 있기 때문이다. 우리나라는 땅의 경사가 급하고, 여름철에 비가 집중적으로 오기 때문에 해마다 홍수를 겪을 수 있다. 그런데 논이 이를 조절하는 역할을 해 준다. 홍수가 지는 여름철은 벼농사 기간이므로 논에 물을 가두기 위해 전국 곳곳에 논둑을 만드는데, 이 논둑이 바로 홍수 조절 기능을 하는 거대한 댐과 같은 역할을 하기 때문이다. 논에 가두어 둘 수 있는 물의 양을 우리나라 전체 논 면적으로 계산해 보면 약 36억 톤이나 되는데, 이 양은 춘천댐 총 저수량(1억 5000만 톤)의 24배에 해당하는 어마어마한 양이라고 한다. 이것을 돈으로 따지면 15조 원의 효과가 있다고 한다.

◐ 물을 가득 채운 논. 모를 심기 전의 논에는 사진처럼 물을 가득 채운다. 멀리서 보면 작은 저수지와 같다. 논물은 나중에 쌀이 되어 우리 입으로 들어올 것이고, 긴 시간 동안 논 주위에 사는 작은 생물들의 생명수가 되어 줄 것이다. 그리고 홍수 조절이라는 중요한 역할을 소리 없이 해 준다.

만약에 우리나라에 논이 모두 없어진다면 춘천댐을 새로 24개나 더 만들어야 하는 셈이다.

또한 모든 녹색 식물은 탄소 동화 작용을 해서 이산화탄소를 흡수하고 산소를 내뿜는 광합성을 한다. 우리나라 전 국토에 있는 논에서 자라는 벼들은 대표적인 녹색 식물이다. 이들이 광합성을 하면서 많은 양의 이산화탄소를 소비하고 산소를 생산하는데, 그 효과가 만들어 내는 경제적인 효과도 엄청나다. 지구 온난화가 점점 더 심각해지고, 탄소 배출량을 돈으로 환산해서 주식처럼 거래해야 하는 시대가 본격적으로 온다면, 논의 역할은 더욱 중요해질 것이다.

손돌목과 덕포진

| 김포강화 해협은 원래부터 있었던 것이 아니었다. 강화도는 원래 김포 반도에 이어진 땅으로 김포 반도의 일부분이었다. 그런데 한반도의 서쪽 지역이 조륙 운동을 해서 일부 땅이 침강할 때, 김포 반도의 일부 땅도 바다 밑으로 가라앉았고, 그 위로 바닷물이 들어오면서 육지와 분리된 것이다. 한때 한강과 임진강의 퇴적 작용으로 강화도와 김포 반도가 다시 연결된 적도 있었지만, 오랜 세월 바닷물의 침식 작용을 받아 지금은 분리되어 있다.

김포강화 해협의 북쪽으로는 한강과 임진강, 예성강의 강물이 흘러 들어오는데, 북쪽의 월곶과 남쪽의 황산도 사이의 해수면 높이 차이가 아주 커서 물살이 매우 빠르다. 김포의 덕포진과 강화도의 광성보 사이에서 물살이 특별히 센 곳이 있

◑ 대명 포구. 김포강화 해협은 폭이 좁은 곳은 200미터, 넓은 곳은 1킬로미터 정도이고 길이는 약 20킬로미터이다. 밀물 때의 최대 유속은 초당 약 3.5미터로 물살이 거세고 수심이 얕아서 썰물 때는 곳에 따라 바닥이 드러나기도 한다. 멀리 보이는 것이 김포 반도와 강화도를 잇는 초지 대교이다.

○ 손돌의 무덤. 그의 억울한 죽음을 달래기 위해서 만들어 준 무덤이다.

는데, 김포 사람들은 이곳을 '손돌목'이라 부른다. 손돌은 옛날 이곳에 살던 사공이었다고 하는데, 왜 이곳을 그의 이름을 따서 부르게 되었을까? 여기에는 다음과 같은 사연이 전해진다.

1231년 고려가 한창 몽골의 침입을 받을 때였다. 고려의 제23대 왕 고종 (1192~1259)은 몽골군을 피해 급하게 강화도로 몽진을 떠났다. 워낙 다급하게 떠난 길이라 신하들은 임금을 태우고 갈 배를 제대로 준비하지 못했다. 그래서 겨우 몇 사람이 탈 수 있는 작은 배를 이용할 수밖에 없었다. 이때 이 배를 저었던 사공의 이름이 손돌이었다. 손돌은 임금과 신하 몇을 배에 태우고 노를 저어 강화도로 향했다. 하지만 강화도로 가는 뱃길은 매우 험했다. 배가 광성보를 지나자 바다의 물살은 점점 더 거세지기만 했다. 심신이 몹시 허약해진 임금은 사공을 의심하기 시작했다. '이 뱃사공이 날 해치려고 배를 일부러 물길이 험한 곳으로 몰고 가는 것은 아닐까?' 그때 손돌이 물살이 더 거센 곳으로 배를 몰고 가자, 왕의 의심은 더해졌다. 급기야 다급해진 왕은 신하를 시켜 손돌의 목을 베라고 명했다.

손돌은 "이곳은 원래 물살이 센 곳이요, 자신은 안전한 뱃길로 가고 있는 것"이라고 머리를 조아려 강변했으나, 겁에 질린 임금은 그의 말을 믿을 수 없었다. 신하의 칼을 눈앞에 두고 손돌은 "이곳은 물길이 험합니다. 아무 길이나 가면 큰일 납니다. 제가 바다에 띄우는 바가지가 흘러가는 데로 배를 몰고 가십시오. 그럼 안전하게 강화도에 도착할 수 있습니다."라고 말한 후 의연히 임금의 칼을 목으로 받았다.

손돌을 벤 임금과 신하들은 선택의 여지가 없었다. 그들은 손돌이 말한 대로 바가지를 따라갔다. 이윽고 배는 무사히 강화도에 도착했다. 왕이 강화도에 발을 내딛자, 갑자기 회오리바람이 세차게 불었고 물살은 더욱 험해졌다. 마치 억울하게 죽은 손돌이 하소연을 하는 듯했다. 퍼뜩 임금은 정신을 차렸고, 조금 전 자신이 한 일에 대해 깊이 반성했다. 왕은 억울하게 죽으면서도 자신을 위했던 손돌의 시신을 잘 거두어 후하게 장사를 지내라고 명했다. 또한 그곳을 '손돌목'이라 부르게 했는데, 지금도 이곳은 매년 음력 10월 20일에 거세고 찬바람이 분다고 한다. 김포나 강화도의 사람들은 이 바람을 '손돌의 한숨'이라고 부르며, 이날은 바다에 나가지 않는다고 한다.

손돌목은 물길이 거세기로 유명한 곳이기도 하지만, 서해로 와서 조강을 지나 한강을 따라 내륙으로 들어가는 해상 교통의 중요한 길목이기도 하다. 그래서 조선 시대 이곳을 지나던 서구 열강의 배들이 조선의 군대와 치열한 접전을 벌이기도 했다. 그 흔적이 고스란히 남아 있는 곳이 바로 덕포진이다. 천혜의 지형을 이용해 설치한 조선 시대의 군영 덕포진은 신미양요*와 병인양요** 때 초지진과 덕진진 등과 함께 우리 땅을 지키기 위해 병사들이 많은 피를 흘렸던 곳이다.

한편 덕포진에서 나오는 길에 옛 추억을 되살릴 수 있는 소박한 박물관이 있다. 초등학교에서 교사 생활을 했던 김동선, 이인숙 부부가 사재를 털어 설립한 사립 박물관이다. 이인숙 선생이 점점 시력을 잃어 더 이상 아이들을 가르칠 수 없게 되자, 남편 김동선 선생이 이곳에 터를 잡고 아내에게 영원히 지워지지 않는 교육의 향기를 마련해 주었다. 이곳은 1960년대부터 1970년대에 걸친 세대가 다녔던 학교의 풍경이 재현되어 있다. 예전 교과서와 책걸상부터 옛 우리 조상들이 사용하던 물건들까지 전시되어 있어 아이들과 함께 가볼 만한 곳이다.

---

* **신미양요**: 1871년(고종 8년) 미국이 1866년의 제너럴셔먼 호 사건을 빌미로 조선을 개항시키려고 무력 침략한 사건이다. 미군은 흥선 대원군의 강경한 쇄국 정책과 조선 민중의 저항에 부딪혀 뜻을 이루지 못하고, 아무 성과 없이 일본으로 철수했다. 이 사건을 계기로 흥선 대원군은 전국 각지에 척화비(斥和碑)를 세워 외국과 통상·수교를 거부하는 정책을 더욱 강화했다.

** **병인양요**: 1866년(고종 3년) 대원군이 천주교를 금하는 명령을 내렸고, 프랑스 선교사 12명 가운데 9명을 비롯해 한국인 천주교도 8000여 명을 학살했다. 그러자 프랑스에서 군함을 보내 강화도를 침범하고 문화 유적을 약탈하는 행위를 저질렀는데 이를 병인양요라 한다.

◐ 김동선, 이인숙 교사 부부가 사재를 털어 구입하거나 기증을 받아 전시한 물건들로 옛 교실의 모습을 재현해 놓았다. 1층에는 낡은 책상, 앙증맞은 의자와 칠판이 걸린 교실이 있다. 중앙에는 갈탄 난로가 앉아 있고, 그 위에는 누런 양철 도시락도 놓여 있다.

1 덕포진의 포대. 1981년 전 김포문화원장 김기송 씨가 사비를 들여 발굴한 곳이다. 현재는 포대와 파수대가 복원되어 있다. 그 옆으로 2007년 새 단장한 '덕포진 유물 전시관'에서 조선 후기에 사용했던 포의 위치와 포의 유효 거리 등을 볼 수 있다.

2 덕포진 파수정 터. 이 유적지는 덕포진 발굴 당시 함께 발굴된 건물 터이다. 발굴 당시에 7개의 포탄과 조선 시대의 화폐인 상'평통보가 출토되었고, 건물 터 안에는 주춧돌과 화덕이 발견되었다. 위치가 포대와 돈대의 중심부에 있는 것으로 보아, 아마도 이곳은 포를 쏘는 불씨를 보관하는 장소인 동시에 포병을 지휘하던 곳으로 추정된다.

산성 옆을 따라 오르는 문수산

문수산성은 바다 건너 갑곶진의 돈대와 함께 염하의 길목을 지키는 요충지였다. 멀게는 대몽 항쟁의 이야기가 남아 있고, 가깝게는 1866년 병인양요 때 프랑스군과 격전을 치른 곳이기도 하다. 산성의 문루에 올라 염하를 바라보면 한성의 들목을 지키던 군장들의 함성이 지금도 들리는 듯하다.

병인양요 때 프랑스군과 일대 격전을 벌이면서 문수산성의 해안 쪽 성벽과 문루가 파괴되고 성내가 크게 유린되었다. 이후 해안 쪽 성벽은 없어지고 마을이 들어섰으며 문수산 등성이를 연결한 성곽만 남았으나, 지금은 서문과 북문이 복원되었고 총 6킬로미터에 이르는 산성 중 4킬로미터 정도가 남아 있다.

문수산성이 있는 문수산(376m)은 주로 낮은 구릉으로 이루어졌지만 김포에서

○ 문수산성. 숙종 20년(1694)에 축성되었다. 강화 갑곶진과 더불어 김포강화 해협을 지키는 요새이다. 명칭은 신라 혜공왕 때 산 정상에 창건된 문수사(文殊寺)라는 절에서 유래되었다. 1964년에 사적 제139호로 지정되었다.

1 문수산성과 문수산의 진달래 군락지. 위 사진에서 가운데로 난 길 바로 옆에 무너진 축대 같은 것이 보이는데 이것이 바로 문수산성의 성벽이다. 많이 복원되었으나 아직 일부 지역은 무너진 채로 남아 있다.
2 문수산을 이루고 있는 암석은 퇴적암이다. 중생대에 형성된 퇴적암으로 추정된다.

가장 높은 산이다. 사계절 경치가 아름다워 김포의 금강산이라고도 하는데, 사실 가 보면 금강산과는 거리가 멀다는 것을 알 수 있다. 산은 낮지만 주위에 높은 지형이 없어 시야가 탁 트여 있다. 그래서 동쪽으로는 한강과 서울의 삼각산, 서쪽으로는 멀리 인천 앞 바다, 북으로는 개풍군까지 한눈에 보인다. 문수산성의 옛 성벽 옆으로는 진달래 군락이 잘 발달되어 있다. 매년 4월 초 무렵이면 문수산은 진달래로 가득 찬다.

통일의 희망을 담은 애기봉

문수산을 내려와 북동쪽으로 20분 정도 차를 타고 가면 애기봉愛妓峰으로 올라가는 길이 있다. 애기봉은 입구에서부터 군인들이 통제하는 곳이지만 신분증만 있으면 누구나 쉽게 올라갈 수 있다. 애기봉은 한국전쟁 당시 남북이 서로 차지하기 위해 치열한 전투를 벌였다는 154고지가 있는 곳이기도 하다.

　애기봉은 한강 하구 최고의 전망대이다. 임진강, 예성강, 한강, 서해가 만나는 장면을 볼 수 있기 때문이다. 애기봉 정상에서 서면 북녘 땅까지 한눈에 보인다. 하지만 이곳은 바다와 강 그리고 하늘은 이어져 있지만, 땅은 인간이 만든 철책선으로 가로막혀 있음을 볼 수 있는 곳이기도 하다. 불과 1.5킬로미터 남짓한 거리를 두고 한쪽은 남한이라 부르고 또 다른 쪽은 북한이라 부른다. 언제쯤 저 철책선이 없어질까?

◐ 애기봉에서 바라본 북한 땅. 애기봉이라는 이름은 병자호란 때 끌려간 평양 감사를 그리다 죽은 기생 애기의 한이 이 산봉우리에 서려 있다고 해서 붙여졌다. 1968년 애기봉을 방문한 고 박정희 대통령이 '애기의 한과 가족과 고향을 잃은 실향민의 한이 같다.'라는 말과 함께 애기봉이라는 휘호를 남기기도 했다. 매년 추석 때면 이곳 망배단에는 가족과 고향을 두고 온 실향민들이 찾아와 조상들에게 제를 올리고 통일을 기원한다.

조헌과 우저 서원

마지막으로 김포 시내에 꼭 들려야 할 곳이 있다. 칠백 의병과 함께 목숨 바친 우국충정의 상징, 중봉 조헌을 모신 우저 서원이다. 조헌은 율곡과 함께 10만 양병설을 주장했던 사람이다. 하지만 그의 뜻은 받아들여지지 않았고, 임진왜란이 일어나자 그는 분연히 떨쳐 일어나 의병장이 되었다. 1592년 왜군이 쳐들어오자 조헌 선생은 김경백, 전승업 등의 제자들과 의논하여 의병을 일으켜 나라를 구할 것을 결의하고 1600명의 의병을 모았다. 그리고 그 해 8월 1일 청주성에서 왜병들과 전투를 벌여 청주성을 수복했다. 하지만 이후 금산에서 남은 의병 700명과 함께 싸우다가 일본군에게 전멸당하고 만다. 사람들은 금산에 중봉 조헌과 칠백 의병의 무덤을 조성하여 칠백의총이라 불렀고, 그가 태어난 김포에는 서원을 지어 그의 정신을 높이 기렸다.

관촉사 석조미륵보살입상. 논산시 관촉동에 있다. 높이가 18미터에 이르는 국내 최대의 석불로 흔히 은진미륵이라고 불린다. 고려 시대에 제작된 것으로 알려져 있으며, 보물 제 218호이다. 미륵불은 56억 7000만 년이 지난 뒤에 그때까지도 못다 구제한 중생들을 위해 나타나는 미래의 부처이다. 관촉사 석조미륵보살입상은 화강암 암반 위에 허리 부분을 경계로 하여 각각 하나의 암석 덩어리로 만든 것이다. 몸통에 비해 얼굴이 강조된 것이 고려 시대의 독특한 불교 예술을 보여주고 있다.

"대둔산과 논산평야가 있는 38
충청남도 논산시 "

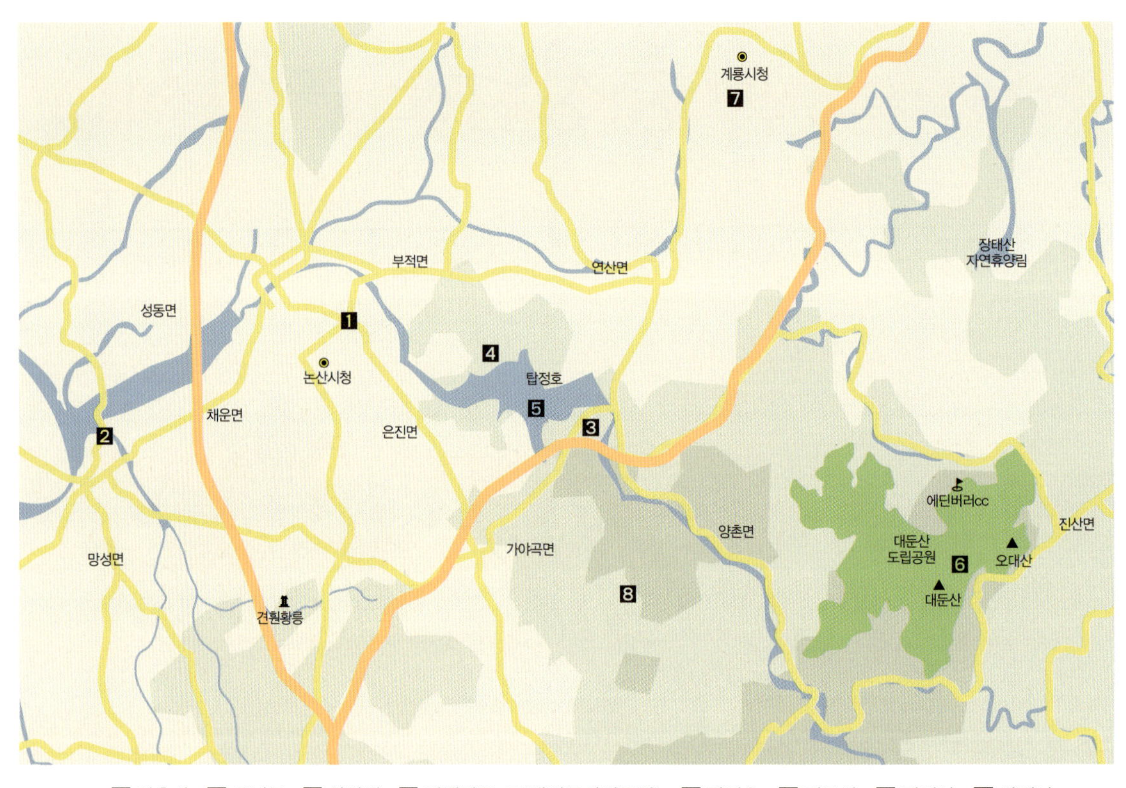

1 관촉사　2 옥녀봉　3 황산벌　4 계백장군 묘(백제군사박물관)　5 탑정호　6 대둔산　7 개태사　8 쌍계사

충청남도 논산시

우리 땅의 지도를 포효하는 호랑이 형상으로 그린 그림을 누구나 한 번쯤은 본 적이 있을 것이다. 그 그림에서 호랑이의 단전 자리에 위치하고 있는 곳이 바로 충청남도 논산시이다. 그래서 논산 시민들은 논산이 우리나라에서 땅의 기운이 가장 충만한 곳이라며 자랑한다. 실제로 논산은 넓은 평야가 펼쳐져 있고, 그 위로 금강이 흐르고 있어 다른 곳에 비해 땅의 기운이 넘치는 곳이라고 생각한다.

한편 논산은 역사 속 인물들의 한이 서린 땅이기도 하다. 계백 장군이 이끄는 5천의 백제 결사대가 신라의 5만 대군과 최후의 결전을 벌인 황산벌이 있는 곳이고, 후백제를 세운 견훤의 못다 펼친 꿈이 맺혀 있는 곳이며, 조선 선비의 충절을 대표하는 성삼문의 무덤이 있는 곳이기 때문이다. 그리고 논산은 중생대에 형성된 대보 화강암대에 발달한 분지 중 가장 서남단에 위치한 곳으로 한반도 지형 연구에도 매우 중요한 장소이다. 논산 일대의 암석 풍화 상태나 풍화 퇴적층을 탐구하면 한반도의 빙하기에 대해서 알 수 있고, 판의 이동이 한반도에 어떤 영향을 끼치고 있는지 짐작할 수 있기 때문이다.

옥녀봉과 강경 포구의 젓갈

우리나라에 있는 도시는 대개 분지 지형에 자리 잡고 있다. 대표적인 곳이 서울이고, 춘천이나 제천도 이에 해당한다. 분지는 지대가 낮아 강물이 모여 드는 곳이고, 넓고 평평한 땅이 있는 지형이라 많은 인구가 모여 살기에 알맞다.

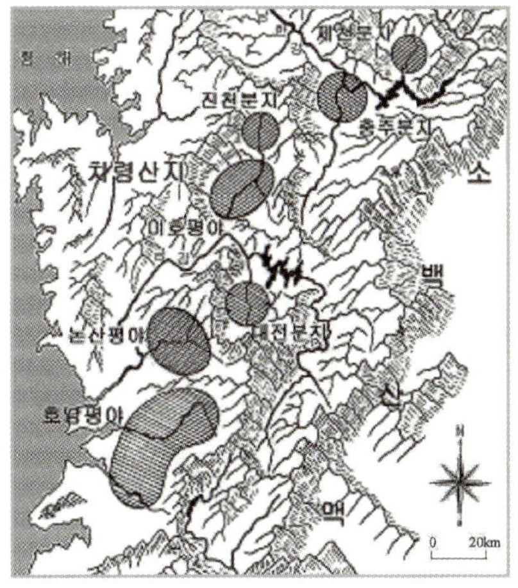

제천에서 호남평야에 이르는 분지들의 분포(그림 출처: 오경섭)

● 옥녀봉에서 내려다본 금강의 지류 논산천과 강경천. 논산천(사진의 가운데로 흐르는 하천)과 강경천(논산천 너머로 멀리 보이는 하천)은 논산 분지 내부를 흐르는 주요 하천이다. 이들은 모두 금강의 본류와 합류하여 서해로 흐른다.

또 우리나라의 분지 지형은 주로 화강암 벨트를 따라 분포하고 있다. 특히 한반도의 허리에 해당하는 중부 지역에서 북동-남서 방향으로 발달한 대보 화강암대(帶)를 따라 열을 지어 분포한다. 제천 분지, 충주 분지, 대전 분지 등이 이에 해당하는데, 그 끝자락에 논산 분지가 자리 잡고 있다.

논산 분지를 하늘에서 내려다보면 남서쪽을 제외하고 나머지는 해발 고도가 약 100~400미터에 이르는 구릉성 산지로 둘러싸여 있음을 알 수 있다. 남서쪽은 호남평야로 연결되는 곳으로 높이가 20~30미터 정도 되는 낮은 구릉대로 이어져 있다. 논산 분지가 이런 모양의 지형을 가지게 된 것은 한반도를 북동-남서 방향으로 가로지르는 대보 화강암이 차별 침식을 받았기 때문이다. 그러나 분지 내부로 가 보면 화강암보다 형성 시기가 오래되지 않은 퇴적암을 더 흔하게 볼 수 있다. 화강암 위로 충적층이 덮여 있기 때문이다. 그 충적층에 논산평야의 너른 들판이 발달해 있고, 들판 곳곳에 높지 않은 구릉대가 발달해 있다.

논산 분지를 분지 모양으로 만든 것은 분지를 둘러싸고 가장자리에 편마암(또는 편암)이나 옥천계 퇴적암이 발달해 있기 때문이다. 이들은 분지 안의 화강암보다 상대적으로 침식 작용을 적게 받아서 아직도 높은 산지를 유지하고 있다. 특히 분지의 북동부로 산줄기를 이루고 있는 계룡산이 그렇다. 계룡산은 산의 정상부가 단단한 그래노파이어로 이루어져 있어 더욱 거칠어 보인다.

한편 논산 분지 내부에서 하천과 만나는 구릉대 말단부에는 해발 고도가 25~50미터에 이르는 독립된 구릉들이 마치 작은 섬처럼 솟아 있다. 대표적인 것으로 강경천과 금강의 합류 지점에 있는 옥녀봉(43m)을 들 수 있다. 옥녀봉과 같

◐ 옥녀봉의 일부인 부처바위. 논산시 강경읍의 옥녀봉은 논산 분지에 발달한 대표적인 독립 구릉이다. 옥녀봉과 같은 독립 구릉은 대부분 큰 하천 옆에 있는데, 오랜 세월 상대적으로 풍화에 잘 견딘 화강암 덩어리가 상대적으로 높은 고도를 유지하기 때문이다.

은 독립 구릉들은 대부분 화강암 산체^{山體}이다. 이들 구릉의 정상부와 능선에는 화강암 덩어리가 그대로 노출되어 있는 부분이 많다. 노출된 화강암 덩어리 중 일부는 풍화되지 않고 단단한 암괴 상태로 남아 있다. 그래서 예전에는 이런 곳이 채석장으로 활용되기도 했다고 한다. 화강암 덩어리의 절리를 따라 풍화혈과 유사한 형태로 움푹 파인 곳들이 있는데, 그런 곳들에는 오랜 세월 비바람에 의한 풍화가 이루어져 토양이 채워졌고, 그 토양에 뿌리를 박고 큰 나무나 초본류가 자라고 있다.

논산 분지 위로 논산천과 강경천이 흐른다. 또 금강의 본류는 분지의 북서쪽에서 흘러 U자형으로 곡류하다가 다시 서쪽으로 흘러 논산천과 강경천과 만나 서해로 들어간다. 그런데 강이 흐르는 논산 분지의 퇴적층의 기저에서 육지가 아닌 바다에서 형성된 것으로 추정되는 지층이 발견된다. 지층을 이루고 있는 것은 바닷가 갯벌에서나 찾아볼 수 있는 뻘 흙이다. 분지 내부에서 바닷물이 만드는 흙이 발견되는 까닭은 무엇일까? 그것은 논산 분지의 일부가 감조 지역, 즉 밀물이 밀려 올라오는 지역이었기 때문이다. 오랜 세월 동안 서해의 부유 퇴적물이 밀물과 함께 따라 들어와 퇴적된 것이다. 그러므로 논산평야는 단순한 충적 평야라기보다는 감조권의 내륙

● 강경 젓갈 담그기 행사의 한 장면. 논산의 강경 포구는 한때 교역량이 많아서 평양, 대구와 함께 전국 3대 시장 중 하나로 불렸다. 그러나 호남선 철도가 개통되고 육상 교통이 발달하면서 시장은 쇠퇴했다. 지금은 작은 포구에 불과하다. 강경 발효 젓갈 축제는 1997년 제1회 강경 젓갈축제를 시작으로 매해 열리고 있는 강경의 대표적 축제이다(사진제공: 논산시청).

갯벌 위에 육지의 충적물이 덮여서 형성된 독특한 평야라고 할 수 있다. 지금도 서해의 밀물이 금강을 따라 강경까지 올라온다. 덕분에 한때 논산의 강경 포구는 서해와 금강 사이를 잇는 수운의 주요 거점이었다. 이런 이유에서 강경의 젓갈이 전국적으로 유명해진 것인지도 모르겠다.

황산벌의 땅이 붉은 이유

서기 660년, 당나라 소정방은 13만의 대군을 이끌고 서해를 건너 신라군과 함께 백제를 침공했다. 당시 소정방 군대는 백마강 근처에서 기다렸고, 김유신과 태자 법민이 거느리는 신라군 5만 명은 탄현을 넘어 황산벌로 밀려왔다. 백제의 의자왕은 계백 장군에게 결사대 5천을 주고 신라군을 막으라고 명했다. 백제의 국운은 풍전등화였고, 결국에는 백제가 나당 연합군에 질 것을 알았지만 계백 장군은 왕의 명을 받들었다. 그는 출정에 앞서 가족을 모아 놓고 이렇게 말했다고 한다.

'5천 명의 결사대로 당나라와 신라의 군사를 맞게 되었다. 나라의 앞날이 바람 앞의 등불이다. 나라가 망하면 내 처자식도 적의 노예가 되거나 욕보이고 죽는다. 그러니 차라리 나의 손에 깨끗이 죽는 게 나을 것이다.'

계백 장군은 피눈물을 흘리면서 가족의 목을 베었다고 한다. 그리고 5천의 결사대를 이끌고 황산벌로 나아갔다. 그리고 그곳에서 계백 장군은 월왕 구천의 사례를 인용하며 이렇게 말했다고 전해진다.

'옛날 월나라의 왕 구천은 5천 군사로 70만 대군을 격파하였다. 오늘 우리는 각
자 분발하여 싸우고 승리해 나라의 은혜에 보답하리라!'

계백 장군의 결연한 의기와 뛰어난 지략, 그리고 군사들의 목숨을 건 싸움으로
백제군은 신라군을 네 번이나 물리쳤다. 하지만 애초부터 병력이 비교가 되지 않
을 정도로 차이가 나 백제군은 점점 지치기 시작했다. 그러던 중 신라의 화랑 관
창이 16세의 어린 나이로 용감하게 싸우다 장렬하게 전사했다. 이 일로 신라군은

1 황산벌 계백 장군 유적지. 논산시 부적면 신풍리 일대는 땅
전체가 충청남도 기념물 제74호로 지정되어 있다. 계백 장군
이 결사대 5천 명을 이끌고 최후의 결전을 벌여 장렬하게 전
사한 곳이다. 지금은 그 흔적을 어디에서도 찾아보기 어렵지
만 바람이 들판을 스치면서 만드는 소리가 당시의 함성으로
들린다.

2 논산 분지 안의 일부 지역은 화강암이 풍화 작용을 받아 형
성된 토양으로 덮여 있는데 이 중에는 적색토가 많다. 같은 종
류의 암석으로 만들어진 대전 분지나 청주 분지에 비해 적색
토가 많이 분포하는데, 이는 주위 지층에 관입한 화산암맥의
영향을 받았기 때문이다.

하늘을 찌를 듯한 사기로 백제군을 향해 돌진했고, 계백 장군을 비롯하여 5천 군사 대부분은 시체가 되어 산을 이루었다. 이들이 죽으면서 흘린 피가 땅을 붉게 물들게 한 것일까? 황산벌 주변의 땅들은 대체로 색깔이 붉다.

황산벌 외에도 논산 분지 내부의 낮은 구릉대에는 풍화 작용으로 형성된 약 10미터 두께의 토양층이 덮여 있고, 이 토양층은 화강암이 풍화된 것으로 다른 지역에 비해 색깔이 상대적으로 붉다. 우리나라와 같은 온대 기후에서는 화강암 풍화층이 주로 갈색을 띠므로 이 지역의 적색토 형성은 예외적인 일이다. 뭔가 다른 이유가 있을 것으로 추정된다.

한때 지질학자들은 이 적색토를 보고 논산 지역이 과거에는 현재보다 따뜻하고 습기가 많은 열대 기후를 띤 곳이었을 것으로 생각했다. 그 근거는 이렇다. 화강암은 원래 산성 암석이라 철분 함량이 많지 않다. 그러므로 적색토가 형성되려면 오랜 시간의 풍화 과정을 통해 철분이 집적되어야 한다. 그런데 강수량이 많은 열대 환경에서는 화강암 풍화층에 있는 염기성 물질들이 쉽게 물에 용해되어 빠져나간다. 대신에 물에 녹지 않는 산화철, 산화알루미늄이 집적되어 적색토가 형성된다. 그러므로 열대 지방에선 적색토가 잘 발달한다.

하지만 최근에 와서 이 지역에 적색토가 발달하게 된 이유를 다른 곳에서 찾게 되었다. 그것은 논산 지역의 적색토가 한반도의 과거 기후 때문이 아니라, 인근에 분포하고 있는 화산암 때문이라는 사실이다. 적색토가 발달한 지역으로부터 멀지 않은 곳에 염기성을 띤 화산암맥이 발견된다. 이들 화산암맥은 풍화되면서 많은 양의 철분을 내놓는다. 철분은 공극이 커 물이 잘 통하는 화강암층으로 이동하여 화강암 풍화층을 산화시킨다. 이러한 까닭으로 화산암맥에 가까울수록 붉은색이 더 짙어지고, 화산암맥에서 멀어질수록 붉은색이 옅어진다. 실제로 논산 분지 일대에는 중생대 말 백악기에 관입한 화산암맥이 곳곳에 분포한다. 황산벌이

1 계백 장군의 묘. 격렬했던 황산벌 전투가 끝난 후 김유신 장군은 계백의 시신을 찾고자 했으나 찾을 수 없었다. 계백의 충성 어린 죽음을 본 백제의 유민들이 장군의 시신을 거두어 은밀한 곳에 묻었기 때문이다. 그 후 백제의 유민들을 중심으로 묘제를 지내 오던 관행이 이어지다가 숙종 6년(1680)에 계백의 위패를 모신 충곡서원(忠谷書院)이 건립되어 제대로 된 제사를 지내게 되었다고 한다.

2 백제군사박물관. 계백 장군의 거룩한 뜻을 기리고 후손에게 올바른 국가관과 호국 정신을 전승하기 위하여 1990년대 이후 계백 장군의 묘 주위에 성역화 사업을 추진해 왔다. 그곳에 충장사(忠壯詞)를 건립하고 장군의 영정을 모셨으며, 맞은 편에 사진과 같은 백제군사박물관을 세웠다.

붉은 땅으로 덮인 진짜 이유는 계백 장군과 백제 군사들이 아니라 화산 활동인 것이다.

하늘이 내린 저수지

탑정호 ㅣ 논산의 월 평균 강우량을 살펴보면 우리나라의 다른 지역과 마찬가지로 주로 여름(6~8월)에 강수가 집중됨을 알 수 있다. 하지만 탑정호(논산 저수지)의 저수율을 보면 저수율은 여름철이 아니라 겨울철에 오히려 더 높은 것을 알 수 있다. 따라서 탑정호는 비가 오지 않는 계절에 가뭄 걱정을 전혀 하지 않아도 되고, 비가 집중되는 계절에 홍수 걱정을 하지 않아도 되는 곳이다. 이렇게 탑정호는 천혜의 수자원 조절 능력을 보여주고 있다.

그래서 주민들은 탑정호를 '하늘이 내린 저수지'라 하고, 학자들은 '녹색 댐'이라

○ 탑정호. 원래 이름은 논산 저수지였고 충청남도에서 둘째로 큰 인공 호수이다. 논산의 부적면과 가야곡면에 걸쳐 있으며 가까이에 계백 장군의 묘와 황산벌이 있다. 1941년에 착공하여 1944년에 준공했다(사진 제공: 논산시청).

고 부른다. 녹색 댐이라는 것은 산에서 하천으로 흘러드는 빗물의 속도를 느리게 하여 산지가 머금은 물의 양을 늘리고, 가뭄에는 머금은 물이 흘러나와 하천 유입수의 양을 일정하게 조절하는 삼림의 기능을 말한다.

탑정호는 왜 강수량이 높은 여름보다 강수량이 적은 겨울에 저수율이 더 높은 것일까? 크게 두 가지 이유가 있다. 하나는 탑정호를 이루고 있는 지질의 특성 때문이고, 나머지 하나는 주변 지역을 감싸고 있는 산림 때문이다. 사진에서 보듯이 탑정호는 낮은 구릉들이 주변을 둘러싸고 있는데, 이들 구릉과 주변 지역은 옥천계 퇴적암과 편마암으로 이루어져 있다. 그리고 탑정호의 밑은 화강암 암반으로 되어 있다. 화강암 암반은 물이 지하로 빠져나가는 것을 차단해 주고, 주변의 퇴적암이나 편마암은 한껏 물을 머금고 있다가 가뭄 때 물을 조금씩 방출한다. 또 주변의 풍부한 나무들이 물을 머금고 있다가 가뭄 때 물을 지속적으로 내보낸다. 이러한 까닭으로 탑정호는 가뭄이 들어도 늘 일정량의 저수율을 유지하게 되는 것이다.

논산 분지 주변의 화강암과 판의 이동

논산 분지 주변 구릉대에는 거대한 화강암 덩어리가 많이 분포한다. 대표적인 예가 관촉사 석조미륵보살입상 주변 지역을 들 수 있다. 만약 이곳에 거대한 화강암 덩어리가 없었다면 관촉사 석조미륵보살입상은 세워질 수 없었을 것이다. 석조미륵보살입상을 만든 화강암 덩어리는 중생

◎ 석조미륵보살입상 뒤의 화강암 덩어리. 미륵보살 주변을 자세히 살피면 화강암 덩어리가 분포하고 있음을 알 수 있다. 이 화강암 덩어리와 미륵보살의 몸체를 이루는 암석은 같은 것이다.

1 대둔산(878m) 정상에서 내려다 본 모습. 왼쪽 산 아래로 논산시 벌곡면이 보인다. 부근의 오대산과 천등산 등과 함께 노령산맥의 북부 잔구 능선을 이루며 수십 개의 봉우리가 줄지어 있는데 그 길이가 6킬로미터에 이른다.

2 대둔산 수락 계곡. 논산 벌곡면에서 대둔산으로 올라가는 등산로에서 만날 수 있는 선녀 폭포 근처의 계곡이다. 길바닥에 판석에 가까운 널찍한 돌들이 많이 깔려 있다. 화강암 바위가 병풍을 이룬 곳 밑으로 떨어져 나온 화강암들이 칼로 자른 것처럼 고른 평면을 보이고 있다. 낙석이 심해 현재는 출입 금지 구역이 되었다.

대 한반도를 뒤흔들었던 대보 조산 운동의 결과로 만들어진 암석이다. 대보 조산 운동이 일어날 때 땅 밑 깊은 곳에 관입했던 화강암이 융기에 의해 지표면으로 노출되었기 때문이다.

관촉사 석조미륵보살입상을 만든 화강암과 같은 종류의 대보 화강암이 논산의 진산인 대둔산의 기반암이다. 대둔산은 전라북도와 충청남도의 경계를 이루는 산인데, 같은 산을 두고 충청남도와 전라북도에서 각각 도립공원으로 지정할 정도로 사람들에게 인기가 높다. 서북쪽으로는 충청남도 논산에, 남으로 전라북도 완주군에, 동으로는 전라북도 금산군에 걸쳐 있는 대둔산은 웅장한 산세로 한국 팔경의 하나로 손꼽히기도 한다. 실제로 대둔산에 가 보면 마천대를 중심으로 기암괴석들이 위용을 자랑한다. 대둔산은 봄철에는 진달래와 철쭉이 장관을 이루고, 여름철에는 운무 속의 영봉이 장엄하며, 가을에는 불붙는 듯 타오르는 단풍이 화려한 곳이다. 그리고 무엇보다 겨울철의 은봉과 낙조대에서 맞이하는 석양은 보는 사람들의 가슴을 떨리게 한다.

대둔산이 일반인들에게는 산이 줄 수 있는 최고의 멋을 준다면, 땅을 연구하는

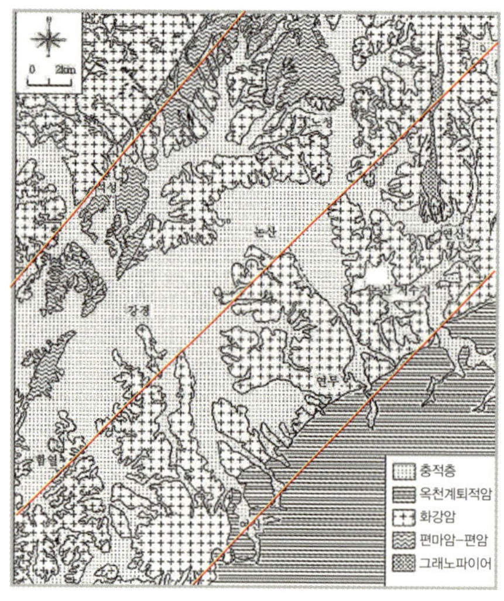

○ 논산 분지 주변의 지질도(출처: 한국지질자원연구원)

사람들에게는 한반도 인근의 거대한 판의 이동이 우리 땅에 미치는 영향을 가늠하는 좋은 단서가 되어 준다.

왼쪽 지질도를 보자. 논산 분지 일대의 산줄기와 곡지의 배열, 그리고 구릉대를 보면 대체로 북동-남서 방향이다. 이러한 방향성은 사실 한반도와 동북아시아 대륙 전체에서 볼 수 있는 현상이다. 한반도를 이루고 있는 지질이 이와 같은 방향성을 보이는 것은 한반도가 유라시아의 대륙판과 태평양의 해양판이 충돌하는 변동대 가까이에 있고, 판이 맞부딪힐 때 생기는 장력과 횡압력을 오랜 세월 받아 왔기 때문이다. 계룡산과 대둔산도 그 힘의 영향으로 지금과 같이 길게 북동-남서 방향으로 열을 지어 솟아 있는 것이다.

최근 지진학자들의 연구에 따르면, 신생대 제3기와 제4기에 유라시아 대륙판이 인근의 판과 충돌하면서 동해가 계속 확대되고 있고, 또한 인도차이나 반도를 중국 쪽으로 밀어 올리는 판의 힘이 한반도까지 그 영향력을 미치고 있다고 한다. 이 사실은 한반도가 장기적으로 볼 때 결코 지진 발생의 안전 지대가 아님을 말하는 것이다. 중국에 빈번하게 대규모 지진을 일으키는 힘이 언제 우리나라에도 같은 결과를 안겨 줄지 모르는 일이다. 말없이 길게 열을 지어 서 있는 대둔산의 모양이 그 사실을 말해주고 있다.

**개태사와
쌍계사** | 충남 지역은 다른 지방에 비해 사찰의 수는 적으나, 사찰의 명성은 결코 뒤지지 않는다. 수덕사와 마곡사 그리고 갑사와 동학사를 보면 잘 알 수 있다. 논산에도 이들에 뒤지지 않는 절이 있는데 바로 개태사와 쌍계사다.

논산시 연산면에 있는 개태사開泰寺는 고려의 개국과 관련이 깊다. 고려 태조 왕건이 창건한 절이기 때문이다. 왕건이 개태사를 창건한 배경에는 우리 민족을 다시 하나로 통합시키고자 했던 깊은 뜻이 있다. 9세기 들어와 천년 왕국 신라가 점점 무너져 가고, 북쪽으로는 궁예가 세운 태봉이, 남쪽으로는 견훤이 세운 후백제가 한껏 세력을 떨치고 있었다. 이 중에서 가장 강력한 힘을 가졌던 나라가 태봉이었다. 왕건은 태봉을 세운 궁예를 몰아낸 후 국호를 고려로 바꾸고 후백제와 신

○ 개태사. 고려 태조 19년(936)에 태조 왕건이 후백제의 신검을 무찌르고 삼국을 통일한 것을 기리기 위해 만들기 시작한 절로 4년 후인 940년 겨울에 완성되었다고 한다. 조선 시대에는 폐사가 되었다가 1930년에 다시 개창했다(사진 제공: 논산 시청).

라를 통일시켰다. 민족 간의 전쟁은 종식되었으나 많은 사람이 말로 다할 수 없는 육체적 정신적 상처를 입었을 것이다. 왕건은 이들을 하나로 모을 수 있는 계기를 종교에서 찾았다. 사람을 모으는 일에는 머리를 움직이는 이성의 논리보다는 마음을 움직이는 감성이의 논리가 더 중요하다. 그 감성을 하나로 모으는 데는 종교만 한 수단이 없었을 것이다.

한편 쌍계사^{雙溪寺}는 논산시 양촌면에 있는 절이다. 쌍계사가 언제 처음 만들어졌는지는 정확하게 알 수 없다. 영조 14년(1738)에 대웅전이 중건되었다는 기록이 남아 있는 것으로 보아 지금의 절은 조선 시대 때 만들어진 것임을 알 수 있다. 충청도와 전라도의 경계를 잇는 불명산 자락에 있는 쌍계사는 논산 팔경 중의 하나로 손꼽힐 정도로 풍취가 빼어난 사찰이다. 보물 제408호로 지정된 쌍계사의 대웅전은 단층으로 되어 있지만 팔작지붕의 당당한 규모를 자랑한다. 특히 정면의 5칸 문짝 문살에는 국화, 작약, 목단, 무궁화 등을 화려하게 조각해 놓아 당대 최고의 예술적인 감각을 뽐내고 있다. 그래서인지 대웅전 문의 꽃무늬 문양에 도력

1 석불 입상. 고려 초기의 석불로 인근에 많이 분포하고 있는 화강암으로 제작되었다. 보물 제219호로 지정되었고, 귀의 모양과 어깨와 가슴의 선이 둥글게 처리된 것이 신라 시대의 불상과 차이를 보인다. 가운데에 있는 본존의 높이는 4.15미터로 석불 입상 치고는 큰 편이다.

2 개태사 철확(鐵鑊). 개태사에서 쓰던 큰 무쇠 가마솥이다. 개태사 스님들의 국을 끓이던 것인데 지름이 3미터, 높이 1미터, 둘레 9.4미터나 된다. 당시 개태사에 얼마나 많은 스님들이 있었는지 짐작할 수 있다. 충남민속자료 제1호이다.

○ 쌍계사 대웅전. 보물 제408호로 문살무늬가 예사롭지 않다. 국화, 작약, 목단, 무궁화 등 여섯 가지 무늬를 새겨 색을 칠하였는데 매우 섬세하고 정교하다. 조선 후기 건축의 특색을 잘 보여 주는 매우 잘 지어진 목조 건물이다.

이 가미되어 있어 법당 안쪽까지 빛이 잘 들어온다는 전설이 전해진다. 뿐만 아니라 대웅전 탱화도 무척 아름다운데, 파랑새가 입에 붓을 물고 탱화를 그려 주었다는 전설이 전해진다.

찬란한 백제 문화의 중심지
39
충청남도 부여군

낙화암에서 내려 본 백마강. 부여의 지형은 북쪽과 서쪽이 높고, 남쪽과 동쪽이 낮다. 이 높낮이를 따라서 금강이 S자 모양으로 부여를 관통하여 흐른다. 금강이 부여를 끼고 돌 때는 '백마강(白馬江)'이라는 다른 이름으로 불린다. 백마강을 이루는 물들은 은산천, 구룡천, 금천 등의 금강 지류에서 온 것들인데, 이들이 백마강과 만나서 강 유역에 넓은 충적평야(沖積平野)를 만들었다. 이 너른 평야에서 부여의 백성들을 먹이는 곡물이 생산되었고, 이를 기반으로 성왕의 백제 중흥의 꿈도 자라났다.

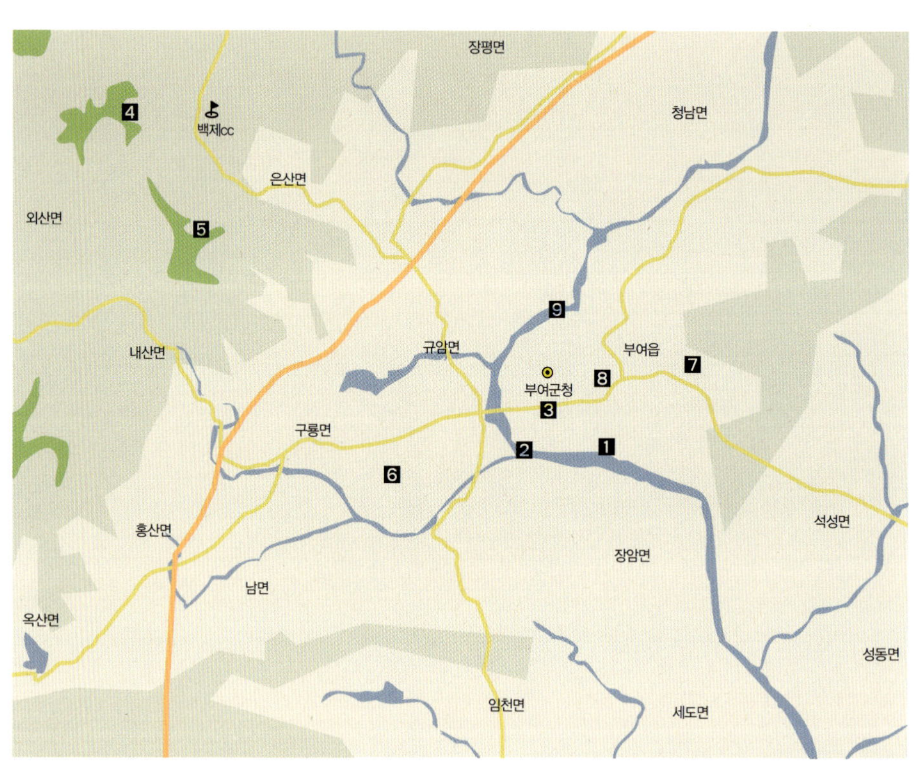

장평면
청남면
백제CC
은산면
외산면
내산면
규암면
부여읍
9
부여군청
8
7
3
구룡면
2
1
6
홍산면
석성면
장암면
남면
옥산면
성동면
임천면
세도면

충청남도 부여군

우리나라에 있는 250여 개의 시·군 중에서 100년 이상 한 나라의 수도였던 곳은 다섯 손가락으로 꼽을 정도로 적은데, 부여가 그중의 한 곳이다. 부소산을 끼고 활처럼 감돌아 흐르는 백마강 주변으로 펼쳐진 기름진 땅에서 농산물이 풍부하게 생산되었고, 그곳에 사는 사람들의 성정은 온화했다. 이러한 까닭으로 백제의 성왕은 이 땅을 백제의 새로운 도읍지로 정하고 천도를 했으며 이곳에서 백제의 중흥을 이루었다. 부여(扶餘)라는 지명은 동일한 어원을 가진 '소부리' 또는 '사비'에서 유래되었다고 한다. 두 단어 모두 동일한 어원을 가지는데 '날이 부옇게 밝았다'라는 의미로 새벽을 뜻한다. 즉 부여는 새벽의 땅이다. 이 새벽의 땅에서 우리 민족이 이룩한 문화 중에서 가장 아름다웠던 문화가 탄생되었다. 이러한 사실은 부여를 찾는 일본 관광객들의 진지한 얼굴을 보아도 잘 알 수 있다. 부여 시대 백제 문화에 큰 영향을 받았던 일본인들은 자신들의 원류를 찾기 위해 꾸준히 부여를 방문하고 있다.

한편 부여는 백제 패망의 아픔도 고스란히 가지고 있다. 나당 연합군의 말발굽 아래 치욕적인 굴복을 겪어야 했던 백제의 한이 서려 있는 부소산과 낙화암이 있는 곳이기 때문이다. 하지만 오늘날 부여에서는 찬란했던 백제 문명을 되살리고자 하는 노력들이 끊임없이 이어지고 있다.

부여, 삼국시대 최고의 계획 도시

백제 성왕 16년(538), 백제는 공주에서 부여로 천도했다. 성왕은 보다 강성한 왕국의 건설을 위해 국호를 '남부여'로 고치고 백제의 중흥을 도모했다. 그들은 호남의 넓은 평야지대에서 생산되는 곡물을 바탕으로 탄탄한 경제적 기반을 갖추었고, 진취적인 대외 활동을 통해 백제의 모든 시기를 통틀어 가장 안정되고 화려한 문명을 일구었다. 역사학자들은 이 시기를 부여 시대(538~660)라고 하는데, 이 123년 동안 백제는 삼국 중에서 최고의 문화를 이

룩했다. 또한 그 문화는 바다 건너 일본으로 전해져 일본 고대 문화의 형성에 큰 영향을 미쳤다. 그래서 지금 일본에 가 보면 오히려 우리나라보다 많은 백제 문화의 흔적들을 만날 수 있다.

백제의 부여* 시대를 이끈 곳은 사비성이었다. 사비성은 크게 5부로 구분되고 1부는 다시 5개 항으로 나뉘어 모두 25개 항으로 구획되었다. 도시의 모습은 바둑판과 같이 반듯했다. 종횡으로 시가지를 관통하는 도로망을 갖추었는데, 지금 부여의 군청 앞 로터리에서 국립부여박물관까지 이어지는 도로도 당시에 지어진 백제의 것으로 추정되고 있다. 도로 양 옆으로 배수로 시설까지 갖추었다. 이것은 당시 세계 어디에서도 보기 어려울 만큼 발달된 도로 시설이었다. 이러한 부여의 옛 모습은 정림사지 박물관 안에 있는 재현도를 보면 쉽게 짐작할 알 수 있다.

부여는 단순히 기계적으로 계획된 도시가 아니라 사람들의 삶의 여유에서 나오는 낭만과 유흥까지도 배려한 도시였다. 오늘날 새로운 도시를 건설할 때 꼭 배치하는 인공 호수를 그들은 이미 1400년 전에 염두에 두고 있었기 때문이다. 대표적인 것이 궁남지이다. 궁남지와 관련된 정보는 『삼국사기』의 기록을 보면 알 수 있다.

> 무왕 35년(634)에 궁궐 남쪽에 못을 파고 20여 리 밖에서 물을 끌어들여 사방 언덕에 버드나무를 심고 연못 가운데 신선이 산다는 방장선산方丈仙山을 모방하여 섬을 만들었다.

---

* 원래 부여라는 국호를 가진 나라가 우리 땅에 있었다. 오래전 고조선 다음으로 세워져 400여 년의 역사를 가졌던 나라로 나중에 고구려에 통합되어 그 역사를 잃어버렸다. 하지만 부여는 여러 나라의 모태가 되었다. 부여의 금와왕이 동쪽으로 옮겨가 나라를 세워 동부여를 만들었고, 그 일부 세력이 좀 더 내려와 졸본성에서 고구려를 세웠다. 또한 고구려 지배층 일부가 다시 한강 남쪽으로 내려와 백제를 세웠다. 백제는 원래 한강 유역의 위례성에 도읍을 정했으나 고구려의 힘에 밀려 공주로 도읍을 옮겼다. 그러다가 무령왕이 중흥을 이룩하기 위해 천도를 계획하였고, 그 아들인 성왕이 이것을 실천했다. 성왕은 자신들의 조상인 옛 부여의 영광을 되살리기 위해 국호를 남부여라고 한 것이다.

1 정림사지 탑 옆에 있는 정림사지박물관 안에 보면 정림사지 터를 복원한 모형이 있고, 그 뒤로 부여의 옛 모습을 추정하여 그려 놓은 큰 그림이 있다. 옛 부여가 현대 도시와 견주어도 뒤떨어지지 않을 정도로 정비가 매우 잘 된 계획 도시였음을 알 수 있다.

2 궁의 남쪽에 있다고 하여 궁남지라고 불린다. 기록에 따르면 궁남지는 우리나라에서 가장 오래된 인공 연못에 해당한다. 가운데 보이는 것이 포룡정이라는 정자이고, 정자까지 나무다리가 놓여 있다. 궁남지는 사적 제135호이다.

　궁남지 근처에는 백제 왕실의 또 다른 궁이 있었던 것으로 추정된다. 삼국사기의 무왕 37년(636)의 기록에 의하면 왕이 신하들과 연회를 즐겼고, 빈과 함께 큰 못에 배를 띄우고 놀았다는 내용이 나오고, 의자왕 15년(655) 기록에는 궁궐 남쪽에 망해정望海亭을 세웠다는 기록이 나오기 때문이다. 이러한 사실로 볼 때 궁남지는 왕궁 근처에 만들었던 아름다운 정원임을 알 수 있다. 실제로 삼국 가운데 백제의 조원 기술이 가장 뛰어났다. 노자공이라는 백제 사람이 일본으로 건너가 일본 왕궁의 정원을 꾸며 주었다는 기록도 있다. 일본이 자랑하는 아스카 시대의 조원 기술은 백제에서 유래된 것임을 알 수 있다.

백제 불교의 중심지, 정림사지 5층 석탑

성왕은 사비성 천도를 단행한 후, 왕실과 백성들을 하나로 묶기 위해서 불교를 국가 이데올로기로 삼았다. 이를 위해 성왕은 도성 안에 수많은 사찰을 창건했다. 중국 역사 기록에도 백제에는 사탑寺塔이 많았다는 기록이 있을 정도였다. 도성 한가운데에 사찰과 탑들이 총총히 세워져 있어 백성들은 모두 불교를 믿을 수밖에 없었을 것이다. 조선의 억불 정책 때문에 당시의 융성했던 많은 사찰들이 사라졌지만 지금도 남아 있는 몇 군데 사찰 터를 살펴보면 당시의 분위기를 알 수 있다. 그 대표적인 예가 정림사지이다.

　정림사지는 '정림사'라는 절이 있던 터를 가리키는 말이다. 정림사는 백제가 사비로 도읍을 옮긴 직후 도성 안에 세운 절이다. 백제 시대 때 이곳이 어떻게 불렸는지는 모르지만, 1028년에 만든 기와에 정림사定林寺라는 글이 있어, 고려 시대 때는 정림사로 불렸다는 것을 알 수 있다. 가람 중심부를 둘러싼 회랑의 형태가 북쪽에서부터 간격이 넓어지는 사다리꼴이라는 점과 남쪽에 두 개의 사각형 연

○ 정림사지는 백제의 부여시대 123년을 통틀어 남아 있는 최고의 불교 유적지이다. 사비도성과 함께 세워져 왕실과 흥망성쇠를 함께 한 곳이다. 남북 일직선상에 중문, 탑, 금당, 강당 순으로 배치되어 있어 백제 가람의 대표적인 모델이라고 할 수 있다. 사적 제301호이다.

못이 있는 것이 특징이다.

정림사지에서는 여러 시대에 걸친 유물이 출토되었다. 특히 사찰의 창건기인 백제 시대와 중건기인 고려 시대의 유물이 많이 출토되었다. 백제 시대 불교와 관련된 유물로는 삼존불입상과 소조불 도용 등이 출토되었는데 이는 중국과의 문화 교류를 엿볼 수 있는 유물이라 중요한 학술적 가치를 가진다.

정림사지에서 가장 눈에 띄는 것은 국보 제9호로 지정된 '정림사지오층석탑'이다. 정림사지오층석탑은 백제가 부여로 도읍을 옮긴 후에 세워진 것으로 무려 1500년이나 되었다. 현존하는 석탑 중에서 가장 오래된 것이다.

백제의 장인들은 기존의 목조가 가진 문제점을 해결하기 위해 석재를 택했는데, 정림사지오층석탑과 미륵사지 석탑은 비슷한 시기에 세워진 최초의 석탑들이다. 정림사지오층석탑은 정돈된 형식미와 세련미를 보여 준다. 좁고 낮은 단층 기단과 각 층 우주에 보이는 민흘림, 살짝 들린 옥개석, 낙수면의 내림마루 등에서 목탑적인 기법을 엿볼 수 있지만 목조 양식에서 벗어나 창의적인 변화를 시도하여 완벽한 구조미를 확립하였다.

○ 정림사지오층석탑에는 백제의 아픔이 고스란히 남아 있다. 탑의 1층 탑신에 당나라 장수 소정방(蘇定方)이 승전을 기념하여 새겼다고 하는 '대당평백제국비명(大唐平百濟國碑銘)'이라는 글이 있기 때문이다. 이 글 때문에 평제탑(平濟塔)이라 불리기도 했으며, 탑의 건립 연대도 660년으로 오인되기도 했다.

백제 불교의 전통을 이어 받은 절, 무량사 극락전

부여에서 북서쪽으로 나 있는 40번 국도를 타고 자동차로 30분 정도 가면 만수산을 만난다. 만수산은 차령산맥의 마지막 영봉으로 경관이 수려하고 소나무 숲이 잘 발달된 산이다. 그 산자락 가운데에 무량사가 자리 잡고 있다. 무량사는 마곡사의 말사로 창건 연대는 확실치는 않으나 통일신라 시대에 범일국사가 세운 것으로 전해지고 있다. 하지만 사원에 있는 석조 유물이나 기와 그리고 절이 놓인 위치 등을 살펴보면 고려 초기에 세워진 사찰일 가능성도 크다.

○ 무량사 극락전 안에는 아미타불을 가운데에 두고 지장보살과 대세지보살이 삼존불을 이루고 있다. 삼존불의 높이는 7미터가 넘는데, 토불좌상으로는 국내에서 그 규모가 가장 크다. 극락전은 건물 구조가 독특하며 보물 제356호로 지정되었다.

무량사의 극락전은 규모가 크며 중층重層 구조로 건축되었다. 임진왜란 당시 크게 불탄 뒤 인조 때에 중창되었는데, 극락전도 그때 만들어진 것으로 추정된다. 극락전은 조선 중기 목조 건물의 장중함을 지니고 있으며 우리나라 건축물에서는 보기 드물게 독특한 2층 구조로 되어 있다. 겉모습은 2층이지만 안에서 보면 천장까지 하나로 되어 있는 통층 구조로, 학술적인 가치 또한 높은 건물이다.

조선 시대 때 무량사에서는 상당수의 불경이 간행되었다. 조선 초에 억불정책의 일환으로 전국의 사찰을 정비할 때에도 무량사만은 제외될 정도로 명망이 높았다. 또한 무량사는 조선 시대 생육신의 한사람인 매월당 김시습이 말년을 보낸 절로도 유명하다. 김시습은 더러운 무리와 어울리는 것이 싫어 물 맑고 송림이 울창한 이곳에 와서 살다 세상을 떠났다고 전해진다.

미암사 쌀바위와
외산의 수리 바위

부여의 지형은 북쪽과 서쪽이 고도가 높고, 남쪽
과 동쪽은 고도가 낮다. 북서쪽이 고도가 높은 것은 그곳이 차령산맥의 끄트머리
에 해당하기 때문이다. 반면에 남동쪽은 금강이 만든 충적평야와 구릉성 산지로
되어 있고 또한 호남평야에 이어져 있어 고도가 낮고 평평하다.

서북부 산지의 남쪽에 자리 잡은 외산면과 내산면은 주로 남포층이라고 불리는
중생대 쥐라기 때 형성된 퇴적암으로 덮여 있다. 하지만 산악 지역 곳곳에는 선캄
브리아 시대에 형성된 편마암이 노출되어 있다. 선캄브리아 시대의 편마암은 화
강 편마암과 호상 편마암으로 구분되는데, 화강 편마암은 대체로 흑운모 등의 유

◎ 미암사 와불과 쌀바위. 미암사는 내산면에 있는 사찰이다.
최근에 만들어진 와불이 금빛 찬란하게 누워 있다. 와불은 석
가모니가 입적할 때의 모습을 형상화한 것이다. 와불의 오른쪽
으로 희게 보이는 바위가 바로 쌀바위이다. 쌀바위는 주위의
암석들과는 다르게 바위 전체가 대부분 석영이라는 광물로 이
루어져 있어 유백색으로 밝게 보인다.

○ 외산면 외산중학교 앞에 있는 수리바위. 수리바위는 선캄브리아 시대에 형성된 편마암 중에서 화강 편마암에 해당된다. 부여에서 가장 나이가 많은 암석으로 흑운모가 많이 포함되어 있어 대체로 어둡게 보인다. 이 암석이 앞으로 오랜 시간 풍화를 겪으면 적갈색의 토양이 된다.

색 광물이 뚜렷한 편마상 구조를 보이는 반면에 호상 편마암은 석영 및 장석류로 구성되어 있다. 호상 편마암은 미암사 경내에 가면 볼 수 있는데, '쌀바위'라고 불리는 거대한 바위가 바로 그것이다. 바위가 흰쌀처럼 밝고 희게 보이는데, 가까이 가서 보면 바위 전체가 석영으로 되어 있음을 알 수 있다. 한편 이 바위에는 여러 전설이 전해지고 있는데, 그 내용이 하나같이 이 쌀바위에서 신기하게도 쌀이 저절로 나오자 이를 더 얻기 위해 인간이 욕심을 부려 더 이상 쌀이 나오지 않게 되었다는 이야기이다. 이 쌀바위에는 이렇게 함께 인간의 욕심에 대한 경계의 교훈이 전해지고 있다.

후빙기 해수면 변동과 관련이 깊은 부여의 평야들

| 서북부 산지 지역을 제외한 나머지 지역들은 고도가 상대적으로 낮은 저지대이다. 이 지역으로 금강의 본류(백마강)와 금천천, 적성천 등 지류가 흐르고 있는데, 그 주위로 충적평야가 잘 발달되어 있다. 지질학자들은 이 충적평야가 후빙기 해수면 변동과 관련이 깊다고 이야기한다. 부여 일대의 평야 형성에 해수면 변동이 어떻게 영향을 끼쳤을까? 그 내용을 알기 전에 우선 지금까지 밝혀진 부여의 지사地史를 간단히 살펴볼 필요가 있다.

약 30억 년 전 선캄브리아 시대에 부여를 비롯한 충청남도는 얕은 바다였다. 그후 약 7억 년이라는 오랜 시간 동안 이곳에는 큰 지각 변동이 일어나지 않아 바다 밑에서 진흙과 모래 등에 의한 퇴적층이 형성되었다. 그러다가 23억 년 전, 이 지역에 지하의 마그마가 만든 화강암이 관입되었고, 그 후 큰 지각 변동이 일어났다. 그러자 이전에 쌓여 있던 퇴적암과 화강암이 열과 압력을 받아 변성작용을 일으켜 편마암 등의 변성암이 되었다. 또한 일부 지역에서는 단층이나 습곡 작용이 활발하게 일어났다. 이후 이 지역은 다시 약 20억 년 이상 큰 지각 변동이 일어나지 않았다. 그러다가 약 2억 년 전 중생대 쥐라기 때 곳곳에 있던 얕은 호수에 남포층군이 퇴적되었다. 그 후 대보 조산 운동이 일어났고, 이때 부여 곳곳에 깊은 계곡이 발달하면서 백악기 때 그곳에 두꺼운 퇴적층이 덮였으며 신생대에 이를 때까지 다양한 침식 작용을 받으면서 지금과 비슷한 형태의 지형을 만들었다.

그러나 오늘날 부여에서 보는 너른 평야를 만든 퇴적 작용은 아직 일어나지 않았다. 부여나 충청남도 일대의 평야는 신생대 말 후빙기 시대에 형성된 것이기 때문이다. 신생대 제4기 홍적세의 최종 빙기가 끝나면서 1만 년 전쯤 전 세계적으로 해수면 변동이 일어났고, 그 결과 곳곳에 대규모 퇴적 작용이 일어났는데 부여를 비롯한 충남 일대도 여기에 해당되었다. 후빙기의 해수면 변동이 어떻게 대규

1 백마강 주변의 평야 지대. 백제 대교에서 부여읍 쪽으로 백마강을 보고 찍은 것이다. 백마강 주변으로 범람원이 잘 발달되어 있다.

2 구룡 평야에 펼쳐진 논. 부여의 중앙부 낮은 지대에는 충적평야가 넓게 분포한다. 대표적인 곳이 금천과 구룡천 주변의 구룡 평야와 백마강 주변의 대왕펄 지역이다. 충적평야의 일종인 이러한 범람원은 토질이 비옥하여 좋은 농경지가 된다. 특히 부여읍 남쪽에 위치한 '대왕펄'은 자연제방 위에 인공제방을 쌓아 홍수의 피해를 막고 농경지로 만든 곳이다. 인공제방을 쌓기 전에는 갈대가 무성한 습지에 불과했으나 지금은 부여 제일의 곡창지대가 되었다.

모 퇴적 작용으로 이어졌을까? 그 과정은 다음과 같다.

후빙기 즉 빙하기 때는 빙하가 형성되면서 바닷물의 양이 줄어들었고, 그에 따라 해수면이 낮아졌는데 지금보다 무려 100미터 이상 낮았을 것이라고 추정된다. 그러면 강(하천)의 침식 기준면이 낮아지게 되고, 강의 하상은 더욱 깊게 파이며, 더불어 강의 폭도 넓어진다. 또한 홍수가 일어났을 때 강 하류의 범람원泛濫原은 지금과는 비교할 수 없을 정도로 규모가 컸을 것이다. 하천이 범람하면서 만드는 충적평야의 면적도 지금보다 훨씬 넓었고 두께도 두꺼웠다. 특히 금강과 그 지류가 만나는 곳에는 더욱 넓고 두꺼운 퇴적 지층이 형성되었을 것이다. 그리고 후빙기가 끝나고 다시 해수면이 상승하면서 강(하천)의 수위도 따라서 상승하게 되는데, 후빙기 때 파였던 곳들이 퇴적물로 메워지면서 충적지가 되었을 것이다. 오늘날 금강과 지류 주변에서 볼 수 있는 평야는 대부분 이때 만들어진 것들이다.

찬란한 백제의 문화 유적들

부여읍에서 논산 방향으로 약 2킬로미터 정도 가면 능산리 고분을 만날 수 있다. 세 기씩 앞뒤로 2열을 이루고 있고, 여기에서 다시 뒤쪽으로 약 50미터 정도의 거리를 두고 또 다른 한 기의 고분이 자리하고 있어 모두 일곱 기의 고분으로 이루어져 있다.

능산리 고분의 겉모습은 모두 원형이다. 하지만 내부는 널길(묘의 입구와 시신이 안치된 방 사이의 길)이 원형 옆으로 있는 횡혈식 석실분이며 뚜껑돌 아래는 모두 지하로 되어 있어 백제의 부여 시대 무덤 양식의 특징을 보여준다. 능산리 고분은 위치와 규모로 보아 왕족들의 무덤으로 보인다.

한편 능산리 고분의 서쪽으로 능산리 사지(사적 제434호)가 발견되었는데, 능산리 사지는 절터로 567년 백제 위덕왕 때 성왕의 명복을 빌기 위해 창건되었다가 660년 백제가 멸망하면서 폐허가 된 것으로 추정된다. 이곳에서 백제 문화의 찬란한 예술성을 볼 수 있는 최고의 공예품이 출토되었다. 바로 '백제금동대향로^{百濟} ^{金銅大香爐}'이다.

백제금동대향로는 국립부여박물관에서 전시하고 있다. 아래로부터 한 마리의 용이 금방이라도 승천할 듯 역동적인 모습으로 향로 몸체를 떠받들고 있는데, 뚜껑 정상에는 봉황 한 마리가 날개를 활짝 편 채 정면을 응시하고 있다. 뚜껑에 있는 봉황은 정면을 응시하고 있으며, 턱 밑에는 여의주를 끼고 날개를 활짝 편 모습으로 원형의 받침을 딛고 있는 모습이다.

전반적인 모양은 삼신산을 중심으로 한 신선의 세계와 연꽃잎이 상징하는 불교

1 백제금동대향로는 1993년 12월 12일 능산리 사지에서 출토되었다. 높이 61.8센티미터, 무게 11.8킬로그램의 대형 향로이다. 받침, 몸체, 뚜껑으로 구분되는데, 코끼리, 원숭이, 멧돼지 등 39마리의 동물과 5인의 악사, 산중의 신선 등 16인의 인물상, 6그루의 나무, 12군데의 바위, 산 사이로 흐르는 시냇물 등의 삼라만상이 입체적으로 잘 표현되어 있다.

2 금 구슬과 원추형 장식. 능산리 사지에서 발견되었다. 이들을 보면 백제의 금속 주조 및 세공 기술이 상당히 정교하였음을 알 수 있다. 구슬과 원추형 장식은 금 알갱이들을 접합하고 여러 개의 작은 구멍을 뚫어 놓았다. 백제의 세련된 금세공 기술을 보여주는 대표적인 작품이다.

세계, 문양에 새겨져 있는 이상형의 세계와 현실의 세계가 잘 조화되어 있다. 조화를 중요하게 여긴 백제 문화의 특징을 한 눈에 보여준다. 또한 백제금동대향로는 백제의 발달된 과학기술을 뽐내고 있는데, 봉황 앞가슴에 2개를 비롯하여 전체적으로 모두 12개의 구멍이 뚫려 있어 몸체 전체에서 향 연기가 자연스럽게 피어오를 수 있게 한 것이 매우 정교하다.

■1. ■2 백제의 무늬 벽돌. 왼쪽 것은 도깨비를, 오른쪽 것은 봉황 무늬를 담았다. 부여 외리에서 출토된 것이다. 백제의 무늬 벽돌은 산수, 용, 봉황, 연꽃, 구름, 도깨비 등 여덟 가지 무늬로 구성된다. 벽돌에 표현된 무늬는 백제 사람들이 자신들이 살아가는 자연과 그 세계의 아름다움을 예술적으로 드러내는 방식으로 백제 문화를 이해하는 데에 중요한 단서가 된다.

■3 연화문 와당(연꽃무늬 수막새). 부여 용정리 절터에서 발견되었다. 와당은 막새라고도 한다. 수막새와 암막새로 구분되는데, 기와 한쪽 끝에 둥글게 모양을 낸 부분을 일컫는다. 암키와에 붙이는 막새가 암막새, 수키와에 붙이는 막새가 수막새이다. 연화문 와당은 막새에 연꽃무늬를 새긴 와당을 말하는데, 백제뿐만 아니라 고구려, 신라에서도 만들어 사용한 것으로 보아 우리 민족이 모두 사랑했던 무늬임을 알 수 있다

■4 칠지도는 일곱 개의 가지가 달린 칼이라는 뜻이다. 칼 양면에 새겨진 글자 내용으로 보아 4세기 후반 근초고왕 때에 제작된 것으로 보인다. 이 무렵 백제는 고구려와 경쟁하면서 남쪽으로 영역을 확장할 때이다. 칠지도를 보면 백제의 뛰어난 제철기술을 확인할 수 있다.

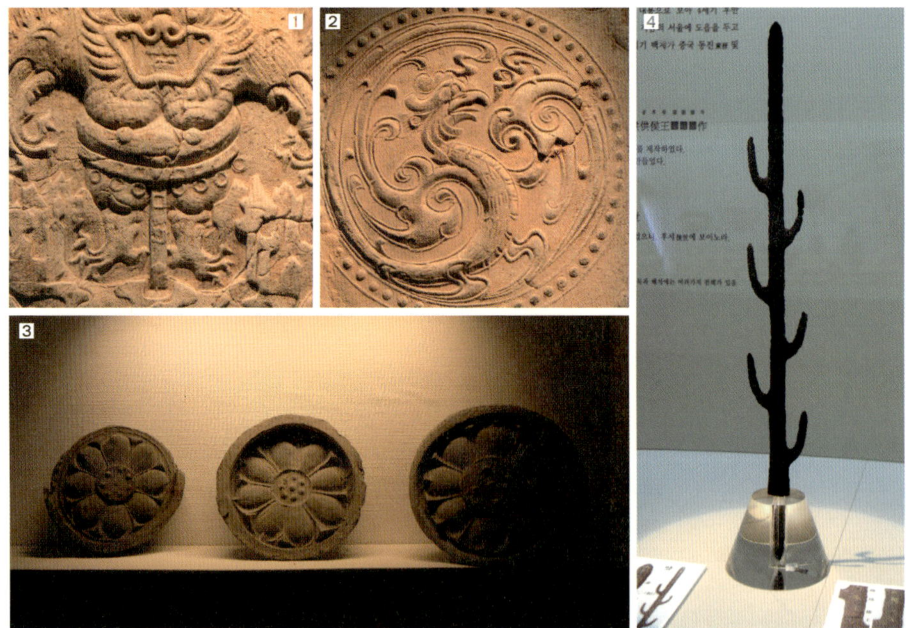

　　국립부여박물관에는 백제금동대향로 외에 백제의 세계적인 금세공 기술을 단박에 알 수 있는 금구슬과 원추형 금장식, 백제 사람들의 삶을 잘 표현한 무늬 벽돌, 소박하지만 세련된 백제의 미를 함축적으로 나타낸 연꽃무늬 수막새(연화문와당)가 전시되어 있다. 한결같이 찬란했던 백제의 예술성을 보여주는 작품들이다.

백제의 한을 품은 부소산과 낙화암

부소산은 부여 한가운데서 약간 북쪽으로 있는 높이가 100미터가 조금 넘는 나지막한 산이다. 하지만 북으로는 백마강을 앞에 두고 절벽을 이루고 있어 적의 침입을 막기에 좋은 곳이다. 부소산에 오르면 백마강이 활처럼 굽으면서 흐르는 장면을 볼 수 있다. 백마강 안쪽으로는 부여 읍내가 보이고, 남쪽으로는 구룡 평야의 넓은 들이 보인다. 또 동쪽으로 금성산錦城山 자락과 장암면의 먼 산들까지 한눈에 볼 수 있어 산의 높이에 비해 보이는 경치가 아주 훌륭한 곳이다. 그래서 부소산은 나라가 평화로울 시기에는 궁궐의 후원 노릇을 톡톡히 했다. 하지만 전쟁 때는 왕실의 최후 보루였다. 그래서 부소산에는 백제의 왕궁과 시가지를 방비하던 부소산성扶蘇山城이 함께 자리 잡고 있다. 산성이 완성된 것은 538년에 성왕이 백제의 수도를 공주에서 부여로 옮기던 무렵으로 추정되는데 그 길이가 무려 2500미터에 이른다.

　　한편 사자루 앞의 산성을 넘어서면 백화정이라는 정자가 보이는데 그 밑으로 있는 큰 바위 절벽이 바로 낙화암이다. 낙화암은 서기 660년 백제가 무너지던 날 의자왕의 3천 궁녀가 떨어진 곳이라는 전설이 전해지는 곳이다. 하지만 아마도 당시 백제의 궁궐에는 궁녀가 3천이나 있지 않았을 것이다. 3천이라는 숫자는 궁녀의 숫자가 아니라 궁궐에 피신해 있던 백제 여인들의 전체 숫자였을 것이다. 『삼

1 백마강에서 유람선을 타고 찍은 낙화암(落花岩)의 모습이다. 1984년 5월 17일 충청남도문화재자료 제110호로 지정되었다. 낙화암 위로 보이는 정자는 백화정(百花亭)으로 1929년 당시 부여군수였던 홍한표가 지었다.

2 군창지 터. 1981년과 1982년에 국립문화재연구소에서 발굴 조사하여 그 규모와 역할을 상세하게 알게 되었다. 아궁이 터 두 곳과 평기와로 만들어 놓은 배수구가 발견되었고, 백제 시대의 것으로 보이는 토기 조각이 다수 출토되었다.

국유사』는 백제의 여인들이 적군에게 잡혀 치욕스런 삶을 이어가기보다는 충절을 지키기 위하여 스스로 백마강에 몸을 던졌던 곳이라고 기록하고 있다. 훗날 그 모습을 꽃이 떨어지는 것에 비유하여 낙화암이라고 부르게 되었다. 낙화암의 모습은 백마강에서 보면 더 잘 보인다. 절벽 색깔이 붉은 것이 얼핏 당시 백제 여인들이 바위에 떨어지면서 흘린 피로 바위가 물든 것처럼 보인다.

부소산 동쪽 기슭을 따라 내려오면 백제군의 군량미를 비축해 두었던 창고였던 군창지가 있다. 건물의 배치는 ㅁ자 모양으로 가운데 공간을 두고 동서남북으로 배치하였는데 길이 약 70미터, 넓이 약 7미터, 땅속 깊이 약 47센티미터 정도이다. 지금도 이 일대를 파 보면 불에 탄 곡식들이 많이 나오고 있어, 백제가 나당연합군의 공격을 받고 사비성 함락과 함께 멸망할 때의 비극적 역사를 말해준다.

머드와 신비한 바닷길의 고장 40
충청남도 보령시

신비의 바닷길로 잘 알려진 무창포 해수욕장이다. 오른쪽으로 보이는 섬은 석대도인데,
썰물 때에 무창포 해수욕장과 이 섬 사이로 약 1.5킬로미터에 이르는 S자 모양의 바닷길
이 형성된다. 사람들은 모세의 기적이라며 신기하게 여기지만 사실은 조수 간만의 차이로
생기는 흔한 자연 현상일 뿐이다.

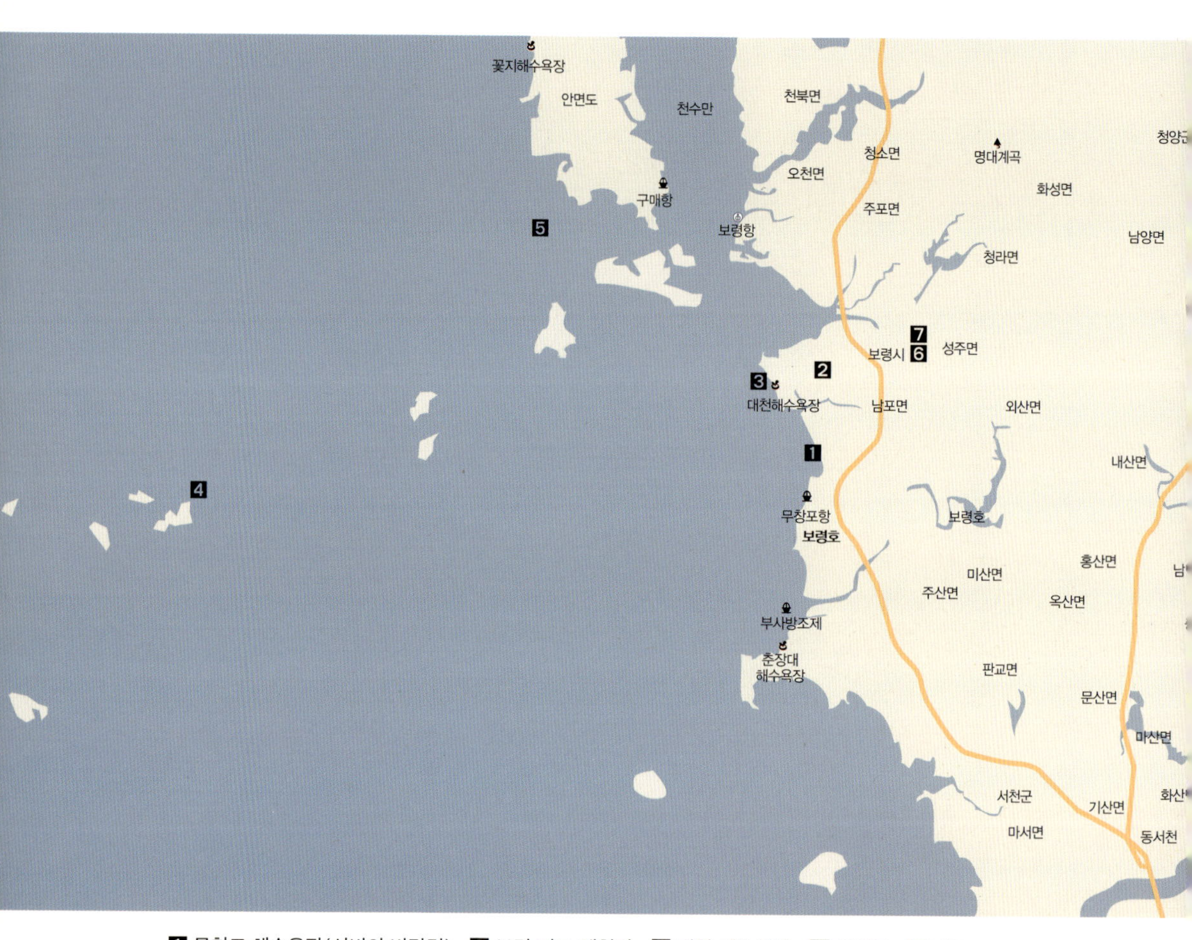

1 무창포 해수욕장(신비의 바닷길) 2 보령 머드 체험관 3 대천 해수욕장 4 외연도 5 장고도
6 성주산 석탄박물관 7 성주사지

충청남도 보령시

여름의 서해는 삶의 활기가 넘친다. 해안을 따라 끝없이 펼쳐진 하얀 모래밭이 있고, 파란 하늘과 잘 어울리는 바다가 있으며, 수평선 맞닿은 곳에 크고 작은 섬들이 그림처럼 떠 있어 삶에 찌든 사람들이 마음 속 찌꺼기를 훌훌 떼어 버리려 구름처럼 몰려오기 때문이다.

보령은 그중에서도 사람들이 가장 많이 찾는 곳이다. 보령의 바다에는 모세의 기적으로 소문난 '무창포 신비의 바닷길'이 있다. 또한 대천 항에서 떠나는 유람선을 타면 외연도, 삽시도, 원산도, 장고도 등의 섬들이 보여주는 멋진 기암괴석을 볼 수 있다. 여기에 해마다 7월이면 수백만 명의 관광객이 몰려와 온몸에 진흙을 바르는 '머드 축제'가 열린다. 보령은 이러한 천혜의 자연 자원을 바탕으로 전천후 관광 도시로 발전하기 위해 큰 도약을 하고 있다.

세계적인 축제로 자리매김한 보령 머드 축제

보령은 예부터 자손들이 대대손손 평안을 누리며 산다하여 '만세보령萬世保寧'이라 불렸던 곳이다. 중국과 바다로 가까워 무역이 발달했고, 넓은 평야가 있어 먹을 것이 많았고, 또한 중생대에 형성된 석탄이 생산되어 연료 걱정이 없었기 때문일 것이다. 하지만 그 명성은 오래 가지 못했다. 우리나라가 서울을 중심으로 산업과 문화가 발달하는 바람에 보령은 개발에서 점점 멀어졌고, 새로운 발전 방향을 찾아야 했다. 보령 사람들은 산 좋고 물이 맑아 '산자수명山紫水明'으로 불리던 보령의 자연 환경을 활용하는 방법을 생각해냈다. 그러던 차에 눈에 띈 것이 바로 '머드mud'였다.

1 보령 머드로 만든 화장품들. 보령 머드는 지금은 축제로 더 널리 알려 졌지만, 처음에는 화장품 재료로 개발되었다. 머드의 질이 뛰어나 머드 팩, 머드 화장품, 마스크 팩, 폼 클렌징 등 다양한 제품으로 생산하고 있다(사진제공: 보령시청).

2 제13회 보령 머드 축제의 한 장면. 2010년 7월 17일부터 7월 25일까지 대천 해수욕장 일대에서 수많은 인파들이 모인 가운데 개최되었다. 장마가 내리는 기간이었지만 수백만 명이 찾아와, 보령 머드 축제가 이제는 세계적인 축제로 자리매김한 것을 알 수 있었다.

1996년 7월, 화장품 개발업자들이 대천 해수욕장 인근 청정 개펄에서 채취한 양질의 바다 진흙을 가공해서 머드 팩 등 약 16종의 화장품을 만들었다. 한국표준과학연구원, 한국지질자원연구원 등 명망이 있는 연구기관들이 이때 사용한 보령의 머드가 세계 어떤 나라의 머드보다 품질이 우수하다는 것을 증명해 주었다. 보령에서 생산된 머드는 인체에 도움을 주는 원적외선이 많이 방출되고, 게르마늄과 벤토나이트 성분 함량이 높아 피부 미용에 탁월한 효과가 있음을 밝혀내었기 때문이다. 또한 보령 머드는 2001년에 ISO 9002 인증을 획득했고, 세계 최고의 인증기관인 FDA(미국식품의약국) 검사를 받아 화장품으로 사용해도 좋다는 판정을 받았다. 국내 및 외국의 공인된 기관으로부터 과학적인 인증을 받은 데서 자신감을 크게 얻은 관계자들은 보령의 머드가 세계적으로 우수하다는 점을 더욱 널리 알리기 위해 1998년 7월부터 매년 보령 머드 축제를 개최하고 있다.

머드는 보통 '물기가 있어 질척한 흙'을 가리킨다. 진흙을 함유한 점토성 물질에, 미생물이 동식물의 사체를 분해하여 만든 다양한 유기물이 포함된 상태에서, 오랜 시간 지질학적, 화학적 작용을 받아 형성된 것이다. 세계적으로 이스라엘 사해산 머드, 캐나다 해안의 빙하토 머드, 뉴질랜드 화산 머드가 많이 알려져 있다. 머드에는 피부 노화를 방지하는 천연 미네랄 성분이 다량으로 함유 되어 있고. 항균 작용이 있어 외상치료에도 뛰어난 효과가 있다. 원적외선을 방출하여 세포 활동을 활성화 시키고, 모세혈관을 확장시켜 혈액 순환 및 신진 대사를 촉진시켜 준다.

보령 머드 축제 기간에는 다양한 프로그램이 운영된다. 대형 머드 탕, 머드 씨름 대회, 머드 슬라이딩 등이 열리는데, 이 중에서도 가장 인기가 높은 것은 머드 마사지이다. 머드 마사지를 할 때에는 대천의 청정 갯벌에서 진흙을 채취한 후, 각종 불순물을 제거하는 가공 과정을 거쳐서 생산된 머드 분말을 사용한다. 머드 마

◎ 대형 머드 탕을 즐기는 외국인들의 모습이다. 보령 머드 축제는 외국인에게 더욱 인기가 있다. 2010년 축제 기간 동안 축제장을 찾은 외국인 관광객은 무려 18만 3000명으로 집계되었다. 이 숫자는 2009년 방문객보다 74퍼센트 증가한 것이다.

사지는 피부 속의 각종 노폐물을 몸 밖으로 배출시켜 인체의 각 세포를 건강하고 활기차게 해주는 효과가 있다고 하여 여성들에게 인기가 많다.

보령 머드 축제는 짧은 기간 동안에 크게 발전했다. 2010년에는 268만 명의 관광객이 방문해, 세계 3대 축제인 일본 삿포로 축제 관광객의 방문 인원인 243만 명을 넘어섰다. 이미 보령 머드 축제가 세계적인 여름 축제로 자리를 잡았음을 알 수 있다. 이에 힘을 얻은 보령 머드 축제 추진위원회는 봄을 대표하는 브라질의 리우 삼바 카니발, 가을을 대표하는 독일의 옥토버 페스티발, 겨울을 대표하는 일본의 삿포로 눈꽃 축제와 함께 보령 머드 축제가 세계 4대 축제로 불릴 수 있도록 노력하겠다는 큰 포부를 밝혔다. 이들의 자신감에서 관광 도시 보령의 밝은 앞날을 볼 수 있다.

무창포의 바닷길, 정말 모세의 기적일까? | 구약성경의 출애굽기 14장에 보면 다음과 같은 내용이 나온다.

모세가 바다 위로 손을 내밀자 여호와께서 큰 동풍으로 밤새도록 바닷물을 물러가게 하시니 물이 갈라져 바다가 마른 땅이 되었다. 이스라엘 자손이 바다 가운데 육지로 행하고 물은 그들의 좌우에 벽이 되니 이집트 사람들과 파라오의 병거들과 그 마병들이 다 그 뒤를 쫓아 바다 가운데로 들어왔다. 모세가 곧 손을 바다 위로 내어 밀자 여호와께서 이집트 사람들을 바다 가운데 엎으시니 물이 다시 흘러 병거들과 기병들을 덮되 그들의 뒤를 쫓아 바다에 들어간 바로의 군대를 다 덮고 하나도 남기지 아니하였다. 그러나 이스라엘 자손은 바다 가운데 육지로 행하였고 물이 좌우에 벽이 되었다.

내용을 간단히 정리하자면, '이스라엘의 지도자 모세가 지팡이를 바다 위로 내밀자 바다가 양쪽으로 갈라져 길이 나타났고 이스라엘 사람들은 무사히 바다를 건널 수 있었다. 그런 후 모세가 다시 바다 위로 손을 내밀자 물이 모여들어 뒤따라오던 이집트 군은 바닷물에 휩쓸려 전멸했다.'라는 것이다. 어떻게 이런 일이 일어날 수 있을까? 성경의 기록대로 모세가 정말 기적을 일으킨 것일까?

과학자들은 성경의 기록을 곧이곧대로 믿지 않고, 과학적으로 현상을 설명하려고 했다. 그래서 그들은 당시 모세가 이스라엘 사람들을 이끌고 건넌 바다는 깊은 바다가 아니라 육지 근처의 갈대 바다였을 것으로 추정한다. 당시 갈대 바다는 갈대가 아주 많이 서식하는 호수나 늪지대였다. 과학자들은 그곳의 얕은 물이 썰물로 바닥을 드러냈을 때, 마침 강한 바람이 불어와 바다가 갈라지는 속도를 증가시

◎ 무창포 바닷길. 무창포 해변과 석대도 사이는 매 년 여러 차례 바닷길이 열린다. 그러면 뾰족한 자갈과 바위로 된 돌길로 많은 사람들이 손에 호미를 들고 긴 띠를 이루며 들어간다. 한 시간 정도 지나면 다시 바닷물이 들어오고, 그러면 사람들은 하나 둘 물러나기 시작한다. 그리고 20분도 채 안 되어 바닷물이 들어차 언제 바닷길이 있었는지 알기가 어려워진다(사진제공: 보령시청).

켰을 것이라고 설명한다. 그리고 이와 같은 '바다 갈라짐 현상' 또는 '해할海割 현상'은 세계 곳곳에서 볼 수 있는 자연 현상일 뿐이라고 주장한다.

과학자들의 설명에 일리가 있음을 확인할 수 있는 곳이 바로 무창포 해수욕장이다. 보령시는 무창포 해수욕장에서 바닷길이 열리는 때를 전후로 해서 '무창포 신비의 바닷길' 축제를 연다. 2010년 여름에는 8월 10일부터 12일 동안 축제가 열렸는데, 매년 축제일에 가면 무창포 해수욕장의 백사장에서 덕대도까지 펼쳐진 길이 1.5킬로미터, 너비 50미터의 바닷길이 열리는 것을 눈앞에서 볼 수 있다. 또한 축제 기간에는 다양한 이벤트가 열리는데 가장 볼만한 행사는 '횃불 어업 체험'이다. 밤 9시부터 옛 조상들이 하던 방식 그대로 횃불 어업을 되살리는 '신비의 바닷길 횃불 대행진'이 1시간 동안 열리는데, 한여름 밤 횃불로 바닷길을 가르는 모습이 정말 장관이다.

흔히 사람들이 '신비의 바닷길'로 부르는 바다 갈라짐 현상은 왜 일어나는 것일까? 과학자들의 연구에 의하면 바다 갈라짐 현상은 해류, 조류 등의 여러 요인이 복합적으로 작용해서 생기는 자연 현상이다. 우선 바닷길이 만들어지려면 바다물 밑으로 육계사주陸繫沙州와 같은 지형이 형성되어야 한다. 육계사주는 육지와 섬 사이 또는 섬과 섬 사이에 모래가 쌓여 생긴 퇴적 지형이다. 육계사주가 형성되는 이유는 빙하기 이후에 해수면이 상승하면서 해안에 침수 현상이 일어나고, 하구 지역이 만으로 변한 후 그 앞쪽으로 해류가 흘러 사주나 사취를 발달시키기 때문이다. 우리나라의 대표적인 육계사주로는 제주도의 성산이나 영흥만의 호도 반도를 들 수 있다. 무창포 해변과 덕대도 사이의 바닷길도 실은 육계사주라고 할 수 있다.

그리고 신비의 바닷길을 만들어주는 결정적인 요인은 달과 태양의 인력이다. 달과 태양의 인력이 지구의 바닷물을 당겨 밀물과 썰물을 일으키는데, 특히 보름이나 그믐 때면 썰물이 강하게 일어난다. 그래서 무창포의 신비의 바닷길도 매달 보름이나 그믐을 전후로 해서 생기는 것이다. 신비의 바닷길은 무창포 해안뿐만 아니라 전라남도의 진도, 경기도의 제부도 등에서도 볼 수 있다. 우리나라의 서해안은 대부분 빙하기 때 해수면의 상승이 일어난 곳이고, 조석간만의 차이가 심하기 때문에 이런 현상이 생기기 쉬운 조건을 가지고 있다.

빙하기 해수면 상승으로 형성된 보령의 아름다운 섬들

우리나라 서해는 원래부터 바다가 아니었다. 아래 그림을 보면 신생대의 홍적세 때 한반도는 중국 대륙뿐만 아니라 제주도 그리고 일본과도 육지로 연결되어 있었다.

홍적세 기간 동안 전 세계적으로 빙하기와 간빙기가 여러 차례 반복되었다. 빙하기에는 위도가 높은 지역이 온통 얼음으로 뒤덮이는 바람에 바닷물이 부족하여 해수면이 내려갔다. 당시 우리나라의 서해는 중국 대륙과 이어진 육지였다. 지금의 서해 위치에 있었던 그 거대한 육지의 한가운데로 중국과 우리나라에서 흘

● 빙하기와 대륙의 연결

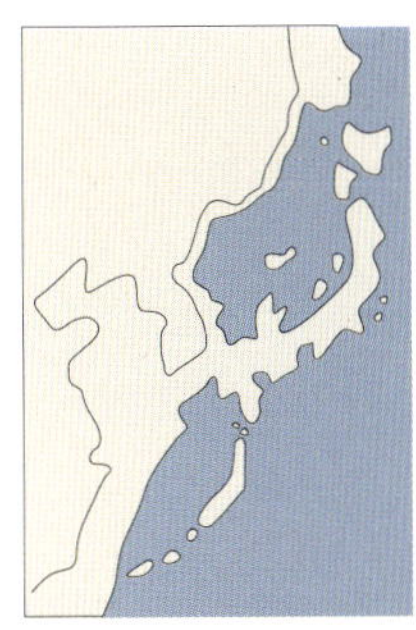
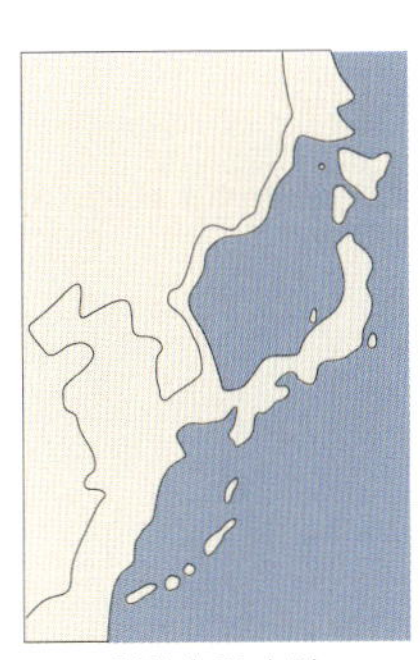
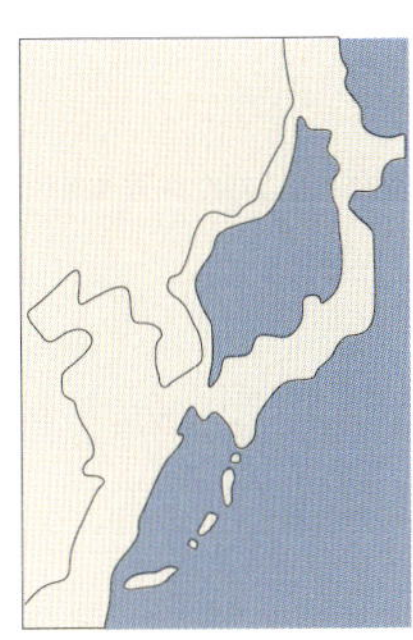
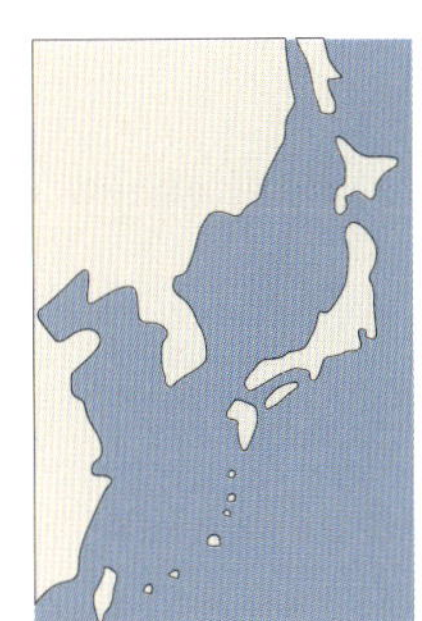

| 홍적세 전기 | 홍적세 중기 말 | 홍적세 후기 | 충적세 초기 |

러온 하천이 모두 합류하여 흐르는 아주 큰 강이 있었다. 이 기간 동안에 한반도는 기온이 툰드라 기후 수준으로 낮아져 기계적 풍화작용이 활발하게 일어났다.

그러나 홍적세 내내 빙하기가 이어지지는 않았다. 빙하기와 빙하기 사이에 간빙기가 있었다. 그때는 기온이 상승하여 양극과 고위도 지방을 덮고 있던 얼음이 녹아 해수면이 상승하였다. 지금 전 세계의 해안선은 대부분 그 무렵 형성되었다. 한반도도 마찬가지였다. 빙하기에 육지였던 서해는 바닷물로 덮였고 빙하와 바닷물이 육지로부터 가져온 많은 양의 퇴적물로 퇴적작용이 활발하게 일어났다. 이러한 까닭으로 충적세 초기에는 해안에 대규모의 간석지가 형성되었고 사주, 사취 등의 지형이 널리 나타나게 되었으며, 육지로 바닷물이 밀고 들어오면서 해안은 바다에 잠기고 물에 잠기지 않은 곳은 섬이 되었다.

보령의 해안도 예외가 아니다. 한반도의 후빙기의 해수면 상승 과정을 연구한 과학자들은 우리나라 서해안의 해수면은 약 1만 년 전에서부터 6000년 전까지는 급격한 상승을 보이다가 6000년 전을 전후하여 지금까지는 높이의 변화가 없이 일정한 높이를 유지했다고 한다. 그러므로 보령의 해안 지형도 이때 형성된 것으로 볼 수 있다.

이때 서해 한가운데까지 이어져 있던 중국 방향의 산들은 섬으로 남았다. 중국 방향의 구조선을 따라 발달했던 하천과 산맥의 끄트머리가 후빙기 해수면의 상승과 함께 대부분 침수되었으나 이 가운데 고도가 높았던 지점은 그대로 수면 위에 남아 섬을 이루게 되었다. 따라서 보령의 섬들은 일정한 방향성을 띠게 된 것이다. 보령 오천만의 끝자락에서 외연도로 이어지는 일련의 섬들은 이러한 중국 방향의 경향성을 갖고 있다. 이는 과거 산줄기의 흐름이 남아 있는 것으로 볼 수 있다.

1 외연도. 보령의 섬들은 외연도를 끄트머리로 해서 여러 섬들이 일정한 방향성을 보인다. 그 이유는 이 섬들이 대부분 중생대 쥐라기 대보 조산 운동 때 형성된 산지로 북동 – 남서 방향의 중국 방향의 구조선을 따라 발달했기 때문이다(사진제공: 보령시청).

2 외연도의 매 바위. 외연도는 보령시에 속한 섬 중 '산둥반도의 개 짖는 소리도 들린다.'라는 말이 있을 정도로 서쪽으로 가장 멀리 있는 섬이다. 매 바위는 섬의 동쪽 끝자락에 우뚝 솟아 있는 암석이다. 기반암은 선캄브리아 시대의 변성암이다(사진제공: 보령시청).

한편 해수면의 상승이 일어날 때 산지와 산지 사이의 구조선 부분은 내륙 깊은 곳까지 침수되었고, 고도가 높은 산지 지역은 그대로 남아 복잡한 리아스식 해안 선을 이루었다. 보령의 여러 섬들과 오천만, 대천만, 남포만 등 만이 많은 복잡한 지형의 해안을 보면 이 사실을 잘 알 수 있다.

조개껍데기가 만든 백사장, 대천 해수욕장 | 대천 해수욕장은 서해안을 따라 발달한 해수욕장 중

에서 규모가 가장 크다. 백사장의 폭이 약 100미터에 이르고, 길이는 무려 3.5킬 로미터에 달한다. 경사도가 매우 완만하고 수심도 얕아 노약자들도 편안하게 해 수욕을 즐길 수 있어 한 해에 천만 명이 넘는 사람들이 방문한다고 한다.

❂ 대천 해수욕장은 서해안고속도로가 개통된 이래로 수도권에 더욱 가까워졌다. 백사장이 넓어 보령 머드 축제 등 규모가 큰 축제가 자주 개최된다. 그래서 젊은 연인들과 가족들이 자주 찾는 서해의 대표적인 해양 스포츠의 메카로 자리를 잡았다.

 손영운의 우리 땅 과학 답사기2

1 무창포 해수욕장의 모래밭은 변성암이 침식 작용을 받아 형성된 모래밭이다. 가운데 보이는 하얀색 돌멩이는 규암이다.
2 대천 해수욕장 모래밭은 화강암이나 변성암으로 형성된 모래밭에 많은 양의 패각분이 섞여 있다. 군데군데 흰색으로 보이는 것은 조개껍데기이다.

대천 해수욕장은 모래사장이 매우 넓게 발달했는데, 모래사장을 이루고 있는 모래가 다른 지역과 좀 다르다. 서해의 해변을 이루는 모래는 대개가 변성암이나 화강암이 주성분인데, 대천 해수욕장의 모래는 많은 부분이 패각분으로 이루어져 있다. 패각분은 조개껍데기이나 조류의 칼슘 성분으로 된 알갱이인데, 이들이 다른 암석 알갱이들과 섞여 대천 해수욕장의 모래밭을 형성하고 있다. 그래서인지 규암이나 석영 알갱이로 된 다른 지역의 모래보다 모래의 색이 좀 더 밝고, 몸에 잘 들러붙지 않는다.

보령의 지질과 성주산의 석탄

보령의 지질 구조는 복잡한 편이다. 선캄브리아 시대에 형성된 지질부터 신생대 충적세에 형성된 지질까지 종류가 매우 다양하다. 나이가 가장 많은 선캄브리아 시대의 변성암 지질은 주로 북부 지역의 낮은 산지에 분포하며, 풍화에 상대적으로 강한 편암으로 이루어져 있다. 반면에 남부의 남포나

웅천 등에는 화강암질 편마암이 분포한다. 화강암은 땅 속에서 마그마가 굳어서 형성된 화성암으로 절리가 잘 발달하여 지하 깊은 곳까지 풍화 작용을 받는다.

한편, 보령은 중생대에 형성된 퇴적층이 매우 넓게 분포한다. 우리나라의 대부분 지역은 중생대에 대규모로 화강암이 관입되어 화강암층이 넓게 분포하는데 보령은 예외이다. 성주산, 아미산, 월명산으로 이어지는 중생대 대동계의 퇴적층은 보령에서 가장 높은 산지를 형성하고 있는데, 이 퇴적층에는 석탄이 많이 매장되어 있다. 그래서 한때 성주산 일대에는 탄광이 발달했었다. 탄광이 한창 잘 나갈 때는 이 일대의 강물이 온통 검은빛을 띨 정도로 성황을 이루었으나 지금은 모두 폐광되었고, 당시의 모습은 '보령석탄박물관'에서만 볼 수 있다. 석탄 박물관의 내부는 탐구의 장, 발견의 장, 참여의 장 등으로 꾸며져 석탄과 암석의 기원과 종류,

1 장고도의 해식 동굴. 장고도는 보령시 오천면에 속한 섬이다. 섬의 모양이 장구처럼 생겼다고 해서 장고도라는 이름을 얻었다. 섬의 북서쪽은 암석으로 된 해안이 발달되어 있다. 기반암은 선캄브리아 시대에 형성된 변성암이며 서산층군으로 분류된다.

2 외연도 명금 해변의 주먹 크기의 변성암 몽돌로 이루어진 해변이다. 파도에 자갈이 부딪히는 소리는 거칠지만 소박하고 아름답다. 눈을 감고 듣고 있으면 마음이 편안해지고 저절로 잠이 쏟아진다.

보령 시내에서 성주산 자연 휴양림으로 가는 길에 석탄 박물관이 있다. 야외 전시장에는 옛날 탄광에서 이용되었던 압축기, 광차, 권양기 등이 전시되어 있다.

이용에 대한 이해를 높이는 데 좋은 체험 장소로 이용되고 있다.

석탄은 식물이 퇴적된 후에 가열과 가압 작용을 받아 생성된 일종의 화석이다. 고생대 말엽인 석탄기에서 페름기 사이에 주로 형성되었다. 석탄을 태웠을 때 킬로그램 당 열량이 얼마나 많이 나는가에 따라 탄의 급수를 정한다. 보통 토탄, 아탄, 갈탄, 역청탄, 무연탄 순으로 구별하며 무연탄이 탄화가 가장 잘 된 것으로 연기도 잘 내지 않고 탄다고 하여 무연탄으로 부른다. 탄화가 많이 진행될수록 갈색에서 흑색으로 광택이 짙어진다. 식물 층은 석탄으로 변화되면서 원래의 두께에서 십분의 일로 줄어들게 되므로 발견된 탄층의 두께가 5미터라면 애초에 식물층 두께는 약 50미터였음을 짐작할 수 있다. 강원도의 삼척, 영월, 정선과 충청북도의 단양, 그리고 경상북도의 문경 등지의 석탄은 주로 고생대의 캄브리아기와 페름기 때 형성된 석탄이고, 충청남도 보령이나 남포 그리고 경기도의 김포나 파주 등지의 석탄은 중생대 트라이아스기에서 백악기 사이에 형성된 석탄이다.

통일시대의 대표적인 절터
성주사지(聖住寺址)

| 석탄 박물관을 나와 성주산^{聖住山}으로 오르는 길 왼편에 통일신라시대 절터로 알려진 성주사지가 있다. 616년에 백제 왕실이 전쟁에서 죽은 병사들의 원혼을 달래기 위해 창건했다가, 통일신라시대에 들어와 문성왕 때 당나라에서 돌아온 낭혜^{朗慧} 화상이 크게 중창하였고, 이름도 성주사로 바꾸었다고 한다.

○ 성주사지는 1960년에 발견되었고, 1984년에 사적 제307호로 지정되었다. 절터 입구로 보이는 곳에 계단석이 있고, 그 뒤쪽으로 석등과 5층 석탑이 하나 있고, 더 뒤로 세 개의 석탑이 나란히 서 있다. 사진 왼쪽에 작은 집 모양으로 보이는 곳 안에 국보 제8호인 낭혜화상백월보광탑비(朗慧和尚白月光塔碑)가 있는데 전체가 거대한 흑대리석으로 되어 있다.

성주사지에는 탑과 비석만 남아있지만 금당이 있던 터와 강당이 놓였던 터, 그리고 회랑이 있던 터를 가늠하면 당시 절의 규모가 상당히 컸음을 알 수 있다. 성주사지를 대표하는 문화재는 '낭혜화상백월보광탑비'이다. 통일신라시대의 대표적인 승려 낭혜 화상을 기리는 탑비이다. 낭혜 화상은 무열왕의 8대손으로 열세 살에 출가한 후 당나라로 유학하고, 돌아와서는 선불교를 크게 번창시켰다. 진성여왕 2년에 89세의 나이로 입적했는데, 진성여왕은 그에게 낭혜라는 시호를 내리고 탑 이름을 백월보광이라고 지어주었다고 한다.

탑비가 국보 제8호로 지정된 것은 통일신라시대의 탑비 중에서 가장 규모가 크고, 탑비를 바치고 있는 거북의 머리와 등에 새겨진 무늬가 화려하고 아름다워 통일신라시대의 예술 수준을 유감없이 보여주기 때문이다.

낭혜화상백월보광탑비 앞으로 강당 터가 있는데, 그곳에 삼층석탑 세 기가 나란히 서 있다. 가장 왼쪽에 있는 삼층석탑은 보물 제47호이고, 가운데 있는 삼층석탑은 보물 제20호로 지정되었으며 모두 통일신라시대 때의 탑이다. 두 탑 모두 보령에서 나는 흑대리석으로 만들었는데, 벼루를 만들 때 사용되는 흑대리석이라서 그런지 천년이 훨씬 넘는 세월이 지났지만 옛 모습 그대로이다. 삼층석탑 몸돌에 새겨진 그림 또한 선명하다. 가장 오른쪽에 서 있는 삼층석탑은 같은 시대에 만들어졌지만 화강암으로 만들어져 보물로 지정되지 못하고, 충남 유형 문화재 제26호로 지정

◐ 보령에서 생산되는 흑대리석은 단단하고 빛깔이 고와 중요한 탑의 재료로 사용되었지만 주로 선비들의 고급 벼루 재료로도 사용되었다. 지금도 보령 흑대리석 벼루는 비싼 값에 판매되고 있다.

되었다고 한다. 삼층석탑들 앞으로 키가 훨씬 큰 오층석탑이 서 있다. 성주사지오층석탑으로 불리는 이 탑은 보물 제19호인데 우뚝 솟은 모습이 시원스럽고 늠름하다. 오층석탑 뒤에는 커다란 연꽃무늬 대좌가 보이는데, 이 자리에 성주사의 본존불이 놓여 있었다고 한다. 성주사지 옆으로 한창 유적이 발굴되고 있어 앞으로 성주사지의 터는 더욱 넓어질 것으로 생각된다.

손영운의 우리 땅 과학 답사기2

| 펴낸날 | 초판 1쇄 | 2013년 | 3월 | 5일 |
| | 초판 4쇄 | 2016년 | 6월 | 10일 |

지은이   손영운
펴낸이   심만수
펴낸곳   (주)살림출판사
출판등록   1989년 11월 1일 제9-210호

주소   경기도 파주시 광인사길 30
전화   031-955-1350   팩스   031-624-1356
홈페이지   http://www.sallimbooks.com
이메일   book@sallimbooks.com

ISBN   978-89-522-2372-2   03400

살림Friends는 (주)살림출판사의 청소년 브랜드입니다.

※ 값은 뒤표지에 있습니다.
※ 잘못 만들어진 책은 구입하신 서점에서 바꾸어 드립니다.